Heinz Haber
# Eiskeller
oder
# Treibhaus

# Heinz Haber
# Eiskeller oder Treibhaus
## Zerstören wir unser Klima?

Mit über 100
Farbabbildungen

**Herbig**

© 1989 F. A. Herbig Verlagsbuchhandlung GmbH, München
Mit freundlicher Genehmigung der E. Heitkamp GmbH, Herne,
und der Deutschen Verlags-Anstalt GmbH, Stuttgart
Alle Rechte vorbehalten
Umschlag: Wolfgang Heinzel
Umschlagmotiv: ZEFA, Düsseldorf
Satz: Fotosatz-Service Weihrauch, Würzburg
Gesetzt aus Century Schoolbook 10/13 Punkt, System Berthold
Druck und Bindung: Mohndruck, Graphische Betriebe GmbH, Gütersloh
Printed in Germany
ISBN 3-7766-1573-7

# INHALT

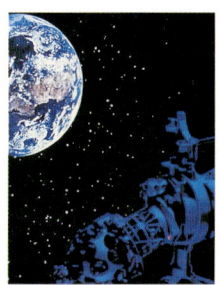

## DAS GOLDENE GLEICHGEWICHT

Seite 13

## WETTER UND MENSCH

Seite 33

# TRIEBKRÄFTE DES WETTERS

Seite 61

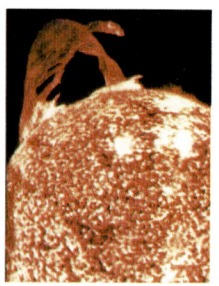

# IM BANN DER SONNE

Seite 81

# DIE STOCKWERKE DER ATMOSPHÄRE

Seite 95

# DYNAMIK DER ATMOSPHÄRE
Seite 113

# HOCH UND TIEF
Seite 131

# KLIMA, WETTER UND LEBEN
Seite 151

# EXZESSE DES WETTERS
## NATÜRLICH UND SELBST VERURSACHT

Seite 169

# PALÄONTOLOGIE DER ATMOSPHÄRE
## UND DES KLIMAS

Seite 191

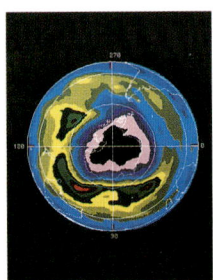

# DAS GESTÖRTE GLEICHGEWICHT

Seite 207

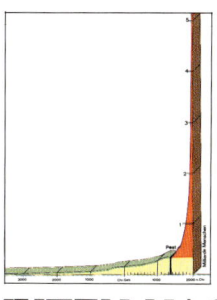

# Fünf Minuten nach zwölf

Seite 233

# VORWORT

Der sogenannte Treibhauseffekt bedroht mit seinen Wirkungen unseren schönen blauen Planeten. Die Erdwissenschaftler haben schon seit bald 100 Jahren festgestellt, daß seit Beginn der technischen Revolution der Gehalt an Kohlendioxid in der Atmosphäre laufend ansteigt. Der Anstieg wird in der Hauptsache durch das steil wachsende Maß in der Nutzung der fossilen Brennstoffe Kohle, Öl und Erdgas verursacht, deren gasförmige Asche, nämlich Kohlendioxid, achtlos in die Luft geblasen wird. Die Wirkungen umfassen einen ganzen Fächer von Katastrophen, die uns ins Haus stehen. Die damit gekoppelte Erhöhung der mittleren Temperatur der ganzen Erde wird für die nächsten 50 Jahre auf etwa 5 °C angesetzt; die Schätzungen gehen zwar noch etwas auseinander – weisen aber alle in dieselbe Richtung. In Temperaturgraden ausgedrückt erscheint das auf den ersten Blick nicht besonders schlimm; jedoch diese Erwärmung betrifft die Erde als ganze und stellt eine erstaunlich folgenschwere Störung des Gleichgewichts im Weltklima dar. So müssen wir mit einer Verlagerung der Klimazonen rechnen, mit einer entsprechenden Gefährdung der Welternährung; das arktische Treibeis wird verschwinden, und abschmelzendes Festlandeis wird weltweit zu einem Anstieg des Meeresspiegels führen. Flache Küstengebiete überall werden dadurch in Bedrängnis gebracht. Erhöhte Regenfälle bei stets steigender Luftfeuchtigkeit sind zu erwarten, Wetterkatastrophen und Sturmfluten werden sich häufen.

Wissenschaftler haben schon seit 50 Jahren vor dem Treibhauseffekt gewarnt, ohne daß die Öffentlichkeit und vor allem die Politiker diese Warnungen ernst genommen haben. Erst in den letzten fünf Jahren, da sich die ersten Anzeichen der Wirkungen des Treibhauseffektes bemerkbar machen, haben Öffentlichkeit und auch Politiker aufgehorcht.

Wie es in unserer Gesellschaft üblich ist, haben auch die Medien sich dieses Themas angenommen. Wenn auch auf ihre typische Weise. Die Medien lieben nun einmal Sensationen, vor allem ergreifen sie jede Gelegenheit, Katastrophen ausführlich zu beschreiben. Gerade im Falle der Wirkungen des Treibhauseffektes hat man vielfach sensationelle Schlagzeilen zu sehen bekommen, welche den Ernst der Lage in einer Reihe von Hinsichten verfälschen. Wir hier in Mitteleuropa bemerken die nun langsam auf uns zukommenden Wirkungen des Treibhauseffektes eigentlich noch gar nicht. Das hat zur Folge, daß die Öffentlichkeit und die Politiker den Ernst der Lage nicht so recht durchschauen. Die Hauptschwierigkeiten für ein sinnvolles Verständnis der Öffentlichkeit für dieses schwere Problem liegt in einer besonderen Eigenart seiner Natur: Es wird nur schleichend, fast unmerklich schlimmer, und die Wissenschaftler müssen bei der Beschreibung dieses Themas ihre Blicke immer in die Zukunft richten – ein oder gar mehrere Jahrzehnte im voraus.

In dieser Schrift habe ich mir die Aufgabe gestellt, das Thema Treibhauseffekt auf wissenschaftlicher Basis, wenn auch in etwas erzählerischer Form, darzustellen. Um den Leser zu einem echten Verständnis der Probleme zu führen, mußte ich freilich einen großen Bogen in die physikalische Gesetzeswelt des Wetters und des Klimas schlagen. Ohne diese Vorkenntnisse hinge eine Beschreibung der vollen, ja sogar katastrophalen Wirkungen des Treibhauseffektes, die uns Anfang des nächsten Jahrhunderts ins Haus stehen werden, in der Luft. Ich bitte den Leser daher um Verständnis, wenn er gelegentlich den Eindruck gewänne, daß ich vom Thema abwiche.

Zum Schluß bleibt mir noch übrig, meinem Verleger Dr. Herbert Fleissner für sein Interesse an diesem Buch und für dessen großzügige illustrative Ausstattung herzlich zu danken. Auch den Lektoren des Verlages, die dieses Buch in vorbildlicher Weise betreut haben, gebührt mein herzlicher Dank für ihre großartige Arbeit. Das Buch wäre wirkungslos und unverständlich ohne die zahlreichen Graphiken und Illustrationen. Die Graphiken stammen von meinem langjährigen Freund und Mitarbeiter, dem Hamburger Graphiker Bernhard Ziegler.

Eine bibliographische Neuheit dieses Buches sind vielleicht die zahlreichen Computergraphiken, deren Schaffung eine seltene Mischung von Fertigkeiten in der Technik und in der Kunst erfordert. Die gelungenen Computergraphiken stammen von Günter von Kannen, den eine solche Doppelbegabung sowohl als Techniker, aber auch als Künstler auszeichnet. Auch ihm sage ich meinen herzlichen Dank.

Hamburg, 1989 Februar 15                                    *Heinz Haber*

# DAS GOLDENE GLEICHGEWICHT

Die Wirkungen des berüchtigten Treibhauseffektes kommen unaufhaltsam auf die Menschheit zu. Die gasförmige Asche der industriellen Verbrennung von Kohle und Öl, das Kohlendioxid, wird in stets steigendem Maße in die Atmosphäre geblasen, wo es zu einer fortschreitenden Erwärmung der gesamten Erde führt – etwa um ein Grad Celsius pro Jahrzehnt. Die Folgen während der kommenden 50 Jahre werden verheerend sein: Verlagerung der Klimazonen, Gefährdung der Welternährung, Abschmelzen des arktischen Treibeises, Ansteigen des Meeresspiegels und Häufung von Wetterkatastrophen und Sturmfluten.

Das Thema unseres blauen Planeten im Weltall läßt sich in der Bühne eines Planetariums einer größeren Zahl von Zuschauern besonders eindrucksvoll darbieten. Diese schöne Darstellung wurde mit raffinierten Projektionen im Hamburger Planetarium geschaffen.

In jüngster Zeit ist das Wort »Treibhauseffekt« in aller Munde. Darunter versteht man eine bedrohliche langsame Erwärmung der Erde als ganzer. Wissenschaftler haben abgeschätzt, daß die mittlere Temperatur der gesamten Erde in den nächsten 20 bis 30 Jahren sich um zwei bis fünf Grad erhöhen wird. Das klingt nicht besonders bedrohlich, aber, für die Erde als ganze gesehen, stellt es doch ein erhebliches Problem dar. Diese Klimaveränderung wird unsere Kinder schon in naher Zukunft direkt betreffen und sie vor große Schwierigkeiten stellen.

Der Begriff »Treibhauseffekt« ist vom Wärmehaushalt unserer Gewächshäuser abgeleitet. Wir alle wissen ja, daß die Luft im Innern eines Treibhauses wesentlich wärmer sein kann als die Außenluft. Woher kommt das? Nun, bei prallem Sonnenschein dringt die ganze Energie des Sonnenlichtes durch die durchsichtigen Glasscheiben in das Innere des Treibhauses, erwärmt dort den Boden und die Luft. Diese Energie kann nur dadurch verloren gehen, daß sie in der Form von Wärmestrahlung wieder an die Außenwelt abgegeben wird. Da sind aber die Scheiben dazwischen. Glas hat die Eigenschaft, langwellige, sogenannte infrarote, Wärmestrahlung zu absorbieren, so daß diese nur schwer entweichen kann. Die Folge ist eine Erwärmung im Inneren des Treibhauses.

Jetzt verstehen wir auch den Begriff »Treibhauseffekt«. Die Glasscheiben eines Treibhauses werden bei unserer Erde durch die Atmosphäre unseres Planeten gebildet; wir sitzen also so oder so schon im Treibhaus, es kommt nur darauf an, wie hoch die Temperatur ist.

Die Erdatmosphäre hat die schöne Eigenschaft, daß sie – wie das Glas – für das sichtbare Sonnenlicht praktisch durchlässig ist. Die Energie der Sonne kann also den Erdboden erreichen, erwärmt dort den Boden, das Wasser und auch die Atmosphäre. Des nachts dann muß die Erde diese Wärmeenergie wieder abstrahlen, aber zum Teil wird die Abstrahlung durch die atmosphärischen Gase gehemmt, und in welchem Umfang, das ist hier die Frage.

Die Wirkungen des Treibhauseffektes sind uns allen wohlbekannt aus Erscheinungen, die wir gelegentlich in den ersten Wintermonaten gut beobachten können. Es gibt da bestimmte Wetterlagen, die im Wetterbericht als »nebligtrüb« angekündigt werden. Dabei bilden sich am späten Nachmittag, oft auch schon früher, Nebel und eine niedrig hängende Wolkendecke. Am nächsten Tag kommt erst gegen Mittag die Sonne durch. Die Nebelschicht und die Wolkendecke sind jedoch sehr niedrig; sie haben eine maximale Höhe von 500 m, vielleicht auch 1000 m. Dann heißt es im Wetterbericht, daß in Höhen über 500 oder 1000 m die Sonne scheint und auch, daß es nachts dort klar ist. Jetzt haben wir den Treibhauseffekt in natura vor uns – wir können ihn am Temperaturverlauf während 24 Stunden sehr schön ablesen.

Nehmen wir einmal die nebelbedeckten Niederungen. Da ist die Temperatur vielleicht fünf Grad über Null. Des nachts findet wenig Abstrahlung statt, weil ja Nebel und die niedrige Wolkendecke die Abstrahlung verhindern. Dadurch sinkt die Temperatur höchstens in die Gegend des Gefrierpunktes, selten darunter.

Umgekehrt, in klaren Bereichen und in den Höhen, haben wir es am Tag recht schön warm, weil ja die Sonne scheint. Es können dabei Temperaturen bis zu zehn Grad erreicht werden. Nach Sonnenuntergang jedoch nimmt die Ausstrahlung ihren Lauf. Ungehemmt von irgendwelcher Bewölkung, von Dunst oder von Nebel in der Atmosphäre kann die Strahlung frei in den Weltenraum entweichen. Dadurch wird schon in den frühen Nachtstunden die Nullgrenze unterschritten, und gegen Morgen herrschen Temperaturen von vier bis sechs oder gar zehn Grad unter Null.

Das sollte allerdings nur ein Beispiel sein, um uns die Wirkung des Treibhauseffektes lokal bei uns zu Hause vorzuführen. Jetzt wollen wir aber die ganze Erde betrachten, damit wir den Begriff »Treibhauseffekt«, so wie er heute verstanden wird, richtig in den Blick bekommen. Das heißt, wir müssen uns von unserem provinziellen Standpunkt lösen, dürfen nicht lokal denken, sondern wir müssen die Erde global betrachten. Da hat sich nun herausgestellt, daß die mittlere Temperatur der Erde ziemlich genau 15 Grad beträgt. Diese Temperatur ist gemittelt über alle Klimazonen der Erde, über die Tropen, die Subtropen, die gemäßigten Zonen, bis zu den Polarkappen. Wie kommt es nun zu dieser für die ganze Erde gültigen, gleichbleibenden Temperatur?

Die Sonne bestrahlt die Erde ja aus einer Entfernung von etwa 150 Millionen Kilometer. Die Sonnenstrahlen treffen also unsere Erde wie das fast parallele Strahlenbündel eines Scheinwerfers. Nun müssen wir bedenken, daß die Erde ja eine Kugel ist, das heißt, genau die Hälfte der Erdoberfläche wird täglich zwölf Stunden lang von der Sonne bestrahlt. Das ist freilich ein über das ganze Jahr hinweg gerechneter Mittelwert, und die Jahreszeiten und die Erdrotation spielen dabei keine Rolle. Genauso, im gleichen Sinne – da die Erde ja eine Kugel ist – haben wir die Hälfte der Erde auf der Nachtseite. Alle Flächen, die während des Tages bestrahlt wurden, haben dann zwölf Stunden Gelegenheit, die überschüssige, aufgenommene Wärme wieder in den Weltenraum auszustrahlen, und zwar über die infrarote Wärmestrahlung.

Es ist nun eine sehr schöne Einrichtung in der Natur unseres blauen Planeten, daß genau die Wärmeenergie, die am Tage aufgenommen wurde, während der Nacht wieder abgestrahlt wird. Dadurch bleibt im Schnitt die Temperatur unserer Erde bei 15 Grad erhalten. Es ist just die Tatsache, die man sehr schön als das »goldene Gleichgewicht« bezeichnen kann.

Schematische Prinzipdarstellung des Treibhauseffektes. Der sichtbare Teil der Sonnenstrahlung dringt bei klarer Atmosphäre ungehemmt bis zur Erdoberfläche und erwärmt Kontinente und Ozeane. Die Zusammensetzung des sichtbaren Teils des Sonnenlichtes ist durch Spektralfarben angedeutet. Rechts an das Farbenband fügt sich der unsichtbare infrarote Bereich der Wärmestrahlen an. In diesem Bereich strahlt die Erde ihre Wärme wieder in das Weltall aus, wobei jedoch ein kritischer Anteil durch die typische Absorptionsfähigkeit des Kohlendioxids hängen bleibt. Dadurch erwärmt sich die Erde: Das ist der Treibhauseffekt.

Die Strahlung der Sonne ist immer dieselbe. Seit die Sonne ihren Reifezustand erreicht hat, vor vielen Milliarden von Jahren, hat auch sie sich in einem goldenen Gleichgewicht eingependelt. In jeder Sekunde erzeugt sie genauso viel Energie, wie sie abstrahlt. Die Wissenschaftler haben sich natürlich Gedanken darüber gemacht, ob die Sonne sich irgendwann einmal in ihrer Leuchtstärke, in ihrer Strahlungsdichte geändert haben kann. Es gibt aber sehr wenig Hinweise dafür, so daß wir getrost von der Annahme ausgehen können: Die Sonne bleibt immer dieselbe. Das gilt natürlich nur für den Betrag der Sonnenenergie, der bei der Erde außerhalb der Lufthülle ankommt. Nun müssen die Sonnenstrahlen ja noch die ganze Erdatmosphäre durchwandern, um den Boden und das Meer zu treffen und diese zu erwärmen. Da können Hindernisse im Wege sein, beispielsweise Wolken oder auch eine Verstaubung der Atmosphäre. Erst die modernen Wettersatelliten haben uns gezeigt, wieviel Prozent der Erdoberfläche im Schnitt von Wolken bedeckt sind. Es sind zwischen 50 und 60 Prozent. Lokal oder über ganze Kontinente hinweg kann sich das natürlich von Tag zu Tag sehr stark ändern; das sehen wir ja auf den schönen Wolkenphotos aus dem All, die wir täglich im Wetterdienst im Fernsehen zu sehen bekommen. Hier aber kommt es uns auf Mittelwerte an. Die erstaunliche und zugleich erfreuliche Konstanz der mittleren Erdtemperatur von 15 Grad zeigt uns, daß sich das im Schnitt immer wieder sehr schön ausgleicht.

Dann müssen wir auch die Kehrseite betrachten. Unsere Erdatmosphäre ist ja auch dafür verantwortlich, daß ein bestimmter Betrag – und zwar genau der gleiche Betrag, der am Tage eingestrahlt wird – nachts wieder ausgestrahlt wird. Auch das scheint sehr schön konstant zu bleiben, wie uns die Einhaltung der mittleren Temperatur des gesamten Planeten in Höhe von 15 Grad zeigt. Natürlich wird auch die nächtliche Abstrahlung der Wärmeenergie der Erde durch Nebel, Dunst und Wolken beeinträchtigt. Wenn das auch lokal sehr stark schwanken kann, so ergibt sich dort ebenfalls über die ganze Erde hinweg über längere Zeiten ein immer gleichbleibendes Maß.

Der berüchtigte Treibhauseffekt, über den wir zu Beginn ja gesprochen haben, kann also nicht von den Wolken und von dem Dunst abhängen. Der Hauptübeltäter ist das in der Luft vorkommende Kohlendioxid, chemisch kurz $CO_2$ genannt. Seine überaus starke Einwirkung auf den Wärmehaushalt unseres Planeten übt das Kohlendioxid aus, obwohl es nur in winzigen Spuren vorkommt. Nur 0,035 Prozent der gesamten Masse der Erdatmospähre bestehen aus $CO_2$, das ist weniger als 3 1/2 Zehntausendstel.

$CO_2$ hat nämlich die hervorstechende Eigenschaft, daß es die unsichtbare infrarote Wärmestrahlung, die die Erde loswerden möchte, sehr stark absorbiert, also nicht in das Weltall entweichen läßt. Die Hauptenergie der Sonnenstrahlung jedoch liegt im sichtbaren Bereich, und da ist $CO_2$ völlig durchlässig. Es ist ja ein farbloses, unsichtbares Gas. Das ist der Grund, warum schon relativ geringe Änderungen des $CO_2$-Gehaltes der Luft einen so starken Einfluß auf die Erdtemperatur haben.

$CO_2$ wird durch natürliche Vorgänge laufend auf der Erde neu geschaffen. Es wird bei allen Verbrennungsvorgängen als gasförmige Asche erzeugt und in die Luft abgegeben. Denken wir einmal an die weitflächigen Steppen- und Waldbrände, die es immer schon gegeben hat. Hinzu kommt, daß auch die Vulkane auf der ganzen Erde laufend Kohlendioxid abblasen. Die Erdatmosphäre wird allerdings damit fertig und kann den Kohlendioxidgehalt in der Luft immer schön in der Waage halten. Ein großer Teil wird vom Meer aufgesaugt und sodann – vielleicht das wichtigste – durch unsere Pflanzen. Diese haben doch den wunderbaren Prozeß der Photosynthese erfunden, und damit nehmen sie Kohlendioxid aus der Luft heraus, spalten es in die Bestandteile Kohlenstoff und Sauerstoff. Den Kohlenstoff benutzen die Pflanzen, um damit organische Substanzen, Eiweiße, Stärke, Fette, Öle usw., herzustellen; den freien Sauerstoff geben sie in die Atmosphäre ab, den wir dann einatmen können. Dadurch wird das alles im Gleichgewicht gehalten – es ist jenes goldene Gleichgewicht, von dem wir gesprochen haben.

Wie aber steht es mit den Eiszeiten, von denen unser Planet während der letzten Million Jahre viermal heimgesucht worden ist? Und wie steht es mit dem tropischen Klima, das vor rund 300 Millionen Jahren während der Steinkohlezeit über weite Bereiche unserer Erde geherrscht haben muß? Bei der Betrachtung dieser Erscheinungen müssen wir allerdings bedenken, daß sie sehr langfristig sind. Eiszeiten dauern etwa 100000 bis 200000 Jahre, getrennt von Zwischeneiszeiten von fast ebensolanger Dauer. Die Steinkohlezeit hat etwa 80 Millionen Jahre gedauert, wobei überhaupt nicht auszuschließen ist, ob es während dieses langen Zeitlaufes auch Perioden gegeben hat, bei denen das Klima wieder etwas kühler war. Grundsätzlich aber sind diese Klimaschwankungen nur die großen Atemzüge in der Geschichte unserer Erde, wobei allerdings auch zu bedenken ist, daß während dieser langen Perioden die Erde sich als ganze wiederum in einem Gleichgewichtszustand zwischen Wärmeeinstrahlung und Wärmeabstrahlung befand.

Wir kurzlebigen Menschen haben ja eine sehr eingeengte, zeitliche Perspektive, und von diesem provinziellen Standpunkt aus würden wir vielleicht sagen, daß während einer Eiszeit oder während einer tropischen Periode wie in der Steinkohlezeit das sogenannte goldene Gleichgewicht gestört sei. Das ist aber nur eine Frage des Standpunkts. Lebewesen, die während der Steinkohlezeit oder während der Eiszeiten gelebt haben, werden vielleicht die Empfindung gehabt haben, daß das Klima sehr in Ordnung ist, und, wenn es damals schon denkende Menschen gegeben hätte, hätten sie vielleicht auch vom goldenen Gleichgewicht gesprochen. Auf das Gleichgewicht kommt es doch an.

Jetzt verstehen wir auch, weshalb wir im Titel dieser Schrift von »Eiskeller oder Treibhaus« gesprochen haben. Wodurch diese großen Atemzüge in der Klimageschichte verursacht werden, darüber sind sich die Wissenschaftler noch lange nicht einig. Es gibt eine ganze Reihe von zum Teil sehr originellen und zum Teil auch sehr glaubhaften Theorien, die man allerdings gegeneinander abwägen muß. Obwohl die Klimakunde während der letzten Jahrzehnte erhebliche Fortschritte gemacht hat, sind wir noch lange nicht soweit, daß wir eine bündige Erklärung für den Wechsel zwischen Warmperioden und Eiszeiten abgeben können. In diesem Zusammenhang hat man natürlich auch Betrachtungen angestellt, ob nicht vielleicht langfristige Schwankungen im $CO_2$-Gehalt unserer Atmosphäre eine wichtige Rolle spielen.

Außer diesen langzeit-periodischen, großen Klimaschwankungen wie Warm- und Eiszeiten gibt es auch noch mildere Klimaschwankungen von wesentlich kürzerer Dauer, die nicht so extrem sind. In der kurzen Kulturgeschichte der Menschheit, seit etwa 5000 Jahren, hat man bereits einige solcher milden Klimaschwankungen verzeichnet. Sie hatten eine Dauer von einigen hundert Jahren bis herunter zu 50 oder gar nur 20 Jahren. Da sie ihrer Länge nach etwa in Jahrhunderten zu bemessen sind, nennt man sie »säkulare« Klimaschwankungen. So herrschte im Mittelmeerraum während der Zeit der Antike ein feuchteres und auch fruchtbareres Klima als heute. Inzwischen sind die großen Halbinseln des Mittelmeeres und auch der Norden Afrikas zum Teil verwüstet, zumindest aber auch verkarstet. Auch die großen Wälder aus dem Altertum sind mittlerweile verschwunden. Umgekehrt herrschte zwischen dem 17.und 19. Jahrhundert in Mitteleuropa ein wesentlich kühleres Klima. Die Klimatologen sprechen sogar gerne von der »kleinen Eiszeit«.

Der Treibhauseffekt, von dem wir heute alle sprechen, wird unweigerlich zu einer Erwärmung der gesamten Erde führen. Dieser Erwärmungsprozeß hat bereits begonnen und bildet ein neues Kapitel in der jüngsten Geschichte des Klimas unserer Erde. Diese Veränderung des Klimas, die wir heute schon bemerken, zählt auch zu den säkularen Klimaschwankungen. Wissenschaftler schätzen ihre Dauer auf mindestens 50, vielleicht sogar 200 bis 300 Jahre. Die Gründe für die säkularen Klimaschwankungen in der Vergangenheit müssen wir in dem Kräftespiel auf der Oberfläche unseres Planeten suchen. Eines jedoch steht fest: Die jetzt zu erwartende neue Klimaphase wurde von uns Menschen selbst verursacht. Das können wir aus dem wachsenden $CO_2$-Gehalt unserer Atmosphäre während der letzten 130 Jahre unmittelbar ablesen.

Der Grund, weshalb wir Menschen in den ausgewogenen $CO_2$-Haushalt der Atmosphäre so entscheidend eingreifen, liegt natürlich in unserer industriellen Tätigkeit. Jedes Jahr verbrennen wir ungeheure Mengen an fossilen Brennstoffen – Kohle, Öl und Erdgas. Die gasförmige Asche ist $CO_2$, und diese blasen wir ungehemmt in die Luft ab. Wollen wir einmal eine Bilanz aufstellen: Die gesamte Masse der Atmosphäre läßt sich leicht berechnen, wenn wir bedenken, daß auf jedem Quadratzentimeter der Erdoberfläche, d.h. Land und Meer zusammengenommen, ein Luftgewicht von einem Kilogramm lastet. Das können wir an unserem Barometer ablesen. Da unser Planet ja so riesengroß ist, kommt als Gesamtmasse ein erheblicher Betrag heraus. Die gesamte Atmosphäre der Luft wiegt etwa fünf Trillionen Tonnen. Obwohl der Anteil an $CO_2$ in der Atmosphäre nur 0,035 Prozent beträgt, so kommt dennoch eine erhebliche Masse zusammen: In der Atmosphäre befinden sich insgesamt 1,6 Billiarden Tonnen $CO_2$.

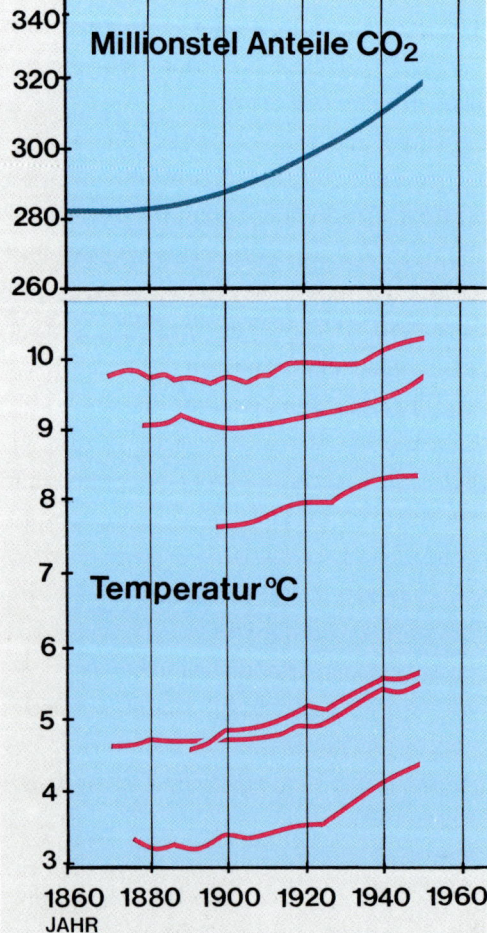

Zunahme des Kohlendioxidgehaltes der irdischen Atmosphäre in Millionstel zwischen 1870 und 1950, die vermutlich durch die industrielle Verbrennung von Kohle und Öl verursacht worden ist. Unten: Zunahme der mittleren Jahrestemperatur an sechs europäischen Beobachtungsstationen (von oben nach unten): Greenwich, England; Wien, Österreich; Aberdeen, Schottland; Uppsala, Schweden; Trondheim, Norwegen; Stykkishoimur, Island. Der auffallend parallele Gang der Zunahme der Konzentration von Kohlendioxid in der Erdatmosphäre und der mittleren Temperaturen an diesen Stationen läßt einen kausalen Zusammenhang vermuten.

Bereits im Jahre 1970 – also schon fast historisch – haben Klimatologen eine Statistik über die Entwicklung des $CO_2$-Gehaltes der irdischen Atmosphäre zusammengestellt. Die oberste Kurve der abgebildeten Graphik zeigt den Anstieg des $CO_2$-Gehaltes in der Atmosphäre zwischen den Jahren 1870 und 1950, das heißt, etwa seit Beginn der technischen Revolution. Zuvor hat die Menschheit praktisch nur Holz verbrannt. Dann aber begann man Kohle und später auch Öl zu verbrennen, und zwar in einem stets wachsenden Ausmaß. Auch heute noch wird der Löwenanteil unseres Energiebedarfs von diesen fossilen Brennstoffen gedeckt, entsprechend viel Kohlendioxid wird in die Atmosphäre abgeblasen. An der oberen Kurve der abgebildeten Graphik können wir ablesen, daß im Jahre 1870 der prozentuale Gehalt des $CO_2$ in der Atmosphäre noch 0,028 Prozent betrug. Im Jahre 1950 waren es bereits 0,033 Prozent. Im unteren Teil der Graphik sind Temperaturkurven abgebildet. Sie bedeuten die Zunahme der mittleren Jahrestemperatur an sechs europäischen Beobachtungsstationen. Der auffallend parallele Gang der Zunahme der Konzentration von Kohlendioxid in der Erdatmosphäre und der mittleren Temperatur an diesen Stationen läßt einen kausalen Zusammenhang erkennen.

Diese Untersuchung umfaßt den Zeitraum zwischen 1870 und 1950. Wir haben die Ergebnisse hier auch graphisch dargestellt, um zu zeigen, daß sich der Treibhauseffekt in diesen 80 Jahren zumindest in den Randgebieten des Nordatlantiks schon andeutungsweise bemerkbar gemacht hat. Es ist kein Zufall, daß die ersten, noch sehr mäßigen Temperatursteigerungen in diesem Gebiet mit dem Beginn der technischen Revolution zusammenfallen, das heißt, mit jener Epoche, in der die stets steigende Ausschüttung der gasförmigen Asche $CO_2$ der Verbrennungsprozesse ihren Anfang nahm. Die Wirkung des Treibhauseffektes war in diesen 80 Jahren noch nicht auffallend, und man mußte den langsamen Temperaturanstieg mühsam aus den natürlichen Jahresschwankungen herausschälen. Inzwischen freilich ist der jährliche Ausstoß von $CO_2$ gewaltig angestiegen, vor allem in den Jahrzehnten nach dem Zweiten Weltkrieg.

Das Problem des Treibhauseffektes ist schon bald von Fachleuten der Meteorologie und Klimatologie in seiner ganzen Potenz erkannt worden. Man versuchte nun mit zahlreichen Prognosen, diese Erscheinung zu erfassen. Das Resultat waren gemittelte Kurven, die zum Teil einige Jahrzehnte, ja sogar bis zu zwei Jahrhunderten umfaßten. Man errechnete die mutmaßliche weitere Zunahme des $CO_2$-Gehalts unserer Atmosphäre und die damit verbundene mutmaßliche Steigerung der mittleren Temperatur der gesamten Erde. Von diesen Prognosen möchten wir zwei Beispiel geben:

Zunächst einmal eine kurvenmäßige Darstellung (s. Graphik S. 22) der Zunahme des $CO_2$-Anteils unserer Atmosphäre, wie sie bis für das Jahr 2050 voraus-

21

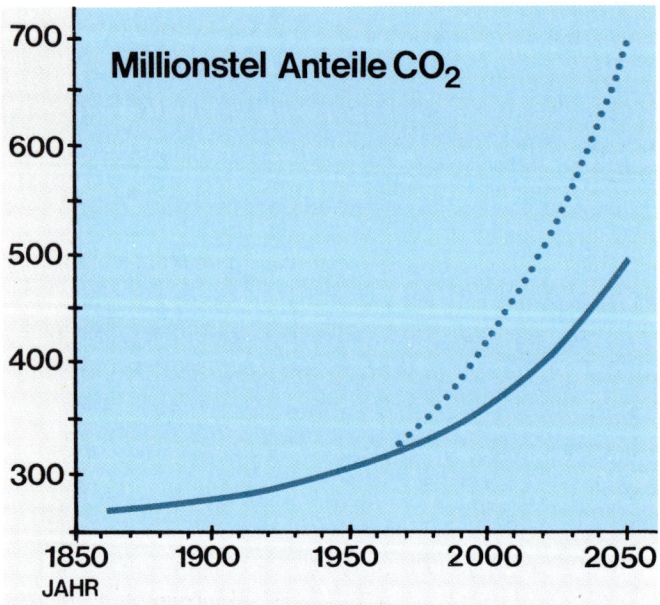

Zunahme des $CO_2$-Anteils in der Atmosphäre, wie sie bis zum Jahre 2050 hochgerechnet wurde. Der gestrichelte Teil entspricht der Wirkung von weiteren wärmehemmenden Spurengasen (Stickoxide, Methan, Schwefeldioxid u.a.), die auf die Wirkung des $CO_2$ umgerechnet und zur $CO_2$-Konzentration hinzugezählt wurden.

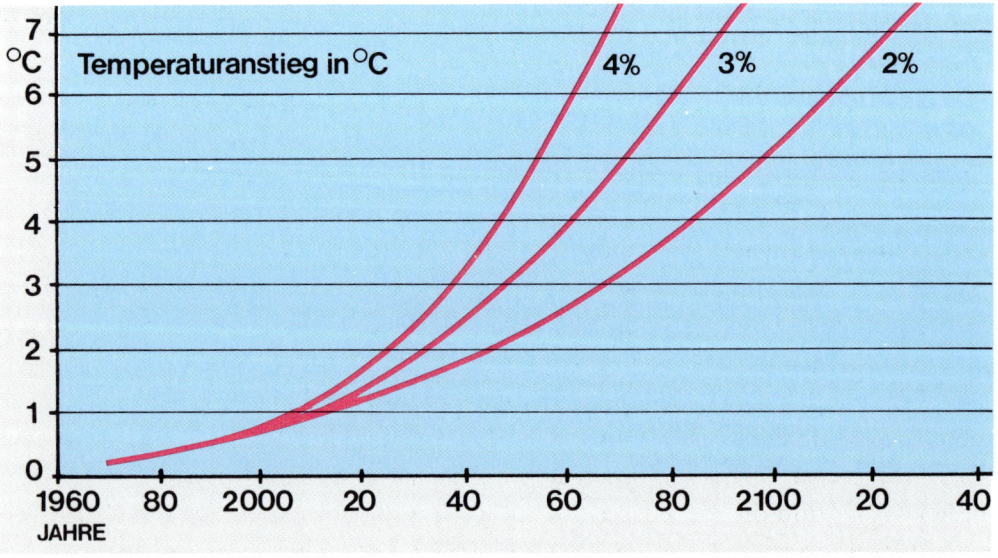

Mutmaßlicher Temperaturanstieg der Erde bis zum Jahre 2120. Die drei Kurven entsprechen verschiedenen Steigerungsraten der Verbrennung von Kohle, Öl und Erdgas.

gesagt wird. Die Kurve ist mit einem darüberliegenden, gestrichelten Ast versehen, der die Wirkung auch anderer vom Menschen erzeugter und in die Luft abgegebener Spurengase – Stickoxide, Methan, Schwefeldioxid – wiedergibt. Auch diese Spurengase üben eine für den Treibhauseffekt typische Wärmehemmung aus; bei der Kurve wurde deren Wirkung so umgerechnet, daß sie zum $CO_2$-Anteil hinzugezählt werden müssen. Man spricht vom »äquivalenten $CO_2$-Anstieg«.

In der zweiten Graphik auf Seite 22 zeigen wir nun die Zunahme der mittleren Temperatur der gesamten Erde, wie sie wohl bis in die Anfänge des 22. Jahrhunderts zu erwarten ist. Da wir nur grob abschätzen können, wie wohl der $CO_2$-Ausstoß im Maßstabe des zukünftigen Energiebedarfs der Menschheit ansteigen wird, sind drei Annahmen gemacht: Die linke Kurve errechnet sich aus der Annahme einer Steigerungsrate im Verbrauch fossiler Brennstoffe von vier Prozent pro Jahr, der mittleren Kurve entspricht eine Steigerungsrate von drei Prozent und der rechten Kurve eine Steigerungsrate von zwei Prozent. Diese Prognose ist besonders lehrreich, da sie uns vor Augen führt, wie wichtig eine Beschränkung unserer Energieerzeugung mit fossilen Brennstoffen für die Zukunft des Weltklimas sein wird. Bei einer jährlichen Steigerung von vier Prozent wird die mittlere Erdtemperatur bereits im Jahre 2060 um sieben Grad angestiegen sein, während dieser Zustand bei einer Zuwachsrate von drei Prozent erst im Jahre 2090, und bei nur zwei Prozent erst im Jahre 2120 Wirklichkeit sein wird. Wie dem auch sei – alle drei Kurven weisen den Weg in die Klimakatastrophe für uns, für die Menschheit.

Diese erschreckenden Zukunftsaussichten sind naturgemäß nur die Ergebnisse von theoretischen Betrachtungen. Inzwischen jedoch ist der Treibhauseffekt zu einem Kernproblem der Klimatologie der letzten drei Jahrzehnte geworden. Die Methoden der Erforschung zukünftiger Verhältnisse haben große Fortschritte gemacht, vor allem weil man sich – wie in vielen anderen Gebieten der modernen Wissenschaft – der Computertechnik bedient hat. Bei einer Voraussagung zukünftiger Klimaänderungen spielen eine große Zahl von Faktoren eine Rolle, die oft eine verstärkende oder auch eine hemmende Wirkung haben. Um das in allen nur denkbaren Fällen zu erfassen, hat man sogenannte »Computermodelle« des zukünftigen Klimas erstellt, deren Verläßlichkeit man freilich von Fall zu Fall kritisch abschätzen muß. Andererseits kann man die verschiedenen Modelle auch auf die Vergangenheit anwenden und die Stichhaltigkeit ihrer Ergebnisse und Voraussagungen an der Wetterentwicklung ablesen, die sich ja ereignet hat und die wir deshalb kennen. Heute dürfen wir sagen, daß wir solchen Computermodellen über die zukünftige Entwicklung des Klimas immer mehr Vertrauen schenken können.

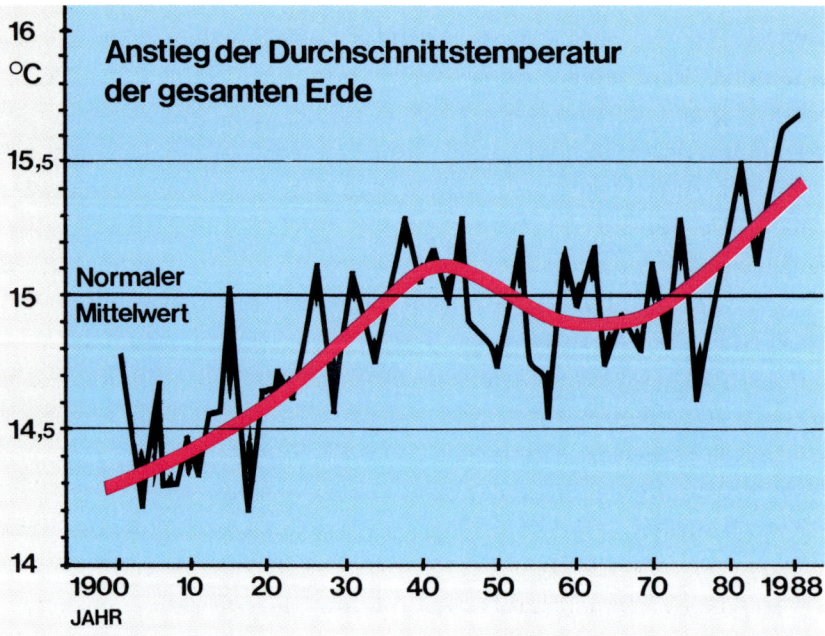

**Anstieg der Durchschnittstemperatur der gesamten Erde**

15,5

Normaler
Mittelwert

15

14,5

14

1900  10  20  30  40  50  60  70  80  1988

JAHR

Mittlerer Temperaturverlauf der gesamten Erde seit dem Jahre 1900.

Hierfür wollen wir ein Beispiel geben: In der Graphik auf Seite 24 zeigen wir die historische Entwicklung der mittleren Temperatur der gesamten Erde seit Anfang dieses Jahrhunderts. Naturgemäß sind das nicht errechnete, sondern Beobachtungsdaten, welche die bisherige Klimageschichte unseres Jahrhunderts kennzeichnen. Obwohl die Kurve von Jahr zu Jahr und von Jahrzehnt zu Jahrzehnt einen recht wirren Verlauf in Höhen und Tiefen aufweist, so ist dennoch eine mittlere, typische Tendenz festzustellen, welche durch die gewellte Mittelwertskurve dargestellt ist. Der Kurve können wir entnehmen, daß die mittlere Temperatur der Erde in den ersten Jahrzehnten langsam aber stetig angestiegen ist, was den bereits zuvor erwähnten Anfängen des Treibhauseffektes entspricht. Im Jahre 1945 wurde mit 15,1 °C ein Zwischenmaximum erreicht, um dann bis zum Jahre 1965 wieder auf 14,9 °C abzusinken. Seit 1965 und bis 1988 erfolgte eine erneute Steigerung bis auf 15,4 °C heute.

Jeder wird sagen: Das sind doch nur Unterschiede von ein paar Zehntel Grad – das kann doch nichts ausmachen. Das Gegenteil ist richtig. Wir dürfen nicht vergessen, daß diese Werte die Erde in ihrer Gesamtheit betreffen, und jeder Klimaforscher muß darin bereits ernstzunehmende Störungen des goldenen Gleichgewichts entdecken. Besonders interessant ist die kleine Senke zwischen 1945 und 1980. Diese 35 Jahre einer – wenn auch nur geringen – Abkühlung hat in den Köpfen vieler Menschen große Verwirrung angerichtet.

Die Klimaforscher kennen den Treibhauseffekt schon seit mehr als 100 Jahren. Es wurde in Fachkreisen darüber diskutiert, und die Öffentlichkeit erfuhr eigentlich wenig davon. Aber bereits in den fünfziger Jahren haben einige besonders weitschauende Wissenschaftler vor dem kommenden Treibhauseffekt gewarnt. Damals schon sagten sie voraus, daß sich der Treibhauseffekt Ende der achtziger Jahre deutlich bemerkbar machen würde. Sie haben recht gehabt, obwohl die Senke zwischen 1945 und 1980 sie Lügen zu strafen schien. Selbst unter Fachleuten wurden sie vielfach als Pessimisten angesehen. Die Verursachung dieser Senke ist auch heute noch nicht völlig klar. Zwei Gründe könnten dafür verantwortlich sein: Eine Zunahme der Versteppung weiter Landstriche auf der Erde mit einer entsprechenden Anreicherung des Staubes in der Luft – wissenschaftlich »Aerosol« genannt. Dieser Staub verhindert, daß die Sonnenenergie den Erdboden nicht in gewohnter Stärke erreicht, sondern Teile davon in das Weltall zurückgeworfen werden. Sodann könnte eine langjährige Zunahme der mittleren Bewölkung der Erde – die ebenfalls Schwankungen unterworfen ist – eine Rolle gespielt haben. In den fünfziger Jahren gab es ja noch keine Wettersatelliten, so daß man die mittlere Bewölkung der gesamten Erde in ihrer Summe schlecht ermitteln konnte. Heute kann man das glücklicherweise, da genügend Wettersatelliten eingesetzt sind und täglich Tausende von Bewölkungsbildern der gesamten Erde entstehen.

Das einzige, was die Öffentlichkeit von dieser flachen Temperatursenke zwischen 1945 und 1980 mitbekommen hat, war eine fühlbare Charakterveränderung der Jahreszeiten im Vergleich zu den ersten vier Jahrzehnten dieses Jahrhunderts. Unsere Eltern und Großeltern erinnern sich an zwar kurze, aber auch recht kalte Winter, in denen unsere Flüsse und Ströme vielfach zugefroren waren. Dann kam Ende März, Anfang April sehr bald der schöne, milde Frühling, gefolgt von einem meist schönen Sommer, in dem die Kinder häufig Hitzeferien bekamen. Während der Zeit der Senke wurden die Winter länger, aber auch milder und schneereicher. Der Frühling ließ lange auf sich warten und im gerühmten Mai nur noch zögernd sein blaues Band fliegen. Dann kam, vielfach bereits im Juni, eine kurze Hitzewelle, gefolgt von einem oft verregneten Juli und August. Nur am Herbst hat sich wenig geändert.

Ja, es war sogar so, daß in der voreiligen Medienlandschaft von einer neuen Eiszeit gesprochen wurde. »Eiskeller oder Treibhaus« wurde zum Schlagwort.

Diese Senke war wohl auch verantwortlich dafür, daß die Öffentlichkeit und die Politiker die Mahnungen der ernsthaften Klimaforschung vor dem Treibhauseffekt nicht wahrnahmen und vor allen Dingen auch nicht ernst nahmen. Wie konnte man in den fünfziger und sechziger Jahren vom Treibhauseffekt reden, wenn die Natur uns das Gegenteil vor Augen führte? Aber die Klimafor-

scher hatten damals schon vorausgesagt, daß diese weltweite Abkühlung nur
vorübergehend sei und von dem dann einsetzenden Treibhauseffekt Ende der
achtziger Jahre überrollt werden wird. Man muß freilich verstehen, daß solchen
Prognosen selbst in Fachkreisen gelegentlich widersprochen wurde. Die Öffentlichkeit – soweit sie sich um diese langfristigen Prophezeihungen überhaupt
kümmerte – sah die Folgen eines Treibhauseffektes überhaupt nicht auf sich zukommen. Dazu kommt, daß sich die gewellte Kurve der Mittelwerte der Erdtemperatur auch im Verhalten der Gletscher, des schwimmenden Polareises und
der mittleren Schneebedeckung der Erde widerspiegelt. Im Jahre 1965 wurde
festgestellt, daß die Temperatur des Nordatlantiks um 1/2 Grad gesunken war.
Umgekehrt hat sich die Eisgrenze des schwimmenden Polareises um einige
hundert Kilometer nach Süden verlagert, und auch die Eisberge stießen wieder
weiter nach Süden vor, nachdem bei der Temperaturspitze Ende des Zweiten
Weltkrieges kaum mehr von Eisbergen die Rede war. Schließlich war der Schiffs-
verkehr im Nordatlantik durch die zahlreichen Geleitzüge von Amerika nach
Murmansk überaus lebhaft, und von Eisbergen wurde dort nie etwas gehört.
Sodann sind seit Anfang des Jahrhunderts bis Anfang der sechziger Jahre die
Gletscher in den Hochgebirgen auf der ganzen Erde weggeschmolzen, um dann
in der Tiefe der Senke wieder zuzunehmen. Diese Zunahme war besonders auffallend, da zum Beispiel die Alpengletscher in den Jahrzehnten bis in die fünfziger Jahre hinein sehr stark abgeschmolzen waren und häßliche, schmutzige
Moränen hinterließen. Dann fingen sie wieder an zu wachsen. Gleichzeitig war
die Ära der Satelliten angebrochen, und man hat in der Tiefe der Senke festgestellt, daß die mittlere Schneebedeckung der Erde um fast 15 Prozent zugenommen hatte.

Alle diese Beobachtungen mußten natürlich Verwirrung stiften und die
Glaubwürdigkeit der Treibhauseffekt-Propheten in Frage stellen. Und das ist
wohl auch der Grund, weshalb sich die Politiker mit diesem Problem überhaupt
nicht beschäftigt haben. Es ist nun das Handicap der Klimaforscher, daß die von
ihnen prophezeiten Klimaänderungen so langsam und langfristig vonstatten
gehen. Um das Problem zu kennzeichnen, müssen sie immer von Jahrzehnten
sprechen, und solche langen Zeiträume interessieren Politiker überhaupt nicht.
Wenn ein Präsident oder Kanzler gewählt wird, denkt er schon am Tage seines
Amtsantrittes an die nächste Wahl und nicht an ein Problem, das 20 oder noch
mehr Jahre in der Zukunft liegt. Das schiebt er zur Seite und sagt sich, daß sich
darüber sein Nachfolger dereinst den Kopf zerbrechen soll, der vielleicht sogar
von der anderen Partei sein könnte.

Heute wissen wir, daß diese »Eiskellerzeit« – wie vorausgesagt – nur von
kurzer Dauer war. Schon vor 40 Jahren haben die Klimatologen prognostiziert,

daß diese kurze säkulare Klimaschwankung in Richtung auf niedrige Temperaturen Ende der achtziger Jahre vom Treibhauseffekt überrollt werden wird. So ist es dann auch gekommen.

Der Treibhauseffekt ist heute ein Lieblingsthema der Medien. Zeitungen, Zeitschriften und das Fernsehen lieben Katastrophen, denn nach einem alten, amerikanischen Spruch sind schlechte Nachrichten »gute« Nachrichten für die Presse. Damit lassen sich Aufmerksamkeit erregen, Schlagzeilen machen und Zeitungen verkaufen. Leider wird im Zuge dieser Gewohnheiten der Treibhauseffekt – zumindest stellenweise – übertrieben und die Bevölkerung ungebührlich verängstigt. Immerhin sind auch würdige Diskussionen über den Treibhauseffekt zustande gekommen, wie etwa ein Kongreß über dieses Problem, der Anfang November 1988 in Hamburg stattfand und an dem führende Politiker wie Willy Brandt und Bundesminister Riesenhuber teilnahmen. Darüber wurde in

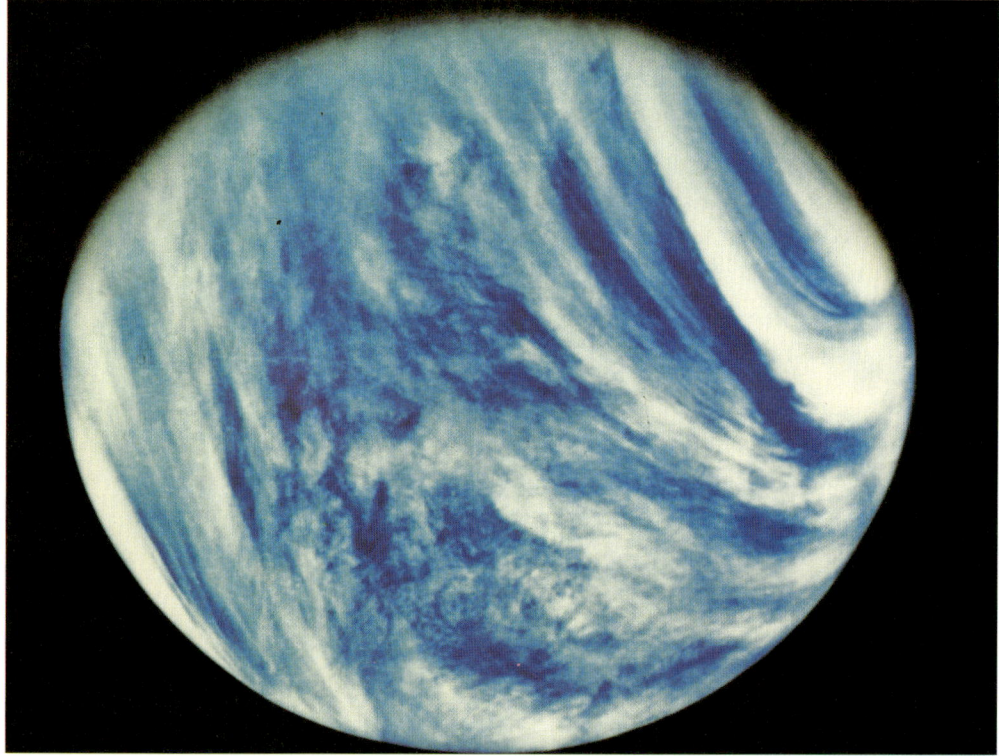

Nahaufnahme des Planeten Venus bei einem Vorbeiflug eines Instrumententrägers zur Erforschung der inneren Planeten. Die Bewölkung in verschieden heller Streifung läßt keinen Blick auf die eigentliche Oberfläche der Venus zu.

der Presse sinngemäß berichtet. Freilich diente auch dieser Kongreß einigen Journalisten zu sensationellen Übertreibungen. Ein klassisches Beispiel hierfür war ein großer Artikel mit dicken Schlagzeilen: »Venus – eine Warnung für die Erde« und »Die Venus – vom Leben verlassen«. Der Verfasser dieses Artikels wollte wohl die Wichtigkeit des Kongreßthemas unterstreichen – freilich mit einem völlig abwegigen Vergleich.

Der Planet Venus, der innere Nachbar der Erde im Planetensystem, ist in Größe und Aufbau eine echte Schwester der Erde. Nur die Atmosphären der beiden Schwesterwelten sind völlig verschieden. Die Atmosphäre und das Klima der Erde brauchen wir hier nicht zu beschreiben, die fast gleichgroße Venus dagegen hat eine hundertmal dichtere Atmosphäre und eine Oberflächentemperatur von fast 500 Grad. Die Astrophysiker sind sich darüber einig, daß dieser Zustand der Venusatmosphäre schon seit Beginn des Sonnensystems geherrscht haben muß. Die Venus kann also nicht vom Leben verlassen worden sein, da es auf ihr niemals Leben gegeben hat. Der Autor des Artikels unterstellt, daß sich die Erde – wenn wir dem Treibhauseffekt keinen Einhalt geböten – in eine Venus verwandeln könnte. Nachdem er die Temperatur- und Druckverhältnisse auf unserer Schwesterwelt beschrieben hat, sagt er: »Die Venus ist ein Menetekel für das Schicksal der Erde.«

Das ist natürlich maßlos übertrieben und astrophysikalisch blanker Unsinn. Die Venus ist ein völlig ungeeignetes Beispiel, vor den Wirkungen des Treibhauseffektes zu warnen. Der gewaltige Unterschied in der Atmosphäre der beiden Schwesterwelten erklärt sich aus einer einzigen Tatsache: Venus umkreist die Sonne in einem Abstand, der nur zwei Drittel der Entfernung zwischen Erde und Sonne beträgt. Dementsprechend ist die Energie der Sonnenstrahlung dort fast doppelt so groß. Dadurch allein mußte die Temperatur der Venus über dem Siedepunkt des Wassers liegen, es konnte sich kein Leben entwickeln und damit keine Pflanzen, welche das Kohlendioxid, das in der Uratmosphäre beider Planeten reichlich vorhanden war, hätten herausschaffen können. Auch konnte sich kein Ozean bilden, da alles Wasser, das aus dem Innern der Venus entwich, sofort verdampfte. Die Geschichte der beiden, in der Größe so ähnlichen Schwesterwelten verlief aus diesen Gründen in völlig verschiedenen Bahnen, und aus der Erde könnte nie eine Venus werden – oder doch?

Das wäre nur möglich, wenn durch einen Akt Gottes die beiden Planeten, so wie sie heute geschaffen sind, ihre Plätze tauschen würden. Unsere Erde würde sich dann durch die doppelte Sonnenbestrahlung sehr schnell erhitzen, die Ozeane würden verdampfen, alles Leben würde zerstört werden, die Dichte der Atmosphäre würde sich Verhundertfachen, und das Kohlendioxid würde sich ungehemmt anreichern. Unsere Erde wäre zur Venus geworden. Umgekehrt, die jetzige Venus in der Erdbahn würde sich schnell abkühlen, der Wasserdampf würde herabregnen und Ozeane bilden, die Luft würde sich auf ein Hundertstel verdünnen, und wenn wir ein paar hundert Millionen Jahre warten, würde auch Leben entstehen, und die Pflanzen würden das Kohlendioxid aus der Atmosphäre herausschaffen. Unsere arme Erde in der Venusbahn würde bei 500 Grad Oberflächentemperatur verkochen und die glückliche Venus würde sich von der Pechmarie in die Goldmarie verwandeln und so werden, wie die Erde heute ist. Bei uns auf der Erde ist im Grunde genommen alles so schön in Ordnung, weil unser Planet den Logenplatz im Theater des Planetensystems einnimmt.

So grausam und erschreckend die Aussichten des Treibhauseffektes und der bevorstehenden säkularen Klimaschwankungen in Richtung auf Erwärmung sind, so werden sie von der Natur doch nur als eine relativ »kleine« Störung des goldenen Gleichgewichts angesehen werden. Schwankungen ähnlicher Art – wenn auch nicht vom Menschen verursacht – hat die Erde in ihrer langen Geschichte schon öfters durchgemacht. Unser blauer Planet wird das mit links verkraften – nur wir Menschen schaden uns selbst.

Der Treibhauseffekt und seine Folgen sind ein sehr verwickeltes Sachgebiet. Ursache und Wirkung vertauschen oft ihre Plätze. Hinzu kommt, daß Meteorologie und Klimatologie zu den jüngsten der Naturwissenschaften gehören – die wissenschaftliche Atmosphärenforschung ist erst knapp hundert Jahre alt. Aber auch ihrer Natur nach sind die in der Atmosphäre wirksamen Kräfte sehr verwirrend und nur sehr schwer zu beschreiben. Darauf beruht auch die sprichwörtliche »Unzuverlässigkeit« der täglichen Wetterprognosen, obwohl sie im Zeitalter der Wettersatelliten eine Trefferquote von über 90 Prozent erzielen. Damit freilich können die Meteorologen nicht mit den Astronomen konkurrieren, die sich z. B. der erfolgreichen Mühe unterzogen haben, in einem jüngsten Sammelwerk zukünftige Sonnenfinsternisse bis in das Jahr 2504 vorauszuberechnen. In diesem bemerkenswerten Werk ist zum Beispiel zu lesen, daß am 11. August 1999 nach über 200 Jahren der Kernschatten des Mondes Deutschland wieder besuchen wird. An diesem Tag wird sich eine totale Sonnenfinsternis im Streifen Karlsruhe, Stuttgart, Ulm, München und Salzburg ereignen, die allerdings nur knapp zwei Minuten ihre totale Phase erreichen wird. Auch die Zeiten sind vorausberechnet: In Stuttgart wird die Sonne um 10.48 Uhr total verfinstert sein. Sollten Sie dort sein, können Sie Ihre Uhr danach stellen.

Vielleicht war das Beispiel mit unserem Schwesterplaneten ein bißchen extrem. Dennoch aber sind vielfach übertriebene Darstellungen des durchaus bedrohlichen Treibhauseffektes in der Medienlandschaft zu bedauern. Obwohl sehr ernstzunehmende Prognosen über die zu erwartenden Folgen des Treibhauseffektes – Verschiebung der Klimazonen, Gefährdung der Anbaugebiete der wichtigsten Nahrungsmittel für die Menschheit, Überschwemmungen küstennaher Gebiete und Häufung von Wetterkatastrophen – der Öffentlichkeit zugänglich gemacht werden müssen, können sensationell übertriebene Berichte den Ernst der Lage verfälschen. Man kann sich gut vorstellen, wie solche Zeitungsartikel mit marktschreierischen Schlagzeilen zustande kommen – jeder Fachmann kann ein Lied davon singen. Er spricht eine Warnung aus, indem er ein Zukunftsproblem wissenschaftlich beschreibt, seine Aussagen sind dabei verantwortungsvoll abgewogen. Bei einem Interview versucht der Journalist dann noch eine, für ihn geeignete Aussage aus dem Fachmann herauszukitzeln. Diese bauscht er dann auf und versieht sie mit einer bombigen Schlagzeile. Dabei wird natürlich der Fachmann mit allen seinen akademischen Titeln als Quelle zitiert. Wenn dann der übertölpelte Wissenschaftler das Ergebnis seines Interviews in der Zeitung liest, stehen ihm die Haare zu Berge. Früher hatten die Wissenschaftler es gut: Sie lebten unter sich im Elfenbeinturm. Da die Ergebnisse ihrer Forschung in der Öffentlichkeit heute völlig neue Bewertungen erfahren müssen, kommt es oft zu einem Dilemma, das die Wissenschaftler in ihrer ganzen Schärfe selbst noch gar nicht richtig erkannt haben. Hierzu soll ein Beispiel aus der Novemberausgabe des »Zeitmagazins« (Nr. 45, 1988) zitiert werden:

»... Am 23. Juni, dem Tag, als 45 Städte zwischen Boston und Los Angeles eine Temperatur von über hundert Grad Fahrenheit meldeten, stieg ein Physiker namens James Hansen zum Rednerpult am Capitol Hill in Washington und schleuderte einer Kommission des amerikanischen Senats eine schockierende Nachricht entgegen: ›Was dort draußen geschieht‹, erklärte beschwörend der Professor des Goddard-Institutes von der Weltraumbehörde NASA, ›ist mit 99prozentiger Sicherheit genau das, was wir vorausgesagt haben. Das ist der Treibhauseffekt.‹ Hansens Kollegen hielten die Luft an, als der Atmosphärenexperte fortfuhr: ›Wenn unsere Berechnungen einigermaßen stimmen, wird es in Zukunft mehr dieser heißen Sommer geben – und die heißesten werden heißer sein als dieser.‹ Kein renommierter Wissenschaftler hatte es bisher gewagt, so etwas in der Öffentlichkeit zu sagen ...«

In der vorliegenden Schrift haben wir uns die Aufgabe gestellt, das Wesen der säkularen Klimaschwankungen so gut es geht zu erläutern. Nun hatten wir zuvor schon darauf hingewiesen, daß die Geologie und die Meteorologie in der Familie der Naturwissenschaften einen besonderen Platz einnehmen. Wenn man von Naturwissenschaft spricht, denkt man meist zunächst an die Astronomie, die Physik und die Chemie. Im Bereich dieser Fachgebiete ist man an äußerste Präzision gewöhnt, und die Resultate dieser Fachwissenschaftler besitzen einen hohen Grad an Verläßlichkeit. Das trifft vor allem für Prognosen zu – für die Vorausberechnungen astronomischer Ereignisse in der Zukunft gaben wir zuvor ja schon ein eklatantes Beispiel. Ohne echt gesicherte Kenntnisse in der Physik und der Chemie könnte man ja keine Instrumente, Apparaturen und Maschinen bauen, und es gäbe keine Technik. In unserer modernen technischen Umwelt vertrauen wir unser Leben laufend dieser bewährten Präzision an.

Ganz anders steht es nun mit der Wetter- und Klimakunde – mit der Meteorologie und Klimatologie. Bei den zahlreichen Erscheinungen in unserem rastlosen Luftmeer dreht es sich meist um die Beschreibung von verwickelten Abläufen im Spiel der atmosphärischen Kräfte. Das Wesen des Wetters und des Klimas ist vielfach nicht so klar und durchsichtig wie die Gesetze und Erscheinungen in der Welt der Astronomie, Physik und Chemie. Wenn wir uns also anschicken, über die Frage »Eiskeller oder Treibhaus« zu reden, so können wir nicht unvermittelt in die Diskussion einsteigen, ohne daß wir uns zuvor einen ausreichenden Überblick über die Phänomene »Wetter und Klima« verschafft haben. Das soll in den nun folgenden Kapiteln geschehen. Vor allem – im täglichen Leben sind Wetter und Klima für uns lediglich vorübergehende, lokale Erscheinungen; zum rechten Verständnis unseres eigentlichen Themas müssen wir global denken, die ganze Erde ins Auge fassen. Erst wenn wir uns mit dem weltweiten »Normal«-Zustand unserer Lufthülle vertraut gemacht haben, können wir uns am Ende dieser Schrift ein befriedigendes und einleuchtendes Bild vom Wesen und den Gefahren des Treibhauseffektes machen.

# WETTER UND MENSCH

In der Biologie unterscheidet man Wasser- und Landtiere, wobei wir Menschen zu den letzteren gehören. In Wirklichkeit sollten wir uns besser als Lufttiere bezeichnen, weil wir am Boden eines Luftozeans leben. Deswegen erleben wir unmittelbar den Segen und die Unbilden des Wetters – vielleicht unser beliebtester Gesprächsstoff. Da das immer schon war, blüht auf diesem Gebiet auch seit je der Aberglaube.

Es ist schon recht selten, daß der Himmel sich in ungestörter Bläue ohne jede Wolke anbietet, wie etwa auf dieser stimmungsvollen Fotografie.

33

Es gibt keine andere Naturerscheinung in unserer Umwelt, die uns so unter die Haut geht wie das Wetter. Dafür gibt es in der Hauptsache zwei Gründe. Zum ersten, das Wettergeschehen umgibt uns unmittelbar; es wirkt stets auf uns ein, und wir können ihm nicht entgehen. Sodann: das Wetter ist veränderlich, wobei sich sein Wechsel oft innerhalb weniger Stunden, ja sogar Minuten vollzieht. Es lohnt sich, diese beiden Gründe etwas eingehender zu durchdenken.

Die Bühne, auf der das Schauspiel unseres Wetters abläuft, ist die Atmosphäre der Erde; das Medium für seine Gestaltung ist die Luft. Sie ist ein Gemisch von Gasen und Dämpfen, gleich bedeutsam für Mensch und Tier. Oft teilt man die Tierwelt in zwei große Gruppen ein; in die Gruppe der Wassertiere und in die Gruppe der Landtiere. Auch flugfähige Gattungen, wie etwa die Fledermäuse, die Spatzen und die Bienen, rechnet man zu den Landtieren, da sie ja nicht in der Luft geboren werden und sich zur Ruhe auf die Erde zurückbegeben. Und bei schlechtem Wetter – so heißt es in der Fliegersprache – gehen auch die Vögel zu Fuß. Physiologisch gesehen gehört der Mensch zur Fauna und wird mit zu der Gruppe der Landwesen gerechnet. Bei einer näheren Betrachtung stellt man allerdings fest, daß die ganze Gruppe der Landwesen einschließlich des Menschen falsch benannt worden ist. Die Landwesen sind in Wahrheit Luftwesen. Bei den Wassertieren sind wir uns des Mediums, in dem diese leben, unmittelbar bewußt; wir sehen das Wasser, können es fühlen, und beim Schwimmen und beim Tauchen wird uns das Wesen dieser Umwelt drastisch klar. Bei der Luft ist das anders. Wir sind uns eigentlich kaum klar darüber, daß wir auch in einem Ozean leben – am Boden des Luftmeeres. Und genauso, wie die meisten Wassertiere zugrunde gehen, wenn man sie ihrer nassen Umwelt entreißt und ans Land wirft, so sind auch wir Luftwesen außerhalb unseres natürlichen Lebensraumes der Atmosphäre binnen weniger Minuten verloren. Die Luft ist das Medium, mit dem Wetter, Witterung und Klima sich gestalten, und so kommt es, daß wir uns als Luftwesen unentwegt mit diesen Kräften der Natur auseinandersetzen müssen. Wir müssen mit dem Wetter leben, weil wir in seinem Medium leben.

Der Wechsel des Wetters ist so eindringlich und auffallend, daß wir fast täglich darüber reden. Wenn es einmal vorkommt, daß es vierzehn Tage hintereinander regnet oder daß drei Wochen lang die Sonne scheint, so haben wir erst recht einen ergiebigen Gesprächsstoff. Gewiß, es gibt Gegenden auf der Erde, in denen sich das Wetter nur sehr wenig ändert oder in denen es in so regelmäßigen Rhythmen abläuft, daß man von der sprichwörtlichen Launenhaftigkeit des Wetters, die wir Mittel-

In dieser Korallenlandschaft finden wir die Lebenswelt der Wassertiere und -pflanzen. Das Wasser ist das Medium ihrer Umwelt. Die Umwelt der Landfauna und -flora dagegen ist die Atmosphäre, so daß auch wir Menschen uns besser als Luftwesen bezeichnen sollten.

europäer gewohnt sind, nicht mehr sprechen kann. So ist in Südkalifornien das Wetter während eines dreiviertel Jahres – und zwar von März bis Dezember – von einer absoluten Verläßlichkeit. Wenn man dort im März eine Gartenparty plant, so kann man diese getrost am 30. April, am 10. Juni oder am 1. September veranstalten. In jedem Fall kann man mit einer an Sicherheit grenzenden Wahrscheinlichkeit damit rechnen, daß die Sonne von einem wolkenlosen Himmel herunterscheinen wird. An einem Tag im Juli 1966 hat es in den späten Vormittagsstunden in Los Angeles etwa fünf Minuten lang ein bißchen geregnet, so daß gerade das Pflaster naß wurde. Daraufhin brachten die Abendzeitungen balkendicke Überschriften: »Rain in Los Angeles!« In jener Gegend, nämlich auf einer hohe Kuppe des Küstengebirges zwischen Los Angeles und San Diego, liegt auch die größte Sternwarte der Welt, das Mt. Palomar Observatorium. Die Astronomen dieser Sternwarte können die Benutzung ihrer beiden großen Teleskope durch ausländische Wissenschaftler für Jahre im voraus verplanen, da es dort im Jahr 360 wolkenlose Nächte gibt. Den Gegenpol zu dieser Landschaft bildet die zu Norwegen gehörende Insel Jan Mayen, die nordöstlich von Island auf einer Breite von 71 Grad liegt. Dort ist es fast immer bewölkt, und es dauert oft Monate, bis man auf dieser Insel die Sonne wieder zu sehen bekommt.

Eine solche Beständigkeit des Wetters und der Witterung kennt der Bewohner der gemäßigten Zonen überhaupt nicht. Für die meisten von uns – denn der überwiegende Teil der Menschheit bewohnt die gemäßigten Zonen – ist das Wetter veränderlich und damit immer wieder voller Überraschungen. Das kommt daher, daß das Medium des Wetters, nämlich die Luft, mit Abstand das beweglichste und rastloseste Element in unserer Umwelt darstellt. Die alten Völker teilten den Stoff in vier Elemente ein: Erde, Wasser, Luft und Feuer. Wenn wir das Feuer lediglich als heißes Gas ansprechen, so haben wir mit den drei Elementen Erde, Wasser und Luft eigentlich die drei Aggregatzustände, welche die moderne Physik und Chemie kennen. In unserem Lebensraum, auf der Oberfläche der Erde, beobachten wir sie alle drei: nämlich den festen Boden unter unseren Füßen, das Wasser in den Flüssen, Seen und im Meer und die Luft in der Atmosphäre. In dieser Reihenfolge sind die drei Aggregatzustände auch gleichzeitig ihrer Beweglichkeit entsprechend angeordnet.

Wenn wir von Erdbeben absehen, so erscheint für menschliche Zeitmaßstäbe die Erdkruste völlig unbeweglich. Zwar wissen wir, daß Berge entstehen und vergehen; diese Vorgänge sind so langsam, daß wir sie unmittelbar nicht beobachten können. Gelegentlich ereignet sich ein Bergrutsch – aber meist als Folge von Verwitterungserscheinungen oder von katastrophalen Einflüssen des Wetters. In beiden Fällen ist also die Atmosphäre letztlich in diesen beobachtbaren Erscheinungen schuld.

Der zweite Aggregatzustand, das Wasser, zeigt schon eine größere Beweglichkeit. Die größten Geschwindigkeiten beobachten wir bei Wasserfällen, Sturzbächen, reißenden Flüssen und bei der Meeresbrandung. Bei näherer Betrachtung jedoch ist auch für diese Bewegung die Atmosphäre verantwortlich. Ohne Regen und Schnee gäbe es keine Wasserfälle, Sturzbäche und Flüsse, und ohne Wind gäbe es keine Meeresbrandung. Selbst die großen Meeresströmungen, wie der Golfstrom, werden in der Hauptsache von dem Motor Wind angetrieben.

Der dritte Aggregatzustand schließlich, die Luft, ist mit Abstand am beweglichsten. Ja, es ist sogar so, daß praktisch alle Bewegungen, die sich auf der Oberfläche unseres Planeten abspielen, auf das Konto von Luftbewegungen kommen. Wir alle haben schon bei Stürmen die beträchtlichen Geschwindigkeiten erlebt, welche die Luft erreichen kann. Spitzenböen weisen oft Geschwindigkeiten von 100 Kilometer pro Stunde und darüber auf. Bei Hurrikanen übersteigen die Windgeschwindigkeiten vielfach 200 Stundenkilometer. In einer Höhe zwischen acht und dreizehn Kilometer über dem Erdboden gibt es gelegentlich die berühmten Strahlströme, die in einer Breite zwischen 20 und 60 Grad nördlich und südlich den ganzen Erdball umschlingen. In schmalen Bändern rast dort oft die Luft von West nach Ost mit Geschwindigkeiten von 300 bis 400 Stundenkilometer. Ein Düsenklipper auf Ostkurs kann bei einer Ozeanüberquerung Stunden einsparen, wenn er sich von einem solchen Strom mitnehmen läßt. Ein Pilot auf Westkurs allerdings wird guttun, solche gewaltigen Gegenwinde zu vermeiden, wenn er nicht fast auf der Stelle treten will. Die allerhöchsten Windgeschwindigkeiten schließlich haben die zerstörerischen Tornados; bei diesen gewaltigen Wirbeln sind Geschwindigkeiten bis zu 800 Stundenkilometer beobachtet worden.

Die mittleren Windgeschwindigkeiten liegen weit unter diesen Spitzenwerten. In den gemäßigten Breiten bewegen sich die Luftmassen im Schnitt zwischen einer Geschwindigkeit von 20 und 40 Kilometer pro Stunde. Das können wir schon daran ablesen, daß die berühmten Wetterfronten während 24 Stunden etwa um 800 bis 1500 Kilometer fortschreiten. Das ist immerhin noch eine ganz erhebliche Geschwindigkeit, die sich auf dem Globus selbst innerhalb eines Tages deutlich bemerkbar macht. In diesem doch recht schnellen Fortschreiten der Luftmassen

Schematischer Querschnitt eines sogenannten Strahlstromes (»jet-stream«). Die größte Windgeschwindigkeit herrscht im Kern, während diese sowohl vertikal als auch horizontal sehr schnell
abnimmt. Die vertikalen Dimensionen sind etwa tausendfach überzeichnet.

steckt eben die Veränderlichkeit des Wetters, die sich nach Tagen, oft auch nach Stunden oder gar Minuten bemißt. Das ist es eben, was die Witterungserscheinungen so auffällig macht, daß ihr Wechsel menschlichen Zeitmaßstäben angepaßt ist. Berge, Flüsse, Seen und Meere sind für uns immer an derselben Stelle, denn sie ändern ihren Ort oder ihren Verlauf erst in Jahrtausenden oder gar Jahrmillionen. Das rastlose Luftmeer jedoch ist so wandelbar, daß jeder von uns in seinem Leben schon vieltausendmal erlebt hat, daß das Wetter umschlug.

Bei jedem Wetterwechsel macht sich unsere Abhängigkeit von den Elementen immer wieder von neuem bemerkbar. Die Stimmung, mit der wir jeden Tag beginnen, hängt oft davon ab, was uns der erste Blick aus dem Fenster morgens zeigt: blauer Himmel mit strahlendem Sonnenschein stimmt uns fröhlich und gibt dem Tag sein Gepräge; ein wolkenverhangener Regentag wirkt sich vielfach nachteilig auf unsere Stimmung aus. Dabei wollen wir an dieser Stelle im einzelnen gar nicht davon sprechen, in welcher Weise uns das Wetter und sein Wechsel in unserer Physiologie, in unserem echten seelischen und körperlichen Wohlbefinden beeinflussen kann. Davon soll später die Rede sein.

Es gibt zahlreiche Aktivitäten des Menschen, die vom Wetter, oft in entscheidender Weise, bestimmt oder beeinflußt werden. Ein Geschäftsmann muß zu einer wichtigen Besprechung in eine entfernte Metropole. Er hat den ersten Flug von seiner Heimatstadt dorthin gebucht und erfährt, daß der Start seines Flugzeuges wegen Bodennebels um mehrere Stunden verschoben werden muß. Er versäumt dadurch die Konferenz und erleidet einen empfindlichen wirtschaftlichen Schaden. – Der Besitzer eines Gartenrestaurants richtet sich auf ein sonniges Wochenende ein, indem er zusätzliches Hilfspersonal anstellt und sich mit Erfrischungen aller Art eindeckt. Das Wochenende ist völlig verregnet, und der erwartete Verdienst bleibt aus. – Die Verkehrsabteilung einer Großstadt rechnet auf Grund der Wetterlage mit einem mehrtägigen Schneefall; sie stellt mehrere tausend Straßenräumer ein, um für das erwartete Unwetter gerüstet zu sein. Statt dessen herrscht während der nächsten Tage strahlender Wintersonnenschein, und die kurzfristig eingestellten Arbeiter müssen bezahlt werden, obwohl sie nichts zu tun haben. – Der Programmdirektor einer Fernsehanstalt setzt eine neue Fernsehreihe auf das Programm, die wöchentlich am Sonntagnachmittag zur Ausstrahlung gelangt. Vier Wochenenden hintereinander herrscht strahlender Sonnenschein; die Fußballplätze, die Bäder und die anderen Erholungsstätten sind überfüllt. Kein Mensch sieht fern. Der Programmdirektor entschließt sich, wegen der geringen Sehbeteiligung die Fernsehreihe abzu-

Die moderne Fotografie erlaubt uns, hinter die Geheimnisse der Erscheinungen von Blitzen zu kommen. Die Luftelektrizität gleicht sich durch sehr dünne Bahnen aus, die vielfach verästelt sind. Die Temperatur dieser Gasentladungen beträgt viele tausend Grad.

setzen, und der Autor hat das Nachsehen.

Vielfach hat das Wetter auch in den Lauf der Geschichte eingegriffen. Im Jahre 1588 hat Philipp II. seine berühmte Armada gegen England ausgesandt. Die englischen Verteidiger wären der gewaltigen Übermacht der spanischen Flotte wohl kaum gewachsen gewesen, wenn nicht schwere Stürme die Armada dezimiert hätten. Wer weiß, wenn dieser Orkan nicht just zu jener Zeit getobt hätte, so würde vielleicht heute auch in ganz Nordamerika Spanisch gesprochen. Ein besonders schwerer Winter in Rußland hat Napoleon bei seinem Feldzug im Jahre 1812 um einen schnellen Sieg gebracht. Aber auch in Friedenszeiten beeinflußt das Wetter das Schicksal von Nationen. Selbst kleinere Abweichungen von der Norm des Wetters während bestimmter Jahre können Anlaß zu Hungersnöten und schweren wirtschaftlichen Schäden in großen Teilen der Erde bedeuten. Am dramatischsten zeigt sich unsere Ohnmacht gegenüber der Atmosphäre, wenn sich große Wetterkatastrophen ereignen. Oft fordern Hurrikane, Tornados, große Überschwemmungen und Dürrekatastrophen Hunderte, ja sogar Tausende von Menschenleben. Der Schaden an Hab und Gut geht alljährlich in die Milliarden. Vom Ärger über einen verregneten Urlaub und von der Freude über eine frische Brise zum Segeln bis zu den Gefahren einer plötzlichen Überschwemmung und den Folgen eines schweren Sturmes reicht das Spektrum der Beziehungen zwischen Wetter und Mensch.

Schon immer war der Mensch Spielball der Elemente, und so dürfen wir uns nicht wundern, daß er übernatürliche Kräfte für unser Wetter im Guten wie im Bösen verantwortlich gemacht hat. Vor allem bei den Völkern, die Ackerbau und Seefahrt betrieben, spielten Gottheiten des Regens und der Winde eine gewaltige Rolle. Nun haben die alten Völker für alle Kräfte ihrer Umwelt immer schon Götter bemüht; in fast allen Religionen war dabei der König der Götter jeweils auch der Beherrscher von Blitz und Donner. Die Indianer führten ihre Tänze auf, um die Gottheit um Regen zu bitten; die Phönizier brachten vor Beginn einer Seereise Opfer dar, auf daß ihnen günstige Winde beschert würden und schwere Stürme erspart blieben; im tiefsten Winter, wenn die ganze Welt in Schnee und Eis erstarrt war, zündeten die Germanen Lichter an, um den Frühling herbeizubeschwören – die Lichter an unserem Weihnachtsbaum bedeuten letzten Endes noch dasselbe.

Neben religiösem Glauben wucherte freilich auch der Aberglaube. In dieser Hinsicht besteht eine enge Verwandtschaft zwischen dem Aberglauben um das Wetter und der Astrologie. In beiden Fällen nämlich steckt der Wunsch des Menschen, etwas über die Zukunft zu erfahren, die ihm ja verschlossen ist. Aus der Position der Wandelsterne glaubte der Mensch schon immer, die Zukunft seines eigenen Schicksals heraus- lesen und Auskünfte über den Charakter der Menschen erlangen zu kön- nen. Beim Wetter ist es nicht viel anders. Gerade weil wir Menschen schon immer so sehr von den Elementen abhängig waren, bestand auch hier der Wunsch, Einblicke zu erhalten in den zukünftigen Ablauf des Wetters. War das Wetter gut, so wollte man wissen, wie lange dieser se- gensreiche Zustand wohl anhalten würde; war es schlecht, so wollte man wissen, wann es sich zum Besseren wenden würde. Vor allem für den Bauern war es sehr wichtig, schon im Frühjahr zu erfahren, ob ihm die Witterung der kommenden Monate eine gute oder eine schlechte Ernte bescheren würde. Da eine exakte Voraussage des Wetters für längere Pe- rioden auch heute noch nicht sehr zuverlässig ist, dürfen wir uns nicht wundern, daß der Aberglaube um das Wetter und um sein zukünftiges Verhalten auch in unseren Tagen noch unausrottbar ist. Die Astrologie und der Wetteraberglaube unterscheiden sich jedoch in einem Punkt. Bei der Astrologie läßt sich leicht zeigen, daß eine sinnfällige Bezie- hung zwischen dem Stand der Gestirne und dem Schicksal und dem Charakter der Menschen nicht besteht. Die Astrologie im landläufigen Sinne ist echter Aberglaube – ja, sogar das harte Wort Unsinn ist hier am Platze. Beim Wetter läßt sich ein bündiges Urteil nicht so leicht fäl- len. Denken wir nur einmal an die berühmten Bauernregeln über das Wetter, in denen jahrhundertelange scharfe Beobachtungen unserer Vorfahren und damit gewisse Weisheiten stecken. Andererseits besteht nachweislich keinerlei Abhängigkeit des Wetters von den Phasen des Mondes, und Wettervorhersagen von der Art des Hundertjährigen Ka- lenders sind Unfug. Man kann leicht einsehen, daß dieses harte Urteil über den berühmten Hundertjährigen Kalender zu Recht besteht, wenn man seine Entstehungsgeschichte betrachtet. Im Jahre 1652 kam der fränkische Abt Mauritius Knauer des Klosters Langenheim bei Würz- burg auf eine für die damalige Zeit recht originelle Idee. Er wollte den Bauern des Bistums Würzburg bei der Bestellung ihrer Felder behiflich sein, indem er einen Weg suchte, um die Witterung für das ganze Jahr im voraus anzugeben. So legte er ein Wettertagebuch an, in dem er Tag für Tag verzeichnete, welches Wetter jeweils herrschte. Er hatte dabei die Hoffnung, daß sich der Wetterablauf eines Jahres in späteren Jahren vielleicht wiederholen würde. Es sind dies Überlegungen, die auch in der modernen wissenschaftlichen Meteorologie eine Rolle spielen, wenn auch nur für kürzere Zeiten und nicht gleich für mehrere Jahre. Viel- leicht wäre bei den Bemühungen des Abtes am Ende doch etwas herausgekommen, wenn er seine Beobachtungen nur lange genug fortgesetzt hätte. Leider jedoch machte er nach dem siebten Jahr Schluß, in der Annahme, daß das achte Jahr nun genau wieder dem ersten Jahr gliche, das neunte, dem zweiten, das zehnte dem dritten und so weiter. Da spukte natürlich wieder die Astrologie hinein. Es gibt ja die klassischen sieben Wandelsterne: Mond, Merkur, Venus, Sonne, Mars, Jupiter und Saturn. Die sieben Wochentage sind nach ihnen benannt. Die Zuordnung der einzelnen Wandelsterne zu den verschiedenen Jahren erwies sich nach den Vorstellungen jener Zeit als ganz sinnfällig. So waren Saturnjahre immer sehr unfreundlich und kalt, Marsjahre trocken und heiß; in Venusjahren herrschte sehr liebliches Wetter, und Jupiterjahre waren durch Rekordernten ausgezeichnet. Das hatte man getreulich der Astrologie abgeschaut, nach deren Regeln Saturn und Mars ungünstige, Venus und Jupiter dagegen günstige Gestirne sind. Vielleicht hat bei der Wahl der Zahl Sieben auch die Bibel eine Rolle gespielt, denn schon dort wird ja von siebenjährigen Perioden der Dürre und der Fruchtbarkeit gesprochen. Wie dem auch sei, es liegt auf der Hand, daß eine Voraussage der Witterung auf dieser Basis mißlingen mußte. Das hat jedoch einen geschäftstüchtigen Erfurter Arzt mit Namen Christoph Hellwig nicht daran gehindert, die Aufzeichnungen des Abtes in Kalenderform zu veröffentlichen. Allerdings hat er sie von Grund auf verfälscht, da ihm der Zeitraum von sieben Jahren zu kurz erschien. Er fand es weit besser, wenn man das Wetter gleich für ein ganzes Jahrhundert im Buch nachlesen könnte. So hat er den Hundertjährigen Kalender zusammenfabuliert und ihn erstmalig für die Jahre 1701 bis 1801 herausgebracht. Der Erfolg hat dem geschäftstüchtigen Arzt recht gegeben. Der Wunsch der Menschen, über die Zukunft des Wetters wenigstens einige Hinweise zu erhalten, war so groß, daß der Hundertjährige Kalender für lange Zeit nach der Bibel der Bestseller jener Jahre war.

Auch heute noch wird der Hundertjährige Kalender gedruckt, und er ist seit neuestem auch als billige Taschenbuchausgabe zu haben. Das wäre nicht weiter schlimm, denn der Hundertjährige Kalender ist in der Tat ein interessantes Kulturdokument. Leider aber gibt es noch heute viele Bauern, die sich nach diesem Unsinn richten und die Bestellung ihrer Felder und die Auswahl der Früchte, die sie zur Aussaat bringen, darauf einstellen. Dadurch erleiden diese Bauern oft großen Schaden, denn der Hundertjährige Kalender beweist nun schon im dritten Jahrhundert seiner Existenz seine notorische Unzuverlässigkeit.

Vor einigen Jahren hat der deutsche Meteorologieprofessor Baur den bündigen Nachweis erbracht, daß die Stellung der Planeten mit dem

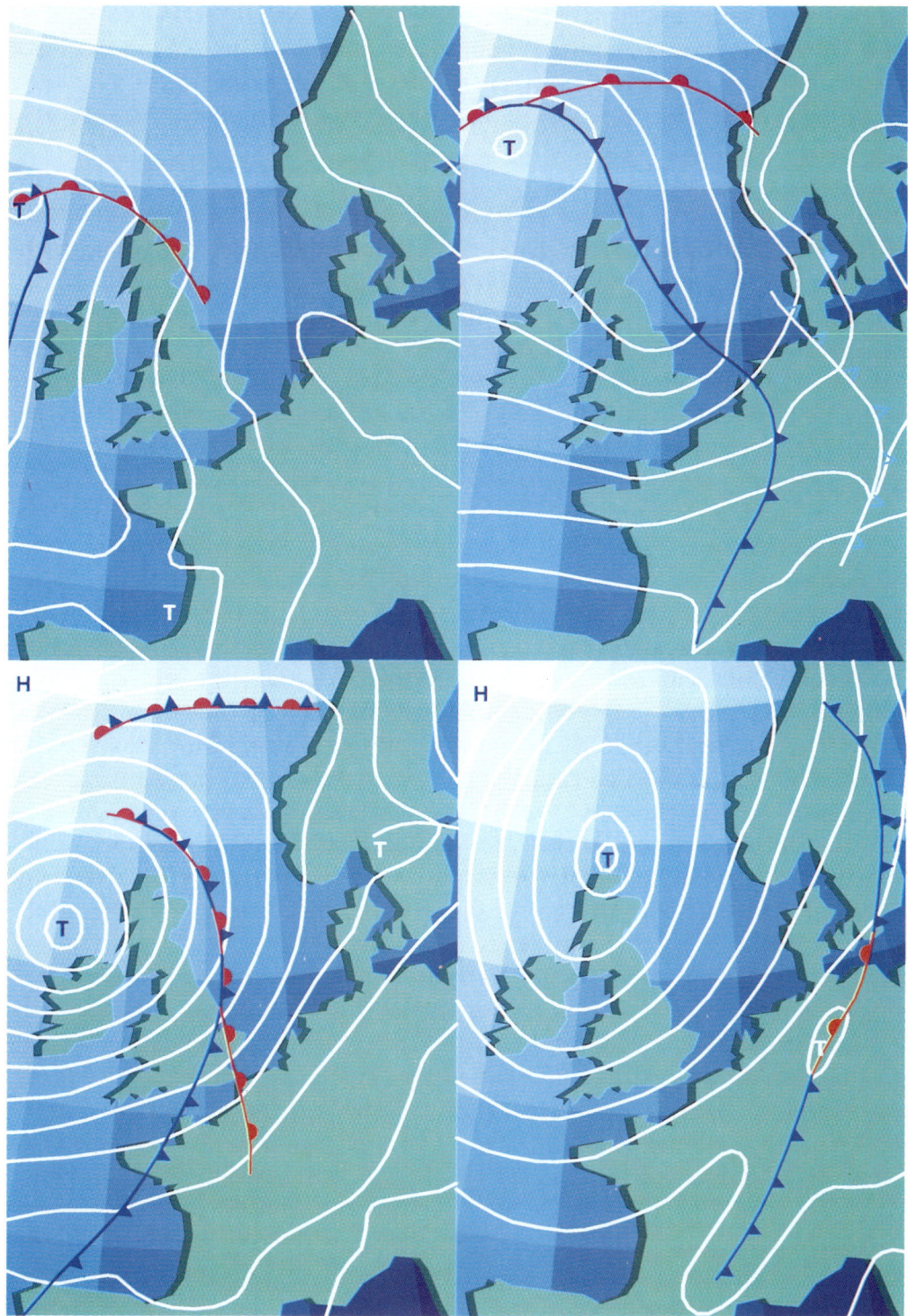

Langsames Fortschreiten eines Tiefdruckgebietes sowie die Progression der mit ihm verbundenen sogenannten »Ausläufer« (Warm- und Kaltluftfronten) während der Entwicklung des Wetters zwischen dem 7. und 10. September 1970. Die Ost-West-Drift ist deutlich erkennbar.

Ablauf des Wetters überhaupt nichts zu tun hat. Ähnliche wissenschaftliche Untersuchungen sind auch über den Mond angestellt worden, die ebenfalls völlig negativ verliefen. Trotzdem ist der Aberglaube über den Einfluß des Mondes auf das Wetter nicht auszurotten. Das hängt vermutlich damit zusammen, daß der Mond seine Lichtgestalten relativ schnell hintereinander wechselt – und zwar alle sieben Tage, wenn man auch die halben Phasen mit einbezieht. Typische Änderungen des Wetters treten in unseren Breiten im Schnitt etwa auch in solchen Zeitabständen ein. Hinzu kommt, daß der Mond das rastloseste, schnellste und veränderlichste Gestirn am Himmel ist und dabei der sprichwörtlichen Launenhaftigkeit des Wetters ähnelt.

So wird immer wieder behauptet, daß bei einem Mondwechsel – das heißt bevorzugt bei Eintritt des Vollmondes oder des Neumondes – eine Wetteränderung stattfinden müsse. Ein Blick auf die Wetterkarten eines größeren Gebietes für den Zeitraum einer Woche zeigt uns deutlich, daß diese Behauptung unmöglich für alle Orte auf den Karten richtig sein kann. Änderungen des Wetters bei uns in Europa sind meist mit dem Vorbeizug von Störungsausläufern atlantischer Tiefs verbunden. Diese wandern in der Mehrzahl der Fälle von West nach Ost und benötigen für die Strecke zwischen Island und dem westlichen Rußland etwa fünf bis sechs Tage. Der Mondwechsel ereignet sich dagegen nur an einem bestimmten, und zwar für die ganze Erde am selben Tag. Also kann die Regel nur für jene Orte stimmen, die zufällig beim Mondwechsel von den Tiefdruckausläufern erreicht werden. Wenn man die Regel streng auslegt, so müßte sich das Wetter auf der ganzen Erde jeweils an den gleichen Tagen ändern. Jeder, der auf den Einfluß der Mondphasen auf das Wetter schwört, sollte sich einmal die Mühe machen, drei Jahre lang getreulich aufzuzeichnen, bei welchen Phasen des Mondes Wetterwechsel eintreten. Er wird dann feststellen, daß Vollmond oder Neumond überhaupt nicht bevorzugt sind. Es liegt in der menschlichen Natur, daß bei einem Gläubigen ein Treffer mehrere Nieten aufwiegt, da ihm die Treffer im Gedächtnis haftenbleiben. Allerdings gilt eben nur eine exakte Aufzeichnung über einen längeren Zeitraum hinweg als Beweis. Astronomen und Meteorologen wüßten auch gar nicht, welche Naturkräfte einen solchen Zusammenhang bewerkstelligen könnten. Gewiß, es wird oft darauf hingewiesen, daß der Mond mit den Gezeiten die Höhe des Meeresspiegels zu ändern vermag. Um wieviel mehr, so wird oft gesagt, muß dann die viel leichtere Atmosphäre vom Mond beeinflußt werden. Das Gegenteil ist der Fall. Die 300mal masseärmere Luft wird auch 300mal weniger angezogen. Atmosphärische Gezeiten sind so klein, daß sie sich nur mit sehr empfindlichen Instrumenten nachweisen lassen, und sie haben deshalb keinen irgendwie merklichen Einfluß auf das Wetter.

Die berühmten Wetterregeln der Bauern und Schäfer jedoch müssen mit einem anderen Maßstab gemessen werden. Der bekannte deutsche Meteorologe Heinrich Faust hat sich jüngst in sehr geistreicher Weise mit diesen Regeln befaßt und sie auf ihre Stichhaltigkeit hin geprüft. Dabei teilte er zunächst alle jene Regeln, welche mit Himmelskörpern zu tun haben, in zwei Gruppen ein: Zur ersten Gruppe gehören alle unmittelbaren Himmelserscheinungen, wie etwa der Mondwechsel oder die Stellung der Planeten. Wie wir gesehen haben, sind solche Erscheinungen für das Wetter ohne Belang. Wenn Regeln dieser Art zutreffen, so handelt es sich um Zufälle. Zur zweiten Gruppe gehören jene Regeln, die mit dem Zustand der Atmosphäre zu tun haben. Dazu gehören zum Beispiel das Flimmern der Sterne oder Höfe um Sonne und Mond. So lautet zum Beispiel eine Bauernregel:

> Flimmernde Sterne
> bringen Wind recht gerne.

Das Flimmern der Sterne wird verursacht durch stärkere Luftbewegungen in größeren Höhen, welche die schmalen Lichtkegel der Sterne durchdringen müssen, bevor sie unser Auge erreichen. Längs dieses Weges werden daher die Strahlen vielfach abgelenkt und gebrochen, so daß die Sterne deutlich flimmern. Die Meteorologie lehrt nun, daß das Auftreten von Höhenwinden oft auch zum Auffrischen der Bodenwinde führt. Faust berichtet, daß ihm als Meteorologe die Formulierung »recht gerne« besonders gut gefiel; denn der Schluß, daß Höhenwinde auch Bodenwinde nach sich ziehen, ist nicht immer zwingend.

Höfe um Sonne und Mond oder auch die bunten ringförmigen Halos geben ebenfalls Auskunft über den Zustand in größeren Höhen. Höfe werden erzeugt durch hohe Feuchtigkeit in mittleren Höhen; die bunten Ringe der Halos entstehen durch Brechung des Lichtes an feinen Eiskristallen in großen Höhen. In beiden Fällen handelt es sich um Zustände der Atmosphäre, die in vielen Fällen zu einer Wetterverschlechterung führen.

Eine weitere typische Gruppe von Bauernregeln ist nach den Überlegungen von Faust nur für eine bestimmte Gegend richtig – für eine andere jedoch völlig falsch. Dafür gibt es ein klassisches Beispiel. Im Elsaß gibt es die Bauernregel:

> Kommt der Regen vom Rhein,
> stellt man die Pflüg' hinter Zäun'.

47

Frühling

Sommer

Herbst

Winter

Das soll heißen, daß von Osten kommender Regen oft recht lange anhält; das ist links des Rheins meist richtig, da dann das zugehörige Tiefdruckgebiet in den Alpen liegt, wo es erfahrungsgemäß öfter hängenbleibt. Die gleiche Regel wurde dann von Auswanderern nach dem Odenwald, nach Hessen und nach Franken übertragen. Dort stimmte sie nun gar nicht mehr. Denn Regen bei Westwind ist meist mit dem Vorbeizug von Tiefdruckausläufern verbunden, die oft ebenso schnell gehen, wie sie gekommen sind.

Sodann berichtet Faust von einem interessanten Experiment, das schon in den dreißiger Jahren von Wissenschaftlern des damaligen Reichswetterdienstes durchgeführt worden ist. Man wählte einen Ort in Ostpreußen und forderte Bauern, Pfarrer, Lehrer und jeden, der sich beteiligen wollte, auf, die Witterung für den kommenden Winter auf Grund seiner Naturbeobachtungen und unter Anwendung der ihm bekannten Regeln vorauszusagen. Die Befragten beachteten dabei das Verhalten von Zugvögeln, Mäusen und Hamstern, das Laub der Bäume, die Erscheinungen am Himmel und die Witterung der vergangenen Monate. Es stellte sich heraus, daß fast jeder eine andere Prophezeiung machte und sich nicht einmal eine allgemeine Tendenz ergab. So hatten dann eben – wie es in solchen Fällen immer der Fall ist – ein paar wenige recht, und die meisten hatten danebengetippt.

So gab es in Süddeutschland einen älteren Pfarrer, der als der Wetterpfarrer bekannt war. Bis vor seinem Tode hatte er alljährlich am Jahresanfang eine Prognose des Wetters von Frühjahr bis Herbst veröffentlicht. Diese Prognose wurde von vielen Zeitungen alljährlich abgedruckt, wobei diese Vorhersagungen graphisch sehr attraktiv dargestellt waren.

Freilich hatte er bei seinen Voraussagungen zwischen Nord-, Mittel- und Süddeutschland keine Unterschiede gemacht, und jeder von uns weiß doch, daß das Wetter über Tage hinweg in Bayern gegenüber Schleswig-Holstein völlig anders sein kann. Wenn es im Süden regnet, kann im Norden die Sonne scheinen – oder auch umgekehrt. Schon diese Überlegung allein zeigt uns, daß an diesen Prognosen etwas nicht stimmen kann. So hat man einmal eine im März veröffentlichte Graphik genommen, um sie das ganze Jahr hindurch mit den tatsächlich eingetretenen Wetterverhältnissen zu vergleichen. Dabei hat sich herausgestellt, daß der gute Pfarrer – freilich abhängig von der Gegend, die man ins Auge gefaßt hatte – in fünfzig Prozent der Fälle unrecht hatte. Da kann man genausogut eine Münze nehmen und mit ihr losen, ob es am eigenen Wohnort an einem bestimmten Tag gutes oder schlechtes Wetter sein wird. Trotzdem hatte der Pfarrer eine große gläubige Anhängerschaft.

Was hat wohl diesem Wetterpropheten als Anhalt gedient, um seine so detaillierten Voraussagungen zu machen? Er selbst hat es einmal angedeutet, daß er bereits zu Jahresbeginn bis in den März hinein sehr aufmerksam die Natur beobachtete. Er hat dabei den Pflanzen und Tieren Wahrnehmungen zugeschrieben, die uns Menschen in unserem Stumpfsinn abhanden gekommen seien. Diese Geschöpfe der Natur – und das nehmen auch viele andere an – dahingegen könnten aus uns Menschen unzugänglichen Hinweisen das Wetter der kommenden Saison vorausahnen. Sie stellten sich auch mit ihrem Wachstum für das neue Jahr entsprechend sinnvoll ein.

Wenn man die Verhältnisse von Jahr zu Jahr in der Entwicklung der Pflanzen- und Tierwelt verfolgt, so stellt man fest, daß sie damit auch gelegentlich überaus schmerzvoll hereinfallen. Die Signale für die Pflanzen, das Wachstum ihrer Blätter und das Sprießen ihrer Blüten einzuleiten, werden natürlich von der Umwelt beeinflußt. In der Hauptsache sind dies Feuchtigkeit im Boden und Niederschläge, Temperaturänderungen und Sonnenschein. Dies sind die Faktoren, welche die Zeitpunkte für das Sprießen der Pflanzen bestimmen.

Bei Insekten ist es ähnlich. Auch diese werden durch solche Änderungen der Umweltfaktoren veranlaßt, ihre schützenden Winterquartiere zu verlassen und sich ins Freie zu wagen. Nicht umsonst trägt der Maikäfer seinen Namen, weil er es nämlich erst im Mai so angenehm findet, daß er aus der kleinen Erdhöhle herauskrabbelt, in der er als Engerling jahrelang lebte und dann schließlich zum fertigen Insekt sich entpuppte. Auch unsere Winterschläfer wie die Igel spüren die Zeichen der Zeit. Ebenso wie unsere Singvögel, die dann ihr Frühjahrs-Balzkonzert anstimmen.

Es kommt leider sehr häufig vor, daß die Tiere und Pflanzen diese Zeichen mißverstehen, sich vorzeitig herauswagen und hinterher schweren Schaden erleiden müssen. Wie viele Baumblüten sind schon erfroren, wie viele Insekten sind schon umgekommen, die sich neugierig zu früh aus ihren Schlupfwinkeln hervorgewagt haben. Bei Vögeln ist das besonders tragisch, wenn sie zu früh Hochzeit gemacht haben, die Eier schon im Nest liegen und zum Teil ausgebrütet sind. Wir können gar nicht abschätzen, wie viele Jungvögel in den Nestern schon verhungern mußten, weil sie das Wetter falsch vorgeahnt hatten und nun keine Insekten mehr finden, um ihre Jungen zu füttern. Wir sehen, daß auch die Kreatur vielfach unter den Launen des Wetters leidet, die sie eben auch

Der Vulkan Mount St. Helens bei seinem Ausbruch am 18. Mai 1980, der schon Wochen zuvor
– freilich ohne spezifisches Datum – vorausgesagt worden ist.

nicht mit Sicherheit vorausfühlen können. Von diesen jährlich sich ereig-
nenden Katastrophen merken wir Menschen allerdings nur wenig mit
Ausnahme der Bauern, denen gelegentlich eine zu früh gesprossene Saat
zerstört wird.

Bei anderen Naturerscheinungen jedoch sind uns Tiere überlegen.
Einige von ihnen sind in der Tat imstande, Erdbeben und Vulkanausbrüche vorauszuahnen. Sie geben das kund durch völlig anderes Verhalten, sie sind verstört und unruhig. Die Chinesen, die ja sehr feinsinnige
Beobachter der Natur sind, haben das als erste erkannt und daraus sogar
eine Wissenschaft gemacht. Aus dem Verhalten von Tieren, die in Höh-
len leben – also Maulwürfe, Erdeichhörnchen, Murmeltiere –, haben sie
eine sehr verläßliche Prognostik für Erdbeben entwickelt, die in der Chi-
nesenseismologie ihren wissenschaftlichen Platz und Anerkennung gefunden hat.

Die Seismologie und die Vulkanologie haben in den letzten Jahren
Feinuntersuchungen in erdbebenbedrohten Gegenden durchgeführt und
festgestellt, daß sich größere Beben – bevor sie sich ereignen – bereits
durch sehr feine leise Schwingungen des Gesteins ankündigen. Zwar ist
die Zahl der Beobachtungen noch nicht ausreichend, um bündige Vorhersagungen von Erdbeben zu machen und davor zu warnen. Bei Vulkanen ist es genauso. Die Vulkanologen haben jeden verdächtigen Vulkan,
der periodisch ausbricht, unter ständiger Bewachung. So hat man die
große Katastrophe des Mount St. Helens vom 18. Mai 1980 bereits wochenlang vorhergesagt. Auch einer der schönsten Berge der Erde, der
Fujiyama in Japan, ist ein periodisch ausbrechender Vulkan, der allerdings fast dreihundert Jahre lang Ruhe gegeben hat. Die Seismologen Ja-
pans verfolgen mit großer Spannung, daß winzige Erschütterungen der
Bergmasse schon ankündigen, daß der Teekessel darunter bereits wieder
zu brodeln beginnt. Wenn die Geologen das mit ihren »groben« Instrumenten nachweisen könnten, dann braucht man sich nicht zu wundern,
daß überaus feinfühlige Tiere das auch registrieren. Sie reagieren darauf
mit Unruhe und Verhaltensstörungen. Das haben die chinesischen Seismologen sich durch geduldige Beobachtungen zunutze gemacht.

Nun aber noch einmal zurück zu den Bauernregeln. Wie wir zuvor
gesehen haben, sind eine Reihe von ihnen überhaupt nicht abergläu-
bisch. Sie beruhen auf dem großen Geschick der naturverbundenen Bauern. Eine unter diesen Bauernregeln, die mittlerweile eine wissenschaftliche Grundlage bekommen hat, ist die berühmte Siebenschläfer-Regel:

Wie Sonne und Regen am Siebenschläfertag,
Der Himmel für sieben Wochen weiter so mag.

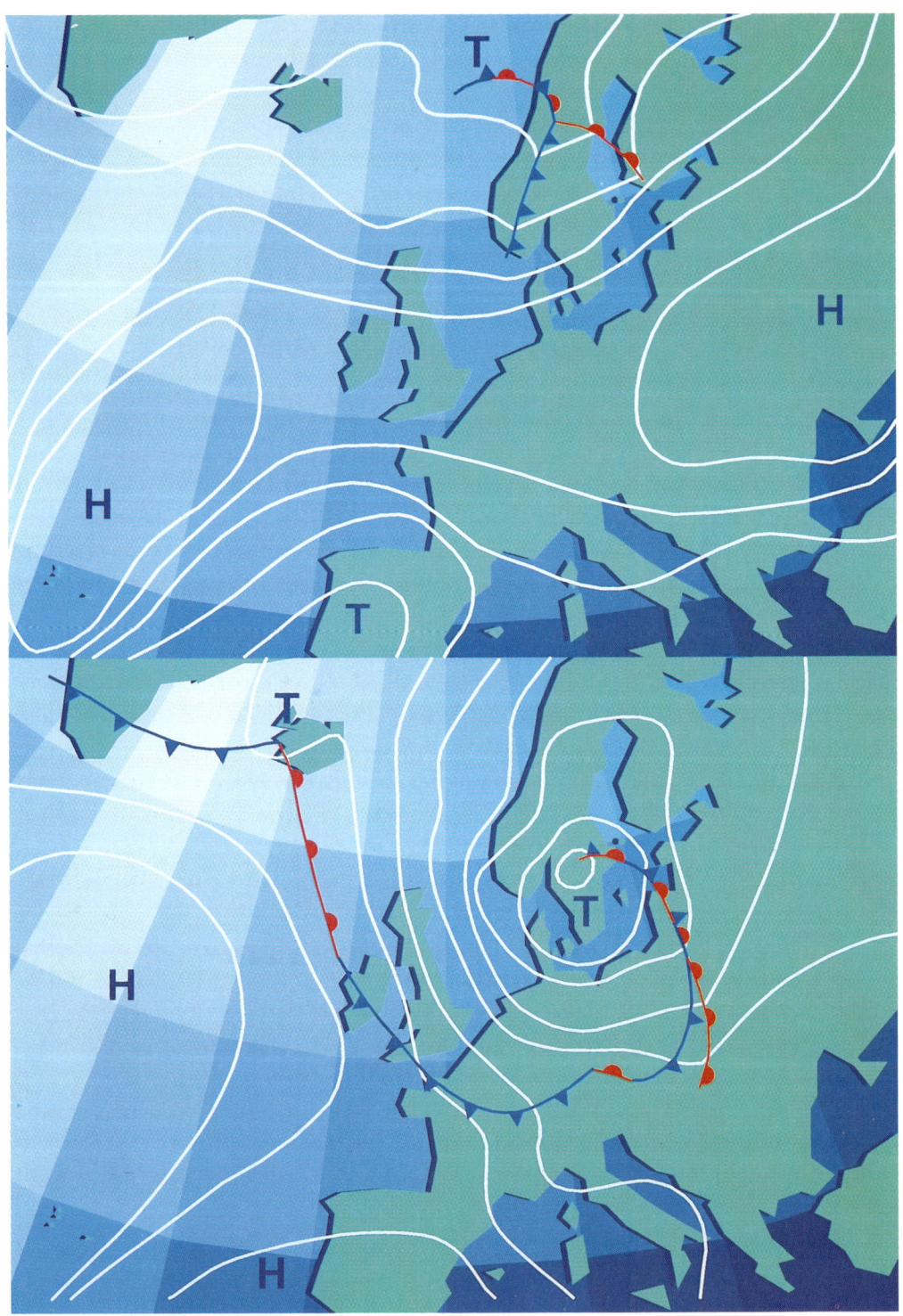

In beiden Abbildungen sehen wir links das sogenannte »Azorenhoch«. Während das obere Bild einen guten Sommer für Mitteleuropa verspricht, steht bei der unteren Abbildung ein wechselhafter und vielfach regnerischer Sommer bevor.

Der Siebenschläfer ist ein etwa hamstergroßes, sehr pussierliches Nagetierchen, das einen besonders langen Winterschlaf hält. Sein Name zeigt an, daß er sieben Monate im Jahr schläft. Er taucht meist Ende Juni erst wieder auf, und so heißt der 27. Juni »Siebenschläfertag«.

Was sagt nun diese gereimte Regel aus? Man müsse nur das Wetter am 27. Juni beobachten, und so wie es an diesem Tage ist, bliebe es dann im Schnitt die nächsten sieben Wochen. Wieso kann da etwas Wahres dran sein?

Zunächst müssen wir bedenken, daß es ja doch nicht auf den Tag so genau stimmen kann. Die Regel gilt für die Tage rund zwischen dem 20. Juni und dem 4. Juli. Die moderne Meteorologie hat uns gezeigt, daß sich in diesen vierzehn Tagen die Atmosphäre von ihrer Frühlings- auf ihre Sommerstruktur umschaltet. Und in dieser Zeit entscheidet sich in der Tat, ob wir einen sonnenreichen oder regnerischen Sommer haben werden. Meteorologisch spielt sich das so ab, daß sich nämlich über dem riesigen asiatischen Festland eine recht verläßliche Hochdruckzone ausbildet, die praktisch in jedem Sommer in Osteuropa bis nach Rußland hinein auftritt. Das ist die Zeit, in der die unbefestigten Straßen Rußlands im Staub versinken. Sodann haben wir das berühmte Azorenhoch im östlichen Mittelatlantik. Diese beiden, um mehrere tausend Kilometer getrennten, verläßlichen Hochdruckgebiete des Frühsommers bilden nun eine jener Formen, die die Umschaltung des Winters- auf das Sommerwetter kennzeichnen. Es hängt nun alles davon ab, ob diese beiden Hochdruckgebiete sich vielleicht mit einer Hochdruckbrücke vom mittleren Atlantik quer durch Europa hinweg bis nach Rußland verbinden. Die Entscheidung, ob sich eine solche Brücke mehr oder minder stark ausgeprägt bildet, fällt etwa um den 27. Juni (den Siebenschläfertag) herum.

Nun muß man sich ein Hochdruckgebiet wie einen Berg und einen Hochdruckrücken wie ein langgestrecktes Gebirge in der Luft vorstellen. Die Tiefdruckgebiete, die von Island und Schottland her in Richtung Mitteleuropa strömen, müssen dabei wie Kugeln den Abhang eines solchen Rückens hinaufrollen. Wenn der Rücken hoch genug ist und die Wucht und Größe der Tiefdruckgebiete nicht ausreicht, können sie diesen Berg nicht durchbrechen und rollen wieder nach Nordwesten in Richtung Nordkap und Finnland zurück (s. Bild Seite 56). In guten Sommern ist dieser Wall des Hochdruckrückens zwischen den Azoren und Westrußland so stark und verläßlich, daß im Juli und August die Tiefdruckgebiete vergebens dagegen »anrennen«. Inzwischen verdichtet sich die Luft in dem Hochdruckrücken in Europa immer mehr, täglich strahlt

Das putzige Nagetierchen, Siebenschläfer genannt, taucht zum Sommerbeginn erst aus dem Winterschlaf auf. Die nach ihm benannte Wetterregel s. im Text S. 55 unten.

die hochstehende Sonne ein, und wir haben lange Wochen große Hitze. Das sind die berühmten »Hundstage«. Nur gelegentlich wird sie durch örtliche Gewitter unterbrochen.

In anderen Sommern jedoch bildet sich dieser Hochdruckrücken nur zögernd; wenn dann noch in schneller Folge besonders schwere Tiefdruckgebiete dagegen anrennen, wird er dauernd durchbrochen und kann sich von diesen Angriffen oft wochenlang nicht erholen und schließlich überhaupt nicht so richtig ausbilden. Dann fegen die Tiefdruckausläufer in schneller Folge über Europa hinweg, mit der Linksdrehung wird auf der Rückseite der Tiefdruckgebiete kalte Luft aus der nördlichen Nordsee nach Europa gepumpt, und wir haben einen kühlen, regenreichen und sonnenarmen Sommer.

Auch diesem Buch wird es nicht gelingen, den Aberglauben über das Wetter auszurotten oder auch nur einzuschränken. Es ist aber auch nicht Aufgabe der wissenschaftlichen Meteorologie, abergläubische Meinungen über das Wetter zu widerlegen, sondern selbst jene Naturgesetze aufzuspüren, welche das Wettergeschehen steuern. Der Wissenschaftler bemüht sich, Einblicke zu gewinnen in dieses noch vielfach undurchsichtige Gewirr. Eines jedoch wissen wir: Alle Vorgänge in unserer Atmosphäre, die sich als Wetter, Witterung und Klima äußern, müssen dem Gesetz von Ursache und Wirkung gehorchen. Wenn wir also die Absicht haben, das Wetter nicht mehr den Launen eines Gottes zuzuschreiben, sondern wenn wir es als eine Naturerscheinung begreifen wollen, dann kann uns nur die wissenschaftliche Erforschung weiterhelfen, deren Methoden bei den älteren Wissenschaften der Astronomie, der Physik und der Chemie so unbestreitbar erfolgreich waren.

# TRIEBKRÄFTE DES WETTERS

Die auffälligsten Wettererscheinungen sind der Sonnenschein, die Wolken, die Niederschläge – wie Schnee und Regen –, die großen Temperaturdifferenzen und natürlich die Winde. Diese Wetterelemente erscheinen uns völlig regellos in ihrem Auftreten, wenn wir von den Temperaturunterschieden zwischen Tag und Nacht und Sommer und Winter absehen. Wenn wir einen Einblick in die Wandlungen des Wetters gewinnen wollen, müssen wir nach seinen Triebkräften fahnden.

Wenn das Sonnenlicht durch herabfallenden Regen scheint, kommt es zur Bildung eines Regenbogens. Die Farben entstehen durch Brechung der Sonnenstrahlen in den Regentropfen. Bei besonders günstigen Umständen findet sogar eine doppelte Brechung statt, und ein zweiter, wenn auch schwächerer Regenbogen tritt in Erscheinung.

Im zweiten Kapitel haben wir uns klargemacht, wie sehr Wetter und Klima die Menschen beeindrucken und beeinflussen. Unsere Stimmung, unser Wohlbefinden, unsere Pläne und unsere Lebensführung hängen von diesen wichtigen Kräften in unserer irdischen Umwelt ab. Vielfach sogar greift das Wetter tief in unser Schicksal ein, wenn wir an die großen Wetterkatastrophen denken. Auch haben wir gesehen, daß der Mensch den Elementen immer ohnmächtig gegenüberstand. Aus diesem Grund opferte er den Wettergöttern, um ihren Zorn zu beschwichtigen. Auch können wir verstehen, daß der Mensch immer den Wunsch gehabt hat, Einblicke in die nähere und fernere Zukunft des Wettergeschehens zu gewinnen. Völlig unbegründete Prophezeiungen, wie wir sie in dem Hundertjährigen Kalender vorfinden, sind dafür freilich gänzlich ungeeignet. Auch die berühmten Bauernregeln über das Wetter – obwohl nicht wenige von ihnen vielfach zutreffend sind – helfen uns nicht viel weiter. Nun ist aber in unserer modernen Zivilisation die Kenntnis der Wetterentwicklung, wenigstens für die nächsten zwei, drei Tage, so wichtig, daß in allen Kulturstaaten umfangreiche Organisationen für den Wetterdienst aufgebaut worden sind. Mehrmals am Tage werden an Tausenden von Stellen, über die ganze Erde verteilt, Messungen über den Zustand der Atmosphäre und Beobachtungen über das damit verbundene Wetter gemacht. Viele Millionen von Meßdaten geben den wissenschaftlichen Meteorologen die notwendigen Unterlagen, um täglich verläßliche Wetterprognosen zu erstellen. Diese erfolgreiche Tätigkeit des Meteorologen beruht auf einer Kenntnis all jener Naturerscheinungen und Naturkräfte, welche die verschiedenen Klimate erzeugen und für die Witterung längerer Zeiträume verantwortlich sind und damit ganz allgemein das tägliche Wetter gestalten und steuern.

Die wissenschaftliche Meteorologie ist mit einem Alter von knapp 100 Jahren eine der jüngsten Naturwissenschaften. Bei ihrem schnellen Wachstum konnte sich dieses wichtige und höchst interessante Wissenschaftsgebiet vor allem auf die Erfahrungen der Physik, der Chemie, der Geologie, der Geographie und der Astronomie stützen. Alle diese Wissenschaften haben dazu beigetragen, jene Faktoren, die das Wetter gestalten, zusammenzustellen und ihre Wirkung auf die Physik der Atmosphäre zu studieren.

So hat die moderne Meteorologie den Beweis erbracht, daß entgegen allen früheren Anschauungen der Mond und die Planeten auf das Wetter keinerlei Einfluß ausüben. Solche Anschauungen stammen noch aus der Zeit, als man in dem festen Glauben an die Irrlehre der Astrologie den Wandelsternen solche beherrschenden Kräfte zubilligte. Bei einem

Gestirn jedoch traf diese Annahme zu, und sogar in ganz hervorragender Weise. Der eigentliche Antrieb des Wettergeschehens liegt in der Sonne. Die Erde wird täglich von der Sonne mit einer solch gewaltigen Energie in der Form von Sonnenstrahlung überschüttet, daß auf dem Umweg über die Erwärmung des Erdbodens, des Ozeans und von bestimmten Teilen der Luft die ganze Atmosphäre der Erde in dauernde Bewegung versetzt wird. Die Erwärmung erfolgt dabei nicht völlig gleichmäßig über die ganze Erdoberfläche; so erhitzt sich die Äquatorzone wesentlich stärker als die Polarzonen; das Land erhitzt sich mehr als das Meer. Diese unterschiedlichen Temperaturen teilen sich der Luft mit, und als Folge dieser Prozesse ist die Atmosphäre dauernd bemüht, die Temperaturdifferenzen auszugleichen. Das geschieht in der Weise, daß erwärmte Luftmassen nach oben steigen oder auch den Polen zustreben, während kalte Luftmassen absinken oder auch von den Polen zum Äquator fließen. Mit dieser Aufgabe, die Temperatur- und Energiedifferenzen auszugleichen, kommt die Atmosphäre allerdings niemals an ein Ende; die Sonne strahlt täglich neue Energien ein, die von der Atmosphäre wiederum verteilt werden müssen. Mit diesen Prozessen finden an jedem Tag solch riesige Energietransporte statt, daß man geradezu von einer Wettermaschine sprechen kann. Der Motor dieser gigantischen Maschine ist die Sonne.

Welch entscheidende Rolle die Sonne dabei spielt, können wir sofort einsehen, wenn wir uns einmal überlegen, was sich ereignen würde, wenn die Sonne plötzlich verschwände. Binnen weniger Tage würde die Temperatur an der Erdoberfläche steil absinken, und nach spätestens einer Woche wären alle Seen und Ozeane zugefroren. Gewiß, der Erdkörper erzeugt selbst in seinem Innern eine große Wärmemenge, die aber nur als sehr verdünnter Strom die dicke Erdkruste durchsetzt und nach außen dringt. Diese Wärmemengen reichen nicht aus, die Wärmeverluste der Erdoberfläche in den freien Weltenraum hinaus wettzumachen, solange die Temperaturen nicht sehr tief abgesunken sind. Ohne Sonnenstrahlung wird sich daher die Temperatur der Erdoberfläche binnen kurzem dem absoluten Nullpunkt nähern. Nach ein paar Monaten könnte man auf der Erdoberfläche Temperaturen von minus 250 Grad Celsius und darunter messen.

Bei diesen unvorstellbar niedrigen Temperaturen verflüssigen sich auch längst die Gase der Luft, nämlich Stickstoff und Sauerstoff. Eine Zeitlang bilden sie dampfende Tümpel, die dann schließlich auch zufrieren. Ohne Sonne büßt unsere Erde ihre Atmosphäre in kurzer Zeit ein. Damit gibt es freilich auch kein Wetter mehr, und jede Bewegung auf ih-

Unsere Atmosphäre und damit unser Wetter verdanken wir der Rotation der Erde. Stünde die Erde relativ zur Sonne still, so würde sich die sonnenabgekehrte Seite so stark abkühlen, daß sich dort alles Wasser und alle Luft des Planeten niederschlagen würden.

rer Oberfläche erstarrt. Lediglich Vulkanausbrüche und Lavaströme sorgen für etwas Abwechslung in dieser reglosen Eiswüste. Aber die ausgestoßenen Dämpfe und Gase schlagen sich auch binnen kurzem nieder und vereisen, und die Lavaströme erstarren.

Umgekehrt, würde die Sonne wieder zu scheinen beginnen, so würden diese Prozesse wieder rückläufig werden. Zuerst verdunsten Stickstoff und Sauerstoff, und bei einer Temperatur von minus 150 Grad Celsius und darüber hätten wir wieder die ursprüngliche Atmosphäre; wenn dann die Ozeane schließlich auftauen, so wäre wieder alles beim alten, und das rastlose Spiel des Wetters begänne von neuem. Lediglich das Leben wäre vernichtet worden, mit Ausnahme von bestimmten Gattungen einzelliger Lebewesen, welche das Einfrieren bei Temperaturen von minus 250 Grad Celsius ohne Schaden überdauern können.

Die Sonne strahlt ihre gewaltigen Energien nach allen Seiten völlig gleichmäßig aus. So ist ihre Strahlungsdichte, die außerhalb der Erdatmosphäre auf eine senkrechte Fläche fällt, über den Polen genauso groß wie über dem Äquator. Gewiß, bei der Stellung der Erdachse relativ zur Richtung auf die Sonne sind die Pole etwas weiter von der Sonne entfernt als der Äquator. Bei der riesigen Entfernung der Sonne jedoch fällt das überhaupt nicht ins Gewicht. Man kann leicht ausrechnen, daß der Unterschied der Bestrahlungsdichte über den Polen und über dem Äquator weniger als ein hundertmillionstel Prozent ausmacht. Daran kann es also nicht liegen. Der große Unterschied liegt nicht in der Sonnenstrahlung selbst, sondern in der Kugelgestalt der Erde. Wäre die Erde eine Scheibe, so wie die alten Völker sich das vorstellten, würde sie über die ganze Fläche hinweg den gleichen Betrag an Sonnenenergie pro Quadratmeter erhalten. Es würden daher in den verschiedenen Gegenden der Erde kaum Termperaturunterschiede auftreten, so daß ein wichtiger Faktor für die Entstehung von Luftbewegungen fortfiele. Mit der Tatsache, daß die Erde eine Kugel ist, ergeben sich jedoch entscheidend andere Verhältnisse. So kann man sich ohne weiteres klarmachen, daß die Äquatorgegenden, in denen die Sonnenstrahlen senkrecht auftreffen, mit einer größeren Energiedichte beladen werden als die Polgegenden, in denen die Sonnenstrahlen flach einfallen (siehe Bild Seite 66). Durch dieses gedachte »Rohr« fließt ein Strahlenstrom, der am Äquator eine bestimmte Energiemenge pro Minute auf die 100 Quadratmeter Erdboden absetzt. Bei der riesigen Entfernung zwischen Sonne und Erde können wir die Strahlen und Strahlenbündel, welche die kleine Erde treffen, als parallel ansehen. Verschieben wir jetzt das gleich dicke Bündel nach Norden oder Süden bis an die Polgegenden, so verformt sich die Schnitt-

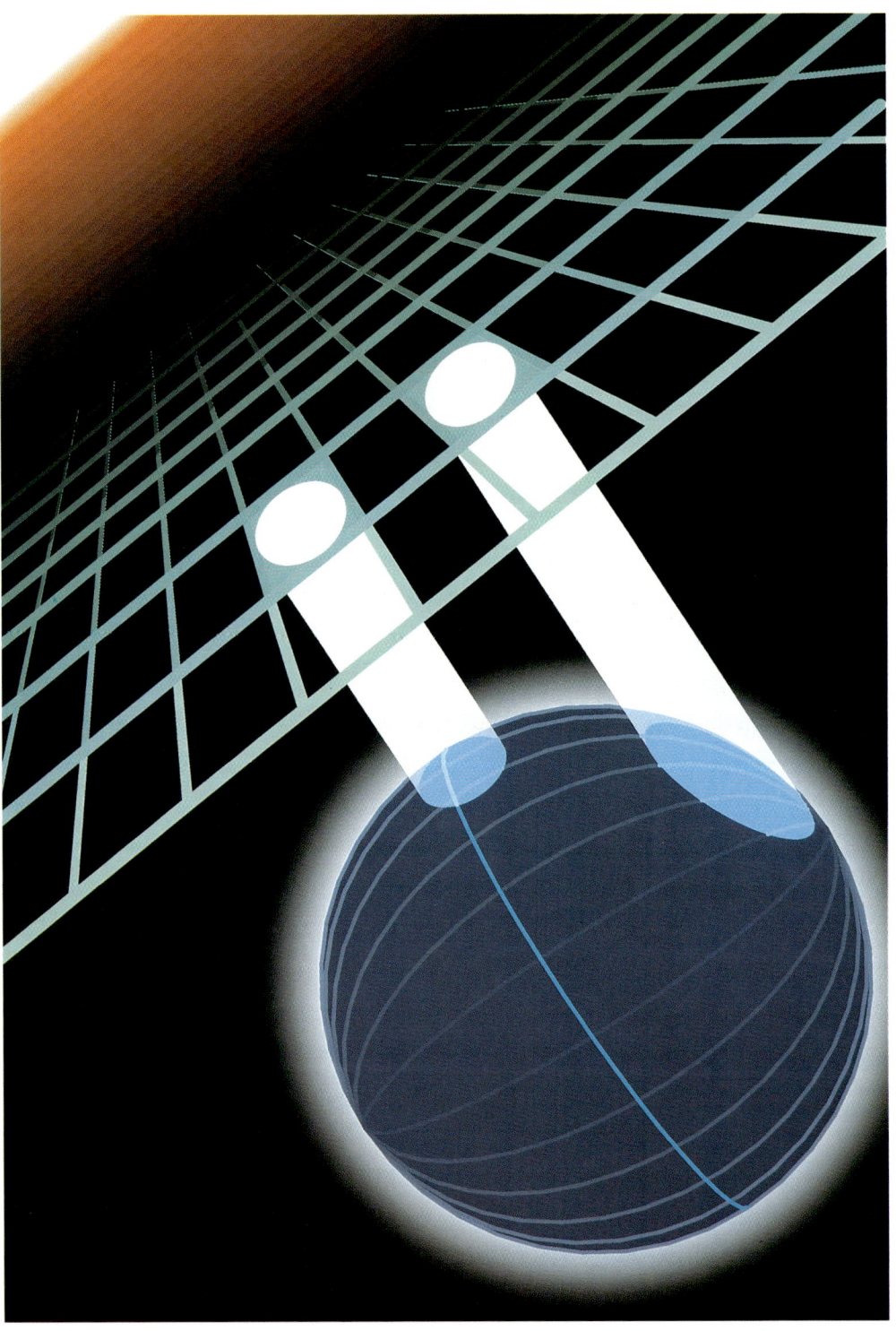

Die unterschiedliche Erwärmung, hervorgerufen durch ein Sonnenstrahlenbündel gleichen Querschnitts am Äquator und in der Arktis, erklärt sich aus der Erdkrümmung: die Energie des Strahlenbündels muß in der Arktis eine viel größere Fläche versorgen.

fläche zwischen dem Bündel und der Erdoberfläche zu einer langgestreckten Ellipse, deren Fläche weit größer ist als 100 Quadratmeter. Durch das Bündel fließt aber immer noch die gleiche Energiemenge pro Minute, so daß sich jetzt die Energie auf eine viel größere Fläche verteilen muß. Die Erwärmung pro Minute ist daher viel geringer. Damit sind wir mit unseren Überlegungen noch nicht am Ende. Das Bündel, das den Äquator trifft, durchsetzt die Erdatmosphäre senkrecht und legt dabei den kürzesten Weg durch die Luft zurück, der für einen aus dem Weltall kommenden Lichtstrahl überhaupt möglich ist. Die Energie des Lichtbündels wird daher bei senkrecht stehender Sonne am wenigsten durch die Atmosphäre geschwächt. Ein Strahlenbündel, das die Polargegenden trifft, muß dagegen die Erdatmosphäre schräg durchsetzen, so daß ein viel längerer Weg durch die Atmosphäre entsteht; längs dieses Weges geht durch Absorption, Reflexion und Streuung recht viel Energie verloren. Polare Strahlenbündel, die von der Sonne kommen, müssen daher im Vergleich zur Äquatorzone für eine viel größere Fläche ausreichen.

Die Kugelgestalt der Erde hat demnach eine ganz entscheidende Bedeutung für die Art und Verteilung der Winde, die nun entstehen müssen. Die Luft muß nämlich die entstandene Temperaturdifferenz zwischen der Äquatorzone und den Polarzonen ausgleichen, und das kann sie nur durch Luftströmungen. Es entsteht ein ganz typisches System von Winden, die den ganzen Planeten umspannen und eine geschlossene Einheit bilden. Man nennt die Gesamtheit dieser Luftströmungen auch das »planetare Windsystem«, über das wir später noch ausführlich sprechen wollen. An dieser Stelle soll es genügen, darauf hinzuweisen, daß die Kugelgestalt der Erde in erster Linie das planetare Windsystem erzeugt.

Jetzt kommen wir zu einer anderen Naturerscheinung, an die man eigentlich gar nicht denkt, wenn vom Wetter die Rede ist. Doch ist auch sie verantwortlich für ganz erhebliche Aspekte des gesamten Wettergeschehens. Es handelt sich um die Tatsache, daß die Erde sich um ihre Achse dreht. Diese Rotation beschert uns zunächst Tag und Nacht und damit auch an allen Orten der Erde jene Temperaturschwankungen, die im Verlauf von 24 Stunden auftreten. Allein damit erschöpfen sich die Einflüsse der Erdrotation auf die Witterung noch nicht. Stellen wir uns vor, die Erde stünde still und würde der Sonne immer die gleiche Seite zuwenden. Ein solcher Zustand wäre für die Erdatmosphäre und auch für die Ozeane verheerend. Auf der sonnenzugekehrten Seite würde die Temperatur sehr bald Beträge bis zu 100 Grad Celsius und darüber er-

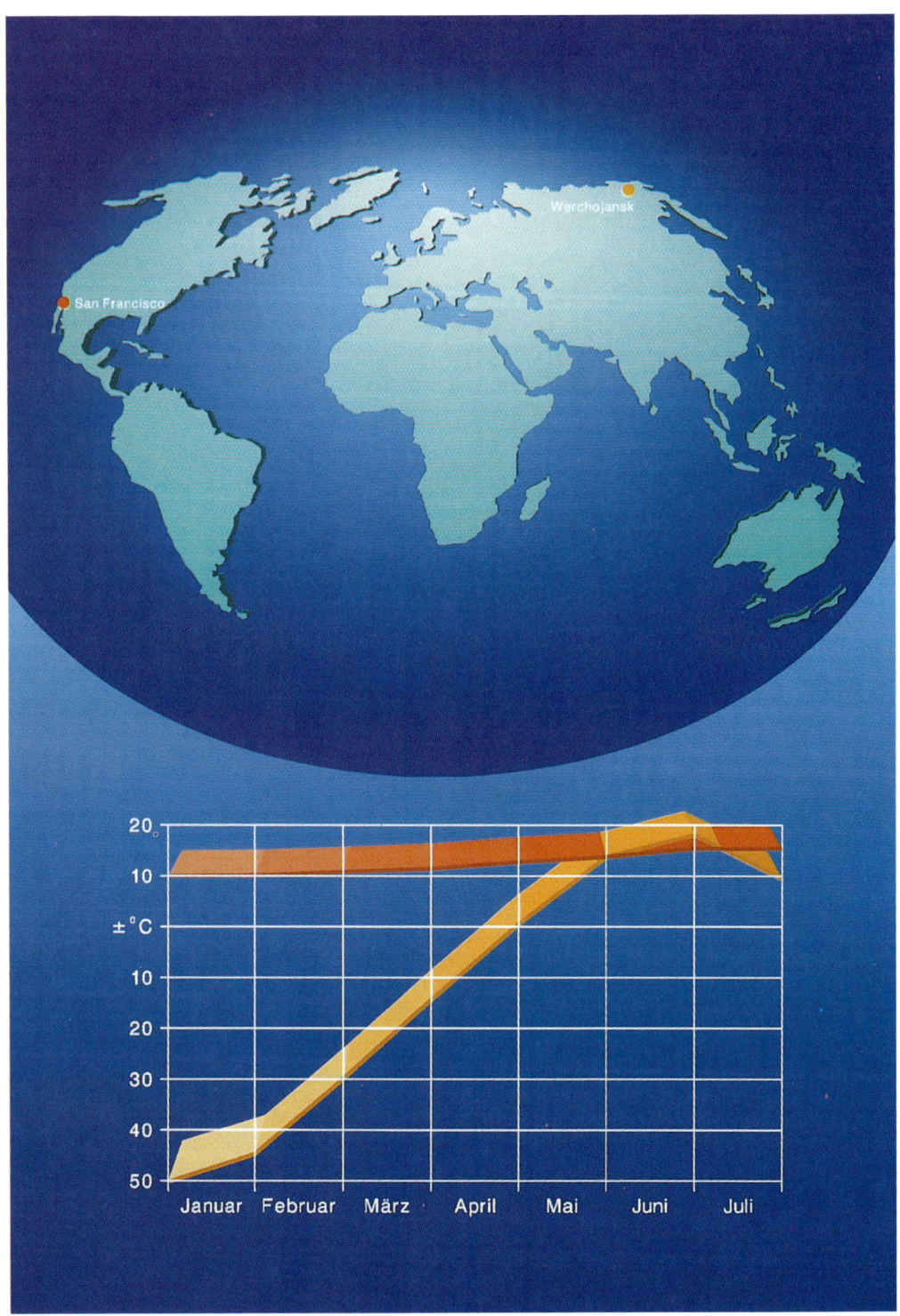

Mittlere Tagestemperaturen in San Francisco, Kalifornien, und Werchojansk, Sibirien, während des ersten Halbjahres. Abkühlung im Winter und Erhitzung im Sommer sind im Innern von Kontinenten sehr stark, während die Meerestemperatur jahreszeitlich nur wenig schwankt.

reichen, während sich die Nachtseite bis zu Temperaturen von 150 Grad unter Null abkühlen würde. Es würde gar nicht lange dauern, bis die beweglichen Elemente, nämlich die Luft und der Wasserdampf, sich auf der kalten Seite ansammeln würden. Die Erde wäre ein riesiges Destilliergefäß. Auf der heißen Seite würde das Wasser verdampfen, und Winde würden den Wasserdampf auf die kalte Seite hinübertragen, wo er dann als Schnee herabfiele. Auf der kalten Rückseite der Erde würde sich dann nach relativ kurzer Zeit ein dicker Eispanzer bilden – ein gewaltiger Gletscher von mehreren Kilometern Dicke, in dem sich im Laufe der Zeit das gesamte Wasser aller Ozeane ansammeln würde. Schließlich würde es dort so kalt werden, daß auch die Luft flüssig würde, und auch sie würde sich dann auf der kalten Seite niederschlagen. Die heiße Seite wäre dann völlig trocken, nur noch von einer sehr dünnen Atmosphäre bedeckt, da der größte Teil der Luft von der kalten Seite in flüssiger oder vielleicht sogar fester Form gefangengehalten würde. Ein dünner Luftschleier nur bliebe, da längs der Grenzlinie zwischen der kalten und heißen Halbkugel der Erde die Sonne imstande wäre, kleine Luftreste zu verdampfen, die sich dann über die ganze Erde verteilen würden. Wir sehen also: Wenn die Erde sich nicht um ihre Achse drehte, so könnte man von Wetter in dem Sinne, wie wir es heute kennen, überhaupt nicht mehr sprechen.

Die Erdrotation übt aber auch einen sehr wichtigen Einfluß auf das planetare Windsystem aus, wie wir später noch im einzelnen sehen werden. Die Rotation der Erde bewirkt nämlich, daß Luftströme, die polwärts fließen, nach Osten abgelenkt werden, während umgekehrt Luftströme, die sich dem Äquator nähern, nach Westen gedreht werden. Diese ablenkenden Kräfte sind der Grund dafür, daß sich in den gemäßigten Zonen die gesamte Luft langsam von Westen nach Osten um die ganze Erde herumwälzt. Diesen Vorgang kennen wir von der vertrauten Ostdrift der Tiefdruckgebiete, die man auf der Wetterkarte schon im Verlauf von wenigen Tagen ablesen kann. Die Entwicklung des Wetters von Tag zu Tag hängt innig mit dieser West-Ost-Strömung zusammen, und daran ist die Rotation der Erde schuld. Auch die Passatwinde verdanken ihre Entstehung der Rotation unseres Planeten.

Im zweiten Kapitel haben wir gesehen, daß wir dem Mond keinerlei Einfluß auf das Wettergeschehen zubilligen konnten. Nach der Betrachtung über die Erdrotation und ihre Rückwirkungen auf die irdische Atmosphäre müssen wir dieses Urteil über den Mond und seine Wetterwirksamkeit in einem Punkte revidieren. Der Mond hat nämlich einen – wenn auch sehr schwachen – Einfluß auf die Erdrotation und damit

Entstehung des Monsuns in Ostasien. Feuchte Winde steigen an den Bergen empor und bringen eine jährliche Regenmenge von mehr als 10 Metern pro Quadratmeter.

schließlich auch auf das Wetter. Diese Wirkungen werden allerdings erst nach Milliarden von Jahren merklich werden. Was sind das für Vorgänge?

Mit seiner Anziehungskraft ist der Mond für den größten Teil des Gezeitenhubs verantwortlich, während ein geringerer Teil auf das Konto der Anziehungskraft der Sonne fällt. Aus diesem Grund folgen die Flutberge auf ihrem täglichen Weg um den Erdkörper auch primär der Stellung des Mondes. Die beiden Flutberge beschreiben daher, auf den Sternenhintergrund bezogen, eine langsame Rotation: dem Mond folgend dauert ein ganzer Umlauf etwa einen Monat. Die Erde selbst dreht sich mit ihrer täglichen Achsendrehung unter den Flutbergen wie unter zwei Bremsbacken hindurch, so daß sie langsam abgebremst wird. Die Kräfte, die an ihrer Rotationsenergie zehren, sind zwar sehr schwach, so daß Milliarden von Jahren vergehen, bis die Erde dem Mond stets dieselbe Seite zukehren wird (was der Mond in bezug zur Erde heute schon tut). Bis dahin wird sich allerdings auch der Monat verlängert haben, so daß dann ein Tag und ein Monat jeweils 55 heutige Tage lang sein werden. Relativ zur Sonne dreht sich die Erde dann sehr langsam um ihre eigene Achse, so daß wir dann ein völlig anderes Klima und Wetter im Vergleich zu heute haben werden. Während des langen Tages heizen sich die Kontinente und Ozeane sehr stark auf, während die Nachtseite sich sehr stark abkühlen wird. Die Nacht ist lang und kalt genug, um alle Seen, Flüsse und Ozeane gefrieren zu lassen; während des langen und heißen Tages tauen sie dann wieder auf. Orkanartige Stürme werden die jeweilige Dämmerungszone überqueren, um die gewaltigen Temperaturunterschiede zwischen der Tag- und der Nachtseite wenigstens teilweise auszugleichen. Über die Jahrmilliarden hinweg also wird der Mond dafür sorgen, daß Wetter und Klima auf unserer heute so gastlichen Erde einst sehr unwirtlich werden – ja sie sogar unbewohnbar machen.

Auf keinem anderen Planeten in unserem Sonnensystem gibt es Wettererscheinungen, die sich mit den irdischen vergleichen ließen. Der Grund dafür ist der Umstand, daß die Erde als einziger Planet Ozeane besitzt. Mehr als 70 Prozent der Erdoberfläche sind vom Wasser bedeckt, so daß wir beinahe sagen können, daß unser blauer Planet eine flüssige Oberfläche hat. Wäre die Erde völlig trocken, wie etwa der Planet Mars, so wäre ihre Atmosphäre an allen Stellen durchsichtig und klar. Es gäbe keine Wolken, da diese ja aus winzigen Wassertröpfchen oder Eiskristallen bestehen. Nur gelegentlich würde sich die Erdatmosphäre trüben, wenn Stürme Staub aufwirbeln und ihn in große Höhen trügen. Auf dem Planeten Mars beobachten wir gelegentlich solche

Einfluß hoher Gebirgsketten auf Wetter und Klima, wie etwa der Sierra Nevada in Kalifornien. Hier überklettern feuchte pazifische Luftmassen die Berge, kühlen sich ab und regnen sich aus. Weiter östlich steigt die Luft ab, erhitzt sich und erzeugt eine Wüste.

Staubstürme, während wir sonst meist ungehindert durch die dünne und klare Atmosphäre des wasserarmen Planeten bis auf seine Oberfläche hinunterschauen können. Ohne die Ozeane würde die Erde, vom Weltraum aus gesehen, völlig anders aussehen als die Bilder, die von den Apollo-Astronauten aus großer Entfernung aufgenommen worden sind. Auf diesen Bilddokumenten sehen wir, daß 60 Prozent oder mehr der Erdoberfläche mit Wolken bedeckt sind, die vielfach in einem wirren Muster die ganze Erde umspannen. Ohne Ozeane und damit ohne Wasserdampf und ohne Wolken in der Luft würde die Erde mehr der Photografie eines Globus ähneln. Ein völlig trockener Planet würde in der Tat ein Wetter in unserem Sinne überhaupt nicht besitzen. Das einzige Wetterelement, das übrigbliebe, wären die Winde. Wolken und jede Form von Niederschlag – Regen, Schnee, Hagel, Reif – würden fehlen. Es gäbe auch keine Gewitter und keine Hurrikane. Umgekehrt würde ein Weltmeer, das den ganzen Planeten von Pol zu Pol bedeckte, die Klimate der Erde stark verändern und auch den Ablauf des Wetters gegenüber dem Zustand, den wir in der Tat beobachten, völlig umgestalten. Mit anderen Worten: Die Verteilung von Wasser und Land auf unserem Planeten ist ebenfalls ein wichtiger Faktor in dem Ablauf des Wetters. Ohne Land würden sich nicht die typischen Kältepole in Sibirien und im Norden Kanadas bilden, die für den Verlauf der Witterung auf der Nordhalbkugel – vor allen Dingen in den Wintermonaten – entscheidend sind. Das Land nämlich kühlt sich in der Nacht und im Winter wesentlich schneller ab als das Meer; auch erwärmt es sich während des Tages und im Sommer viel schneller. Die Luftmassen, die sich längere Zeit über dem Land aufhalten, kühlen sich daher im Winter sehr stark ab und erwärmen sich im Sommer recht erheblich. Das ist der Grund für den Unterschied zwischen kontinentalen und maritimen Klimaten. So hat zum Beispiel San Francisco mit seinem typischen maritimen Klima kühle Sommer und warme Winter. Die Städte im Herzen Sibiriens mit ihrem kontinentalen Klima haben heiße Sommer und sehr kalte Winter.

Das Land sorgt also dafür, daß die Temperaturdifferenzen in der Luft auf unserer Erde erheblich viel größer sind, als man sie beobachten würde, wenn die Erde allseitig von Wasser bedeckt wäre. Wetter und Klima auf einer solchen Erde wären wesentlich milder und nicht so kraß veränderlich, wie wir es auf unserer Erde mit Ozeanen und Kontinenten beobachten. Die Aktivität des Wetters nämlich wird durch große Temperaturdifferenzen – wenn warme und kalte Luftmassen aufeinanderstoßen – sehr gesteigert. Dabei verdanken wir es nur einer Besonderheit in der

Beim Mechanismus einer Gewitterwolke wird feuchte warme Luft so lange heftig hochgerissen, bis die freiwerdende Kondensationswärme keine Energie mehr liefert. Mechanische Trennung luftelektrischer Ladungen erzeugt Blitze zwischen Wolkenniveaus und dem Erdboden. (Siehe auch Bild Seite 110).

Struktur der Erdkruste – nämlich der Existenz der Kontinentalschollen –, daß es auf der Erde überhaupt Land gibt. Würde man alle Kontinente einebnen und das abgeschabte Material in die Tiefsee schütten, so würden die Wassermassen der Ozeane völlig ausreichen, um die gesamte Erde mit einem einzigen Meer zu überdecken, das sogar eine Tiefe von mehreren Kilometern hätte. Die Existenz der Kontinente ist auch noch für andere typische Wettererscheinungen verantwortlich, welche das Klima auf ihnen bestimmen. So ist der berühmte Monsun, der der Südküste Asiens die Regenzeit bringt, auf die Größe der asiatischen Landmasse zurückzuführen. Bis zum Juli nämlich hat sich diese riesige Fläche von Asien so stark erwärmt, daß die aufsteigende Luft nach Norden und Osten abzufließen beginnt. Dieser Verlust an Luft über dem Kontinent wird ersetzt durch eine Strömung aus Südwesten und Süden, die mehrere Wochen lang anhält. Diese jedoch trägt feuchtigkeitsgeladene Luft aus den Äquatorgegenden des Indischen Ozeans über den Kontinent hinweg. Dabei steigt die Luft an, kühlt sich etwas ab und entlädt ihre Feuchtigkeit in Form von lang anhaltenden Regengüssen. Die gesamte Landwirtschaft in Indien und Südostasien hängt von dem pünktlichen Eintreffen dieses Monsuns ab.

Auch hohe Gebirge und selbst flache Hügelketten beeinflussen das Wetter, an manchen Stellen der Erde sogar ganz entscheidend. Die Vielfalt der Gestaltung der Kontinente ist also auch ein wetterbestimmendes Element. Wenn nämlich feuchte Luft über ein Gebirge klettern muß, so kühlt sich die Luft ab. Es wird dann der Taupunkt überschritten. Wolken bilden sich, und es kommt zu oft sehr ergiebigen Niederschlägen. Hinter dem Gebirge sinkt dann die Luft ab und erwärmt sich. Dabei verdunstet auch der letzte Rest von Wolken. Das Gebirge hat also die Luft ausgewrungen wie einen Schwamm. Auf der Leeseite des Gebirges kann es daher nur sehr selten regnen. Ein schönes Beispiel hierfür bildet Kalifornien mit der von Nordwesten nach Südosten laufenden Gebirgskette der Sierra Nevada. Mit ihren höchsten Gipfeln reicht sie bis über die 4000-Meter-Grenze. Die meist von Westen kommenden feuchten Luftmassen vom Pazifik regnen sich an der Westflanke der Gebirgskette aus, wo wir dichte Wälder finden. Davor liegen die fruchtbaren Täler des Sacramento und des San Joaquin. An der Ostflanke der Gebirge beginnt die kalifornische Wüste, in der es oft monatelang nicht regnet. Ohne dieses Gebirge wäre das Klima des westlichen Nordamerika völlig anders.

Bei den Alpen mit ihrer im wesentlichen West-Ost-Erstreckung ist die Wetterwirksamkeit der hohen Berge nicht ganz so deutlich. Trotzdem kennen wir auch dort die Erscheinung, daß die absteigende Luft bei

Der japanische Gott des Windes steht im Taiyuin-Mausoleum in Nikko.

Südwinden den berühmten Föhn erzeugt. Die Föhnluft ist trocken und warm und bildet für unser Klima einen Fremdkörper, der sich bekanntlich auf die Gesundheit und das Wohlbefinden der Menschen auswirkt.

Die wetterformende Kraft der Kontinente und ihrer Gebirge allerdings wäre sehr viel kleiner, wenn die Luft nicht mehr oder minder große Mengen von Wasserdampf enthielte. Ja, es ist sogar so, daß der Wasserdampf in der Luft zu den wichtigsten Wetterfaktoren überhaupt gehört. Nicht nur, daß er Wolken bildet und uns Niederschläge aller Art beschert, wohl ebenso wichtig ist die Tatsache, daß der Wasserdampf in der Luft einen Energiespeicher darstellt. Wenn nämlich die Strahlen der Sonne Wasser über dem Ozean oder über großen Seen verdunsten, dann wird Energie aufgenommen. Diese Energie kann nicht verschwinden. Sie steckt in dem Wasserdampf und wird dann wieder frei, wenn der Wasserdampf sich zu Tröpfchen oder Schneekristallen kondensiert. In einer feuchtigkeitsgeladenen Luftmasse stecken also gewaltige Mengen latenter Energie, die über weite Strecken, oft sogar über ganze Kontinente hinweggetragen werden. Wird diese Energie durch Kondensation aus großen Luftmassen frei gemacht, so äußert sie sich zunächst als Erwärmung der Luft. Diese Erwärmung verwandelt sich dann sehr schnell in Bewegung. Das beste Beispiel für diese Vorgänge ist ein Hurrikan, der seine gewaltigen Energien aus der feuchten Meeresluft bezieht. Fängt diese Energie einmal an, sich an einer Stelle zu entladen, so wächst die Gewalt des Sturmes dauernd an, da ihm ständig neue Energiemengen nachgeliefert werden. Erst wenn der Hurrikan auf Land stößt, wird ihm die Energiezufuhr abgeschnitten, und seine tosenden Gewalten verebben schnell. Um die Bedeutung des Wasserdampfes als Energiespeicher zu erkennen, brauchen wir nicht einmal bis zu den Tropen zu reisen. Jedes Wärmegewitter nach einem schwülen heißen Sommertag führt uns das vor. Auch eine große Gewitterwolke ist eine Art Wärmemaschine, wobei der kondensierte Wasserdampf der Luftmasse so viel Energie zuführt, daß diese oft bis an die Grenze der Stratosphäre emporschießt. Ein tobendes Gewitter mit heftigem Regen und Windstößen ist die Folge.

Die Triebkräfte des Wetters, die es gestalten und steuern, sind also zahlreich und von sehr verschiedener Natur. Die Sonne ist der Motor des Ganzen, und es ist letztlich ihre Energie, die sich in vielerlei Formen als Wetter äußert. Durch ihre Kugelgestalt verschuldet die Erde die großen Temperaturdifferenzen zwischen der Arktis und den Tropen. Dadurch wird die Atmosphäre des ganzen Planeten in Bewegung gesetzt, und die Rotation der Erde weist diesen großen Luftströmungen ihre Bahnen. Die Verteilung von Wasser und Land spiegelt sich im Verhalten der Atmosphäre in vielfacher Form wider: die Temperaturspanne von Luftmassen wird erhöht; das Wasser des Weltmeeres sorgt dafür, daß die Atmosphäre stets mit neuem Wasserdampf versorgt wird; Landmassen und die Gebirge auf ihnen erzeugen und steuern Winde und Stürme, und der Wasserdampf der Luft dient als Träger gewaltiger Energiemassen, die über die ganze Erde hinwegtransportiert werden. Der Wasserdampf der Luft auch ist es, der mit seiner gewaltigen Energie für die großen Wetterkatastrophen verantwortlich gemacht werden muß. Umgekehrt aber auch macht er die Erde fruchtbar.

Es sind also viele Triebkräfte, von denen jede die Entwicklung des Wetters in eine bestimmte Richtung drängen möchte. Durch ihr enges Zusammenwirken kommt schließlich das zustande, was wir Wetter und Klima nennen. Aufgabe der Wissenschaft von unserem Wetter ist es, diese verschiedenen Vorgänge zu entwirren und zu begreifen.

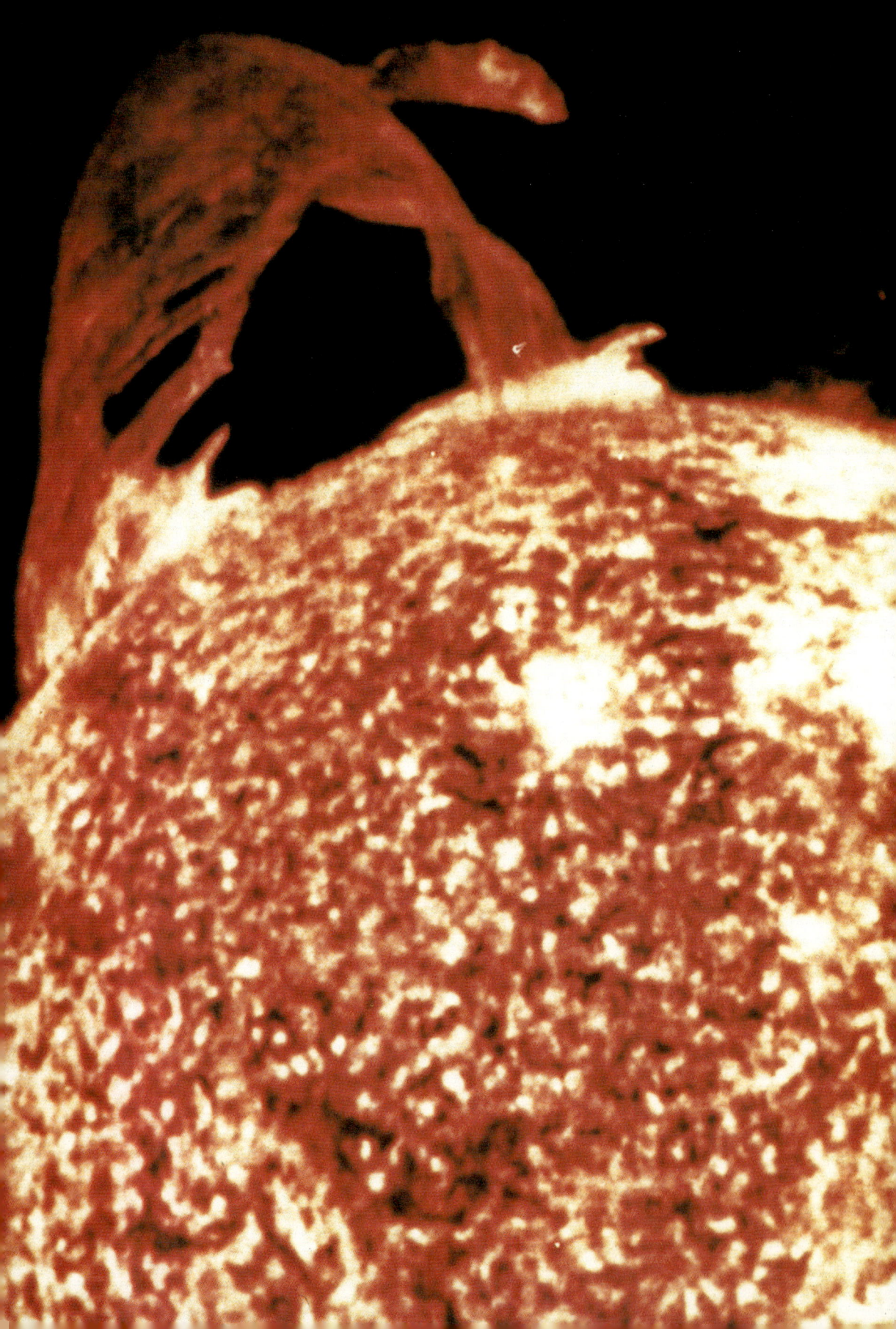

# Im Bann der Sonne

Bei der Betrachtung der Erscheinung des Wetters fällt jedem Physiker auf, daß hier gewaltige Kräfte am Werke sind. Die Quelle dieser Energien stammt ausschließlich von der Sonne. Die Energie, welche die Sonne auf einen Quadratzentimeter der beschienenen Erdoberfläche abstrahlt, beträgt zwei Gramm-Kalorien pro Minute. Das klingt wenig. Die Erdoberfläche ist aber riesengroß. Ohne Sonnenstrahlung gäbe es bei uns überhaupt kein Wetter.

Die Sonne wurde hier im Lichte des leuchtenden Wasserstoffes fotografiert, so daß die hellen Stellen und auch die roten Flecken mehr oder minder heiße Wasserstoffwolken auf der Sonne abbilden. Am linken oberen Rande sehen wir eine sogenannte »Protuberanz«.

Als am 20. Juli 1969 das erste bemannte Raumschiff »Eagle« auf dem Monde landete, warteten Millionen von Fernsehzuschauern darauf, daß sich endlich die Luke öffnete und der erste Astronaut den Mondboden betrat. Mehr als eine Stunde verstrich, bis es soweit war. Das lag daran, daß die zwei Astronauten in der sehr engen Kabine des Landebootes ihre Druckanzüge anziehen mußten. Diese schweren und kompliziert gebauten Anzüge sind für jeden Mondforscher unerläßlich, da der Mond ja keine Atmosphäre hat. Erst bei dieser Gelegenheit erkannten viele Menschen, welche großen Dienste uns die Atmosphäre auf der Erde erweist, indem sie uns dauernd mit Sauerstoff zum Atmen versieht. Durch den Luftdruck verhindert sie, daß unser Blut kocht, und sie verschafft uns eine im allgemeinen angenehme Umgebungstemperatur. Würde einer der Anzüge auf dem Mond versagen und leck werden, so würde der Astronaut binnen 15 Sekunden bewußtlos werden und innerhalb weniger Minuten umkommen. Bei dieser Gelegenheit haben sich bestimmt viele Zuschauer die Frage gestellt, wieso es kommt, daß der Mond im Gegensatz zur Erde keine Atmosphäre besitzt. Diese Frage ist sehr leicht zu beantworten. Gase haben die Tendenz, sich in alle Richtungen zu zerstreuen. Die Erde jedoch ist so groß und hat daher eine so erhebliche Anziehungskraft, daß sie imstande ist, mit Hilfe dieser Schwerkraft den zerstreuenden Tendenzen in der Atmosphäre Einhalt zu gebieten und sie an sich zu ketten. Die Anziehungskraft des Mondes an seiner Oberfläche ist nur ein Sechstel dessen, was wir auf der Erde beobachten. Es läßt sich zeigen, daß der Mond unterhalb der kritischen Größe von Himmelskörpern liegt, die eine Atmosphäre besitzen können. Selbst wenn man ihm eine gäbe, so würde er diese mit seiner schwachen Anziehungskraft nicht halten können und sie binnen weniger Tage und Wochen wieder völlig verlieren. Über diese Naturgesetze wissen wir recht gut Bescheid, so daß man am Schreibtisch ausrechnen kann, daß ein Körper von der Größe der Erde zwangsläufig eine Atmosphäre besitzen muß. Wenn man dann noch die Stärke der Sonnenstrahlung in der Entfernung der Erde von der Sonne kennt, so kann man daraus sogar auch die chemische Zusammensetzung der Erdatmosphäre und auch ihre Entstehungsgeschichte ableiten. Diese Entwicklungsgänge folgen strengen Naturgesetzen und sind keinen Zufällen unterworfen. Wenn also ein Körper von der Größe der Erde in der gleichen Entfernung von der Sonne neu entstünde, so würde auch er am Ende eine ähnlich gebaute Atmosphäre besitzen.

Auf diese Weise – so stellt man es sich heute vor – ist die Atmosphäre der Erde entstanden, jene kugelige Gasschale, welche die Erde allseitig umgibt und mit ihren dünnen Resten bis in Höhen von über

1000 Kilometer hinausreicht. Eine echte Grenze dieser Atmosphäre gibt es eigentlich nicht, denn in großen Höhen verschmelzen die Reste der Atmosphäre mit dem fein verteilten Gas, das die Planetenräume füllt. Wenn die Sonne die Erde bescheint, dann trifft dieser gewaltige Strahlungsstrom zunächst einmal die Atmosphäre. Die Sonne ist ein riesiges Gestirn, das mit seinen Energievorräten sehr verschwenderisch umgeht. Der Energiebetrag, der die Erde jeden Tag trifft, ist allerdings nur ein winziger Bruchteil des gesamten Energiestromes, den die Sonne im gleichen Zeitraum ausschüttet – etwa ein Zweimilliardstel. Dennoch ist das eine gewaltige Leistung, die 17 Billionen Kilowatt entspricht. Unter dieser Zahl kann man sich freilich nichts vorstellen; wie groß sie ist, wird uns vielleicht klar, wenn wir darauf hinweisen, daß die Erde innerhalb einer einzigen Minute so viel Sonnenenergie empfängt, wie die ganze Menschheit pro Jahr in allen ihren Formen als Verbrennungsenergie, Wasserkraft, elektrischen Strom und Atomenergie erzeugt und verbraucht. Freilich kommt nicht dieser ganze Energiestrom am Erdboden an, sondern nur etwa 55 bis 65 Prozent davon. Für die Verluste ist die Atmosphäre verantwortlich. Der größte Teil dieser Verluste steckt in dem Licht, das von der Atmosphäre wieder in den Raum zurückgeworfen wird. Es ist das Licht, in dem die Erde scheint und glitzert, wenn man sie von fremden Himmelskörpern aus beobachtet. Der Löwenanteil des Lichtes, der in das Weltall zurückgeworfen wird, stammt von den Wolken. Jeder, der schon einmal im Flugzeug über einer dichten Wolkendecke geflogen ist, kennt die blendende Helligkeit dieser blütenweißen Decke, wenn die Sonne sie aus einem tiefblauen Himmel darüber bescheint. Eine dichte Haufenwolke ist imstande, bis zu 70 Prozent des auffallenden Lichtes zurückzuwerfen. Das ist auch der Grund, weshalb es unter einer dichten Wolkendecke am Erdboden auch am Tage so dunkel ist. Von einem fremden Stern aus gesehen, erscheint die Erde nicht immer gleich hell, da der Grad ihrer Bewölkung über die ganze Erde hinweg verteilt von Tag zu Tag schwankt. Bevor man die ersten Photografien der Erde aus dem Weltall machen konnte, war man für den Prozentsatz der Bewölkung auf der Erde auf Schätzungen angewiesen. Man hielt 40 bis 45 Prozent für wahrscheinlich. Die Weltraumwissenschaft hat uns gelehrt, daß die Erde oft bis zu 60 Prozent und darüber bewölkt ist. Von dem gesamten Licht, das die Erde trifft, werfen also die Wolken im Schnitt allein etwa 40 Prozent zurück. Aber auch die klare, wolkenlose Luft ist imstande, das Sonnenlicht zurückzuwerfen, und zwar fast bis zu 10 Prozent. Es dreht sich dabei allerdings nicht um eine echte Reflexion, wie etwa bei einem Spiegel, sondern um ein Zusammenwirken des Lich-

Satellitenaufnahme unserer Erde mit typischen Wolkenbildungen. Norden ist links. Wir sehen das Mittelmeer sowie Nordafrika und Arabien fast völlig wolkenfrei, während sich im Atlantik ein Tiefdruckgebiet mit typischer Spiralform auf Europa zubewegt.

oben: Ein Hurrikan, vom Weltall aus gesehen.
unten: Zirruswolken über dem Meer in starker Vergrößerung.

tes mit den Molekülen der Luft, die man Streuung nennt. Diesem interessanten Vorgang übrigens verdanken wir das Himmelsblau. Wie kommt es zustande?

Wenn ein Lichtstrahl ein Gasteilchen trifft, so bewirkt es, daß ein bestimmter Teil der Lichtenergie nach allen Seiten gestreut wird. Ein solches Teilchen fängt also dann gewissermaßen an zu leuchten. Dieser Prozeß beginnt bereits bei Teilchen wirksam zu werden, die die Größe von kleinen Staubteilchen haben. Wenn ein breiter Sonnenstrahl durchs Fenster fällt und feine Staubteilchen in der Luft schweben, so glitzern diese oft wie Sterne am Himmel. Bei Teilchen von der Größe der Luftmoleküle wird außerdem noch eine Auswahl zwischen den verschiedenen Wellenlängen des Lichtes vorgenommen. Nach einem optischen Gesetz nämlich werden kurze Wellen weit mehr gestreut als lange Wellen. Im Sonnenlicht sind die sieben Regenbogenfarben enthalten: Rot, Orange, Gelb, Grün, Blau, Indigo und Violett. Es zeigt sich nun, daß die blauen Strahlen etwa zehnmal so stark gestreut werden wie die roten. Wenn nun ein Beobachter auf dem Erdboden in den Himmel schaut, so befinden sich in seinem Gesichtsfeld zahllose Luftteilchen, die aus dem Sonnenlicht die blauen Strahlen bevorzugt heraussieben und sie in das Auge des Beobachters streuen. Deshalb erscheint uns der Himmel an all den Stellen, wo die Luft klar ist, in einem leuchtenden Blau. Auch das berühmte Blau der fernen Berge, das man an klaren Tagen beobachten kann, wird dadurch erzeugt, daß die zwischen uns und den Bergen liegende Luft das Licht in unser Auge streut und dabei wiederum das Blau bevorzugt. Diese Streuwirkung erfolgt nun in allen Richtungen, das heißt nicht nur auf die Erde herunter, sondern auch in den Weltraum zurück. Bis zu 9 Prozent des einfallenden Sonnenlichtes werden dabei von der klaren Atmosphäre in den Raum zurückgeworfen. Daher erscheint die Erde – vom Weltraum aus gesehen – wie in einen leuchtenden Schleier von Blau eingehüllt. Astronauten verglichen unseren blauen Planeten deshalb oft mit einem Aquamarin auf schwarzem Samt.

Der Erdboden selbst und die Ozeane reflektieren relativ wenig Licht, knapp drei Prozent. Deshalb erscheinen die Meere auf Fotografien aus dem Weltall recht dunkel. Mit dem hohen Prozentsatz an Sonnenlicht, das die Atmosphäre der Erde mit ihren Wolken ins Weltall zurückwirft, steht die Erde an zweiter Stelle unter den Planeten. Sie wird darin nur von dem Planeten Venus übertroffen, der von einer nahezu geschlossenen Wolkendecke allseitig umgeben ist. Venus strahlt fast 60 Prozent des Sonnenlichtes wieder zurück.

Fast die gesamte Energiemenge, die nicht in das Weltall zurückgeworfen wird, erreicht den Erdboden und die Oberfläche des Meeres. Diese Energie dient dazu, das Wasser der Meere und den festen Boden der Kontinente zu erwärmen. Allerdings muß auch diese gesamte Energie wieder in den Weltraum zurückbefördert werden, denn die Energiebilanz der Erde geht genau null zu null auf. Wenn das nicht der Fall wäre, so würde sich im Laufe der Jahre und Jahrhunderte ihre Oberflächentemperatur ändern müssen. Würde sie im gleichen Zeitraum nicht die gesamte Sonnenenergie, die sie empfängt, wieder abgeben können, so würde sie heißer werden. Umgekehrt, würde sie mehr abstrahlen, als sie empfängt, so würde sie sich abkühlen. Nach unseren Zahlenangaben muß also mehr als die Hälfte der Sonnenenergie in Form von unsichtbarer Wärmestrahlung wieder an das Weltall abgegeben werden. Das ist auch der Fall. Wie ein warmer Ofen strahlt der Erdball, zusammen mit den warmen Teilen seiner Atmosphäre, langwellige, das heißt für das Auge unsichtbare Wärmestrahlung aus. Von einem Raumschiff aus kann man mit empfindlichen Instrumenten diesen Strahlenstrom nachweisen und messen, genauso wie wir mit der flachen, davorgehaltenen Hand die Strahlung eines heißen Ofens oder eines heißen Bügeleisens empfinden. Eine der wichtigsten Aufgaben der ersten Wettersatelliten bestand darin, diesen Teil der Energiebilanz der Erde, den man zuvor nicht richtig erfassen konnte, zu vermessen. Die Kenntnis dieser Strahlung ist für das Studium des Wetters äußerst wichtig.

Im vorangegangenen Kapitel haben wir uns über die Triebkräfte des Wetters unterhalten; die Fähigkeit der Erde, Wärme auszustrahlen, gehört auch zu diesen Triebkräften, da diese Ausstrahlung Temperaturänderungen bewirkt. Temperaturänderungen der Luft freilich – das haben wir ja gesehen – haben immer einen Einfluß auf Wettervorgänge.

Wenn man von den Streuungsverlusten absieht, so erleidet das sichtbare Licht beim Durchgang durch die klare Luft unserer Atmosphäre praktisch keine Verminderung. Mit anderen Worten, die Durchsichtigkeit unserer Atmosphäre – freilich bei Abwesenheit von Wolken und Dunst – ist nahezu perfekt. Für uns Menschen hat diese Tatsache die erfreuliche Folge, daß wir – zumindest in klaren Nächten – in den Weltraum hinausschauen und die Schönheit des Sternenhimmels genießen können, auch wenn wir am Boden des Luftmeeres leben. Für unser Thema, das Wetter, ergibt sich daraus auch eine bedeutsame Konsequenz: Da das sichtbare Licht von der Atmosphäre frei durchgelassen wird, verschluckt die Luft auch keine Energie aus diesen Teilen der Sonnenstrahlung. Andernfalls würde die Atmosphäre sich als Folge der ver-

Die Entstehung des blauen Himmelslichtes: Die Sonnenstrahlung wird beim Durchgang durch die Erdatmosphäre langsam ihrer blauen Anteile durch Streuung beraubt. Das Prinzip der Streuung zeigt der Bildeinsatz links, wobei bevorzugt die blauen Anteile des Sonnenlichtes gestreut werden und aus allen Richtungen des Himmels kommend das Auge treffen.

schluckten Energie des Sonnenlichtes in all ihren Schichten sehr stark erwärmen, und wir hätten eine völlig andere Meteorologie. Das gestreute
Licht nimmt zwar Energie aus dem Strahlungsstrom heraus; die gestreu-
ten Lichtstrahlen jedoch verbleiben nicht in der Atmosphäre, sondern
landen schließlich auf der Erde oder im Weltall. Daher trägt das gestreute Licht nicht zur Erwärmung der Atmosphäre bei. Die Erwärmung
eines Mediums erfolgt nämlich nur dann, wenn strahlende Energie absorbiert wird. Das ist das Prinzip des modernen Mikrowellenherdes. Die
Mikrowellen, die ein rohes Steak durchsetzen, werden durch die ganze
Dicke des Fleischstückes hindurch absorbiert, so daß sie es in kurzer Zeit
erhitzen und braten.

Bisher haben wir nur vom sichtbaren Licht gesprochen, denn die
Klarheit und Durchsichtigkeit der reinen Luft gilt nur für diesen Teil des
Sonnenspektrums. Unter dem Spektrum der Sonnenbestrahlung versteht
man ja die Gesamtheit der elektromagnetischen Wellen, welche die
Sonne ausstrahlt. Diese Wellen reichen von Radiowellen über die langen
Wellen der Wärmestrahlung (das sogenannte Infrarot), über das sichtbare Licht bis zu den ultravioletten und Röntgenstrahlen. Für Radiowellen haben wir überhaupt keine Sinnesorgane; Wärmestrahlen sind zu
langwellig, so daß wir sie nicht sehen können. Wir fühlen sie jedoch als
Wärme auf der Haut. Das sichtbare Licht wirkt – wie ja schon sein
Name sagt – auf die Netzhaut des Auges. Für die ultravioletten Strahlen
haben wir wieder keine Sinnesorgane, ebensowenig wie für Röntgenstrahlen. Dennoch reagiert unser Körper auf diese Strahlen mit Sonnenbrand oder – im Falle von Überdosen von Röntgenstrahlen – mit Symptomen der Strahlenkrankheit.

Die Atmosphäre absorbiert einen erheblichen Teil der infraroten
Wärmestrahlung und der Radiowellen; außerdem wird die ultraviolette
Strahlung fast ganz und die Röntgenstrahlung völlig verschluckt. Der
Hauptanteil der Sonnenenergie in diesen Bereichen, der von der Erdatmosphäre nicht durchgelassen wird, beträgt allerdings nur wenige Prozent der gesamten Sonnenenergie. Dennoch aber spielen diese wenigen
Prozent eine erhebliche Rolle in der Physik unserer Atmosphäre, da sie
diese zum Teil sehr stark erhitzen. Meteorologen und Geophysiker haben diese Prozesse, bei denen bestimmte Strahlungsarten von der Atmosphäre verschluckt werden, mit großem Interesse studiert, da sie in der
Meteorologie eine wichtige Rolle spielen. Als bedeutendstes Ergebnis
dieser Untersuchungen hat sich herausgestellt, daß diese Strahlungsarten
nicht längs des ganzen Querschnitts der Atmosphäre verschluckt werden, sondern bevorzugt in bestimmten, zum Teil recht scharf abgegrenz-

ten Schichten in verschiedenen Höhen. Das ist der Grund, weshalb der Temperaturverlauf in der Atmosphäre mit steigender Höhe heftig auf- und abschwankt. Wie zu erwarten, ist die Temperatur der Atmosphäre in jenen Schichten besonders hoch, wo Sonnenenergie bevorzugt verschluckt wird. Dort wird die Atmosphäre immer wieder aufs neue aufgeheizt, sowie Sonnenstrahlung sie trifft. Es ist geradezu so, als befänden sich in der Atmosphäre verschiedene Heizflächen, die – ähnlich wie das glühende Gitter eines elektrischen Heizofens – die Luft in bestimmten Höhenschichten dauernd erwärmen.

Die wirksamste Heizfläche freilich sind der Erdboden und die Oberfläche der Ozeane. Dort wird ja am meisten Sonnenenergie umgesetzt. Die Erdoberfläche wird dadurch aufgeheizt – das feste Land stärker als die Ozeane, da das Wasser ja sehr viel Wärme aufnehmen kann, ohne sich dabei stark zu erhitzen. Dennoch werden Wassertemperaturen an der Oberfläche des Meeres bis zu 30 Grad Celsius und darüber erreicht, die sich der Luft mitteilen. Die Lufttemperatur ist daher in den unteren Schichten unmittelbar über der Erdoberfläche am höchsten. Wenn wir dann aufsteigen, so stellen wir fest, daß es mit steigender Höhe kühler wird. Das kennen wir ja schon vom Klima des Hochgebirges und vom ewigen Schnee der höchsten Berggipfel. Die Abkühlung kommt dadurch zustande, daß die erwärmte Luft zwar aufsteigt, sich dabei aber ausdehnt und daher kühler wird. Die Temperatur fällt dabei recht gleichmäßig bis zu einer Höhe von etwa 11 Kilometer ab. In diesem Niveau erreichen wir die sogenannte »Stratosphäre«. Von nun an bleibt die Temperatur mit steigender Höhe fast gleich, mit einem Wert von 55 Grad Celsius unter Null. In einer Höhe von etwa 27 Kilometer beginnt die Temperatur wieder langsam zu steigen und erreicht in einer Höhe von etwa 50 Kilometer wieder ähnlich hohe Werte wie am Erdboden, das heißt über Null. Dann fällt die Temperatur bis zu einer Höhe von 80 Kilometer auf Werte bis zu minus 70 Grad Celsius. Darüber steigt die Temperatur laufend an, überschreitet bei etwa 115 Kilometer die Null-Grad-Grenze und erreicht in Höhen von einigen hundert Kilometern Werte von mehreren tausend Grad Celsius über Null.

Wir haben zuvor schon angedeutet, wie es dazu kommt, daß die Temperatur mit der Höhe so stark auf und ab schwankt. In einer Höhe von 50 Kilometer liegt eine zweite Heizfläche. Sie wird verursacht durch die Absorption eines großen Teils der ultravioletten Sonnenstrahlen. Die Höhenschicht zwischen 25 und 50 Kilometer ist nämlich mit Ozon angereichert, das in niedrigen Höhen nur in sehr geringen Mengen vorkommt. Ozon ist eine besondere chemische Form des Sauerstoffs, die an

Beim Durchgang durch die Erdatmosphäre werden die verschiedenen Wellenlängen des Sonnenlichtes (hier durch Regenbogenfarben angedeutet) in verschiedenen Höhen absorbiert: Ganz
rechts und am höchsten die Röntgenstrahlen; in Höhen zwischen 20 und 50 Kilometern der
Hauptteil der Ultravioletten Strahlen. Die sieben Farben des Regenbogens gelangen bis zum Boden.

Stelle von zwei Atomen Sauerstoff drei Atome Sauerstoff in einem Molekül vereinigt. Dieses Gas, obwohl es auch dort oben sehr dünn verteilt ist, blockiert die ultraviolette Sonnenstrahlung mit der gleichen Wirksamkeit wie ein dünnes Metallblech. Die absorbierte Energie reicht aus, die dort oben schon recht dünnen Luftmassen bis auf über null Grad Celsius aufzuheizen.

In Höhen von 80 Kilometer und weit darüber haben wir die dritte Heizfläche, oder da es sich hier um ausgedehnte Höhenschichten handelt, sollten wir besser sagen, den dritten Heizraum. In diesen Bereichen der Atmosphäre werden die besonders energiereichen Sonnenstrahlen absorbiert, deren Wellenlängen noch kürzer sind als die des ultravioletten Lichtes, das weiter unten vom Ozon erfaßt wird. Diese Strahlen sind so energiereich, daß sie die Moleküle der Luft in Atome zerschlagen und selbst den Atomen äußere Elektronen wegreißen können. Dadurch entstehen Wolken von freien Elektronen und zurückgebliebenen Ionen; so nennt man positiv geladene Atomreste. Die bei diesen Prozessen absorbierte Energie ist so groß, daß die nunmehr sehr dünn gewordenen Luftreste in großen Höhen auf Temperaturen bis zu mehreren tausend Grad Celsius aufgeheizt werden können. In jenen Höhen werden auch die Teilchenstrahlen der Sonne von der Atmosphäre abgefangen, die auch ihren Teil zur Erhitzung der Luft in diesen Schichten beitragen. Manche dieser Prozesse werden sogar sichtbar, und zwar in Form der zauberhaften Nordlichter, die in diesen Höhen schweben.

Wenn wir die vielfältigen Wirkungen betrachten, welche die Sonne mit ihren verschiedenen Strahlungsarten auf die Erdatmosphäre ausübt, so können wir uns glücklich schätzen, daß die Sonne ein so überaus stabiler Stern ist und die Erde offenbar schon seit Hunderten von Millionen, ja von Milliarden Jahren stets und unabänderlich mit der gleichen Strahlungsmenge bestrahlt. Es ist mit aller Wahrscheinlichkeit damit zu rechnen, daß auch für weitere Milliarden von Jahren die Sonnenstrahlung gleichbleiben wird. Wenn wir von gelegentlichen kurzzeitigen Ausbrüchen von ultravioletten Strahlungsstößen auf der Sonne absehen, so schwankt die Sonnenstrahlung nur um Bruchteile eines Prozents. Wetter und Klima auf der Erde wären wilden Schwankungen unterworfen, wenn unsere Sonne ein veränderlicher Stern wäre von der Art, wie wir viele am Himmel beobachten können. Manche von diesen veränderlichen Sternen wechseln innerhalb von Monaten und Wochen, ja sogar von Tagen Umfang und Charakter der Strahlung, die sie aussenden. Wir haben ja gesehen, in welchem Maß die Sonne mit der Menge und der Art ihrer Strahlungen die Atmosphäre völlig beherrscht und gestaltet. So können wir nur ahnen, welche Wetter- und Klimakatastrophen zu erwarten wären für den Fall, daß die Sonne als veränderlicher Stern im nächsten Monat ihre Strahlung verdoppeln oder halbieren würde. Glücklicherweise jedoch ist die Sonne ein so stabiler und verläßlicher Stern, daß wir in dieser Hinsicht überhaupt nichts zu befürchten brauchen.

In der klassischen Meteorologie erblickt man in der Sonne lediglich die Quelle der Energie, welche die Erdoberfläche aufheizt und die Luft in Bewegung setzt. Inzwischen hat uns die moderne Raketenmeteorologie und die Erforschung der Erdatmosphäre mit Hilfe künstlicher Satelliten neue Einblicke beschert. Heute wissen wir, daß die Sonne die oberen Atmosphärenschichten entscheidend formt und gestaltet. Über eine Entfernung von 150 Millionen Kilometer hinweg schlägt die Sonne mit ihrer gewaltigen und vielfältigen Strahlung die Atmosphäre der Erde in ihren Bann.

# DIE STOCKWERKE DER ATMOSPHÄRE

Die Sonnenstrahlung durchsetzt die Erdatmosphäre mit nur minimalen Verlusten, so daß ihre Hauptwirkung darin besteht, den Erdboden und das Meer zu erwärmen. Diese Wärme hat die Tendenz, nach oben zu steigen, wobei sich die Luft naturgemäß abkühlt. Diese vertikalen Luftumschichtungen erzeugen eine Struktur der Atmosphäre, wobei die einzelnen Schichten wie Stockwerke übereinander liegen. Jede Schicht hat einen typischen Namen bekommen.

Da unsere modernen Verkehrsflugzeuge meist in der wolkenlosen Stratosphäre fliegen, bieten sich den Passagieren vielfach überwältigend schöne Anblicke des Wolkenmeeres darunter. Hier das obere Ende einer großen Gewitterwolke.

Zuvor schon haben wir davon gesprochen, wie es dazu kam, daß die Erde in den Besitz einer Atmosphäre gelangte. Als die Planeten entstanden, nahmen sie im Laufe ihrer Entwicklung immer mehr an Größe zu, indem sie noch weitere Gas- und Staubmassen aus der ursprünglichen Sonnenatmosphäre einsammelten. Dabei hatte unsere Erde schließlich eine bestimmte Masse erreicht, und ihre Anziehungskraft hatte so weit zugenommen, daß sie auch freie Gase einsammeln und als Gasmantel festhalten konnte. Auch sind die Gase, die aus ihrem eigenen Innern emporstiegen, nicht mehr in den Weltraum entwichen, sondern verblieben ebenfalls in ihrer Atmosphäre. Vor allem aus der letztgenannten Quelle, dem Vulkanismus, wird die Atmosphäre der Erde auch heute noch gespeist, so daß sie alle Verluste, die sie in erster Linie durch Bindung atmosphärischer Gase im Gestein der Kruste erleidet, wieder wettmachen kann. Die Masse der Atmosphäre ist daher heute wohl in einem Gleichgewichtszustand. Die Atmosphäre nimmt weder zu noch ab, sondern hat mit der Menge ihrer Gase Bestand.

Die Gesamtmasse der Atmosphäre ist übrigens erstaunlich groß. Wenn man nur oberflächlich darüber nachdenkt, könnte man glauben, daß die Luft überhaupt nichts wiegt. Gewiß, ein Kubikmeter Luft wiegt etwa 800mal weniger als ein Kubikmeter Wasser, aber bei dem gewaltigen Volumen der Atmosphäre kommt doch ein ganz erhebliches Gewicht zusammen. Schon bei der Menge Luft, die sich in einem Wohnzimmer von etwa 25 Quadratmeter Fläche befindet, kann man sich sehr täuschen. Bei einer Deckenhöhe von 3,30 Meter wird auch ein starker Mann Mühe haben, die gesamte Luft aus dem Zimmer fortzutragen. Sie wiegt nämlich einen Doppelzentner. Die gesamte Masse der Erdatmosphäre beträgt etwa 5000 Billionen Tonnen. Unter dieser Menge können wir uns freilich überhaupt nichts vorstellen, selbst wenn wir sagen, daß es nur 270mal mehr Wasser auf der Erde gibt als Luft. Wenn wir allerdings an unsere riesigen Ozeane denken und dabei beachten, daß ihre mittlere Tiefe über 3 1/2 Kilometer beträgt, so kann man zumindest ahnen, wieviel Wasser es auf der Erde geben muß. In jedem Kubikmeter steckt eine Tonne, und für jede Tonne Wasser ergibt das immerhin fast 4 Kilogramm Luft. Die Atmosphäre ist daher keineswegs eine dünne, flüchtige Hülle, die die Erde umgibt, sondern sie ist ein recht schwerer und dicker Mantel.

Da die Atmosphäre der Erde so schwer ist, lastet sie auch mit einem ganz erheblichen Druck auf ihrer Unterlage. Dies ist der berühmte Luftdruck. Es ist ein großer Zufall der Natur, daß der Luftdruck in Meereshöhe ziemlich genau 1 Kilogramm pro Quadratzentimeter beträgt. Die-

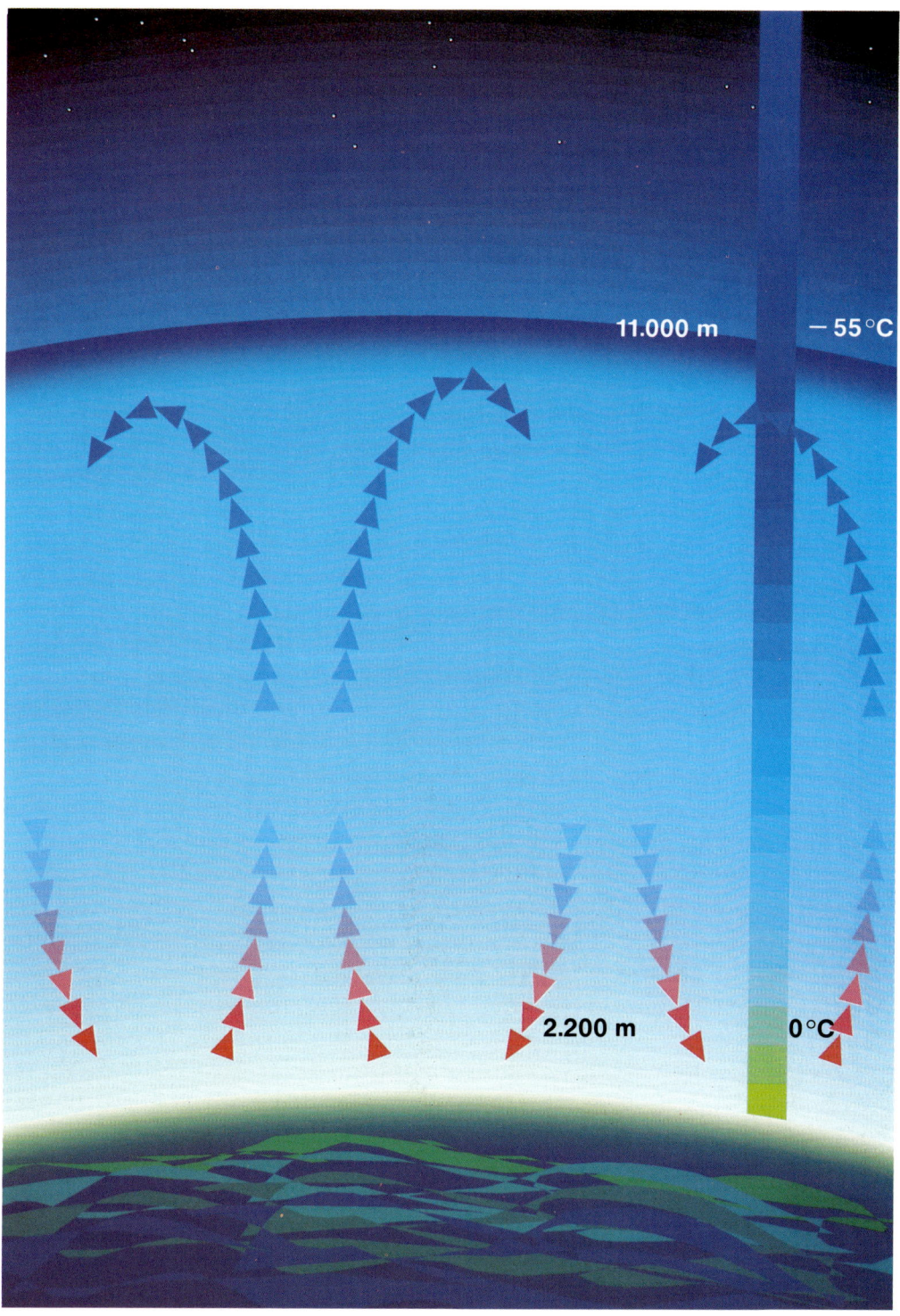

11.000 m          − 55 °C

2.200 m          0 °C

Durch die relativ gleichmäßige Abnahme der Temperatur (in der Troposphäre mit einer mittle-ren Abfallrate von 6,5 Grad Celsius pro Kilometer) entstehen typische vertikale Luftbewegungen in der Troposphäre, die sich an ihrer oberen Grenze, der sogenannten Tropopause, umkehren.

sen Wert des Drucks nennt man auch eine Atmosphäre. Das Maß einer Atmosphäre läßt sich demnach in metrischen Einheiten sehr leicht merken. Wie groß der Luftdruck in Seehöhe ist, kann man sich am besten so klarmachen: um den Betrag des Luftdrucks zu erreichen, muß man eine Streichholzschachtel mit einem Gewicht von 20 Kilogramm belasten; das entspricht dem Gewicht des Freigepäcks, das man bei einem Überseeflug mitnehmen darf. Wenn man Eisenbleche zu einem hohen Stapel aufeinanderschichtet und die Last, mit der die Platten aufeinanderdrükken, mißt, wird man feststellen, daß der Druck in verschiedenen Höhen verschieden hoch ist. Ganz unten ist er am höchsten. In halber Höhe hat man nur noch 50 Prozent der Platten über sich, so daß der Druck dort nur noch halb so groß ist. Ganz oben schließlich ist der Druck verschwunden. Die Druckabnahme durch den ganzen Stapel hindurch folgt also einem sehr einfachen Gesetz; man braucht nur die Höhe mit dem Zentimetermaß zu messen. Bei unserer Atmosphäre ist das ähnlich. Auch dort ist der Druck am Boden am größten und nimmt mit der Höhe ab. Die Druckabnahme mit der Höhe folgt jedoch einem anderen Gesetz als bei unserem Plattenstapel. Der Luftdruck nimmt in den unteren Bereichen der Atmosphäre sehr viel schneller ab als in den oberen Bereichen. Das hängt damit zusammen, daß die Erdatmosphäre aus Gasen besteht, und Gase lassen sich zusammendrücken. Wenn man sich der Erde aus großen Höhen nähert, stellt man fest, daß die Luft durch die stets wachsende Last der darüberliegenden Gasschalen immer mehr zusammengedrückt wird, so daß sich ein ganz anderes Gesetz der Druckverteilung mit der Höhe ergibt. Beim Plattenstapel nimmt der Druck pro Meter Höhe immer um gleich große Beträge ab; bei unserer Atmosphäre nimmt der Luftdruck in jeweils gleich großen Höhenstufen um gleich große Bruchteile ab. An sich ist dieses Gesetz auch sehr einfach. In einer Höhe von 5,5 Kilometer hat sich der Luftdruck halbiert. In der doppelten Höhe, das heißt bei 11 Kilometer, beträgt der Luftdruck nur noch ein Viertel des Bodenwertes, in einer Höhe von 16,5 Kilometer nur noch ein Achtel, und in diesem Sinne weiter.

Ziemlich genau das gleiche Gesetz gilt auch für die Dichte der Luft. Am Boden ist die Luft durch das Gewicht der darüberliegenden Massen am meisten zusammengedrückt, und mit steigender Höhe wird die Luft immer dünner. Auch hier ist es so, die Luftdichte nimmt zunächst sehr schnell und in größeren Höhen immer langsamer ab. Unter idealen Bedingungen gilt auch für die Luftdichte dasselbe Gesetz: In 5,5 Kilometer Höhe ist die Dichte auf die Hälfte herabgesunken, in 11 Kilometer Höhe auf ein Viertel und in 16,5 Kilometer auf ein Achtel. Bereits in einer

Höhe von 36 Kilometer beträgt die Luftdichte nur noch 1 Prozent des Betrages in Seehöhe. In dieser Höhe also hat man bereits 99 Prozent der Atmosphäre unter sich, und das restliche Prozent Luft muß für die gesamte Atmosphäre bis zu ihren Grenzen in mehreren tausend Kilometern Höhe ausreichen. Diese Verhältnisse müssen wir uns vor allem dann vor Augen führen, wenn wir gelegentlich über die Atmosphärenschichten in Höhen über 40 Kilometer sprechen. Es dreht sich dabei um Luftmassen, die weniger als 1 Prozent der gesamten Atmosphäre ausmachen.

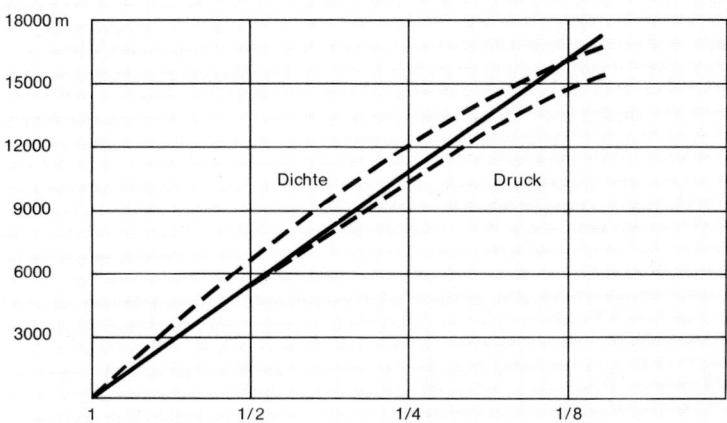

Dichte und Druck der Luft nehmen fast nach dem gleichen einfachen Gesetz ab: Halbierung etwa jeweils alle 5,5 km Höhenzunahme, das heißt Hälfte, Viertel beziehungsweise Achtel des Bodenwertes in Höhen von 5,5, 11 und 16,5 km und so weiter.

Luftdruck und -dichte würden nach der Höhe exakt nach dem gleichen Gesetz abnehmen, wenn die Temperatur in allen Höhen dieselbe wäre. Nun haben wir zuvor zwar gesehen, daß die Temperatur mit der Höhe recht stark schwankt, so daß das obengenannte Gesetz – Halbierung der Werte alle 5,5 Kilometer Höhendifferenz – für beide nicht genau stimmen kann. Die Abweichungen sind jedoch nicht so groß; so kann man dieses Gesetz dennoch als eine ganz gute Faustregel benutzen.

Im vorigen Kapitel haben wir gesehen, daß die höheren Atmosphärenschichten geringe Bruchteile der Sonnenstrahlung verschlucken. Es dreht sich dabei um besonders kurzwellige Anteile der Sonnenstrahlung, die in großen Höhen hängenbleiben. Jetzt verstehen wir auch, wieso diese anteilig geringen Strahlenmengen imstande sind, die Luft so stark zu erhitzen. Das liegt einfach daran, daß die Luft dort so dünn ist, daß auch eine geringe Energiemenge ausreicht, um viele Kubikkilometer dieser Luft aufzuheizen. Auch sprachen wir davon, daß in Höhen über 200 bis 300 Kilometer gelegentlich Temperaturen von mehreren tausend Grad Celsius vorkommen. Das sind gerade jene Bereiche, in denen unbemannte Satelliten kreuzen und in denen sich auch bemannte Raumschiffe tagelang aufgehalten haben. Wieso kommt es, daß unsere Raumschiffe dort oben nicht verbrannten? Die Antwort liegt einfach darin, daß die Luft so dünn ist, daß sie die Raumschiffe überhaupt nicht aufheizen kann. Die Wärmemenge, die in einem Kubikkilometer Luft in dieser Höhe – selbst bei einer Temperatur von 2000 Grad Celsius – steckt, reicht bei weitem nicht aus, auch nur eine Kanne Kaffee zu kochen.

Für die Physik der Atmosphäre jedoch ist dieser Temperaturwechsel mit steigender Höhe sehr wichtig. Dieser Temperaturwechsel teilt unsere Atmosphäre in bestimmte, typische Stockwerke ein und steuert die vertikalen Luftbewegungen. Im Endeffekt kommt es dazu, daß die Luftmassen in den einzelnen Stockwerken recht wirkungsvoll voneinander abgetrennt werden und sich kaum miteinander vermischen.

Betrachten wir zunächst einmal die einzelnen Stockwerke. Das unterste Stockwerk reicht im Schnitt bis zu einer Höhe von 11 Kilometer über dem Erdboden. Gleichzeitig ist es auch das niedrigste Stockwerk der Atmosphäre. Trotzdem beherbergt dieses Stockwerk etwa 75 Prozent der gesamten Masse der Atmosphäre. Die obere Grenzschicht, also die Decke, eines jeden Stockwerkes ist durch den Temperaturverlauf bestimmt. Die Decke liegt dort, wo der Temperaturverlauf einen Stoß bekommt. Vom Erdboden bis zu einer Höhe von 11 Kilometer nimmt die Lufttemperatur ziemlich gleichmäßig ab – jeweils etwa um 6,5 Grad Celsius pro Kilometer. An der Decke dieses untersten Stockwerkes ist die Luft also etwa 70 Grad Celsius kälter als am Erdboden. Da die Durchschnittstemperatur am Erdboden 15 Grad Celsius über Null beträgt, so ist es an der Decke minus 55 Grad Celsius kalt. Wenn man durch die Decke hindurchstößt und noch höher steigt, dann fällt die Temperatur nicht weiter ab, sondern bleibt bis zu einer Höhe von etwa 25 Kilometer gleich und steigt dann sogar wieder an. Es ist schon seit langem bekannt, daß die Vorgänge, die wir allgemein mit Wetter bezeichnen, sich nur im untersten Stockwerk der Atmosphäre ereignen. Darüber gibt es praktisch keine Wolken und keinen Dunst mehr – dort herrscht am Tage immer Sonnenschein bei völlig klarem Himmel. Diesen Umständen verdankt auch das unterste Stockwerk seinen Namen. Man nennt es die »Troposphäre«. Der Name stammt von dem griechischen Wort »tropein«, das heißt »sich wenden«, »sich ändern«. Damit wird natürlich auf eine der auffälligsten Eigenschaften des Wetters angespielt. Die dünne Schicht in etwa 11 Kilometer Höhe, dort wo der Temperaturabfall zu Ende geht, nennt man »Tropopause«. Diese Tropopause ist zugleich die unterste Grenze des zweiten Stockwerkes, das »Stratosphäre« genannt wird. In ihrem unteren Teil, bis zu einer Höhe von 25 Kilometer, ändert sich die Temperatur mit einem Wert von minus 55 Grad Celsius nur sehr wenig. Dann beginnt die Temperatur wieder zu steigen und erreicht in einer Höhe von 50 Kilometern einen Wert von knapp über null Grad. Wir haben zuvor schon gesehen, wodurch dieser Temperaturanstieg verursacht wird. Im Bereich zwischen 20 und 50 Kilometer nämlich enthält die Luft einen kleinen, aber wichtigen Anteil an Ozon. Dieses Gas ist ja imstande, ultraviolettes Licht sehr wirkungsvoll zu absorbieren, wobei die Energie zu einer Aufheizung der Luft in dieser Schicht führt. Die obere Grenze der Ozonkonzentration liegt zwischen 45 und 55 Kilometer, so daß es darüber wieder kälter wird. Sinngemäß nennt man die dünne Grenzschicht in einer Höhe von 45 bis 50 Kilometer – eben dort, wo die Temperatur sich umkehrt – die »Stratopause«. Die Stratosphäre ist also fast viermal so dick wie die Troposphäre und enthält fast das ganze restliche Viertel der Atmosphäre.

Das nächste Stockwerk ist fast ebenso mächtig wie die Stratosphäre, da es sich bis zu einer Höhe von 80 Kilometer erstreckt. In diesem Höhenbereich nimmt die Temperatur der Luft wieder ab, und zwar bis zu einem Wert von minus 70 Grad Celsius, der eben in einer Höhe von 80 Kilometer erreicht wird. Die Temperaturabnahme liegt daran, daß in diesem Bereich die Konzentration von Ozon bereits so sehr abgenommen hat, daß keine merkliche Erwärmung der Atmosphäre mehr stattfindet. Diese Schicht heißt »Mesosphäre«, da sie etwa den mittleren Platz in dieser Einteilung einnimmt. Ihre obere Grenze heißt entsprechend »Mesopause«. Die Amerikaner bezeichnen diese Zwischenschicht gelegentlich auch als »Chemosphäre«, da in ihr eine Reihe von interessanten chemischen Prozessen zwischen den einzelnen Bestandteilen der Atmosphäre ablaufen, die allerdings dem Meteorologen wenig bedeuten.

Darüber kommt nun das letzte und am weitesten ausgedehnte Stockwerk der Atmosphäre, die »Thermosphäre«. Sie hat ihren Namen von der Tatsache, daß die sehr dünnen Luftreste in Höhen über 80 Kilometer sehr schnell heiß werden und dabei in ihrer Temperatur sehr stark schwanken. Wie wir zuvor schon besprochen haben, kann man allerdings wegen der unvorstellbar geringen Luftdichte in diesen Höhen nicht mehr von Temperatur im landläufigen Sinne sprechen. Der im täglichen Leben benutzte Temperaturbegriff verliert seinen Sinn, wenn man

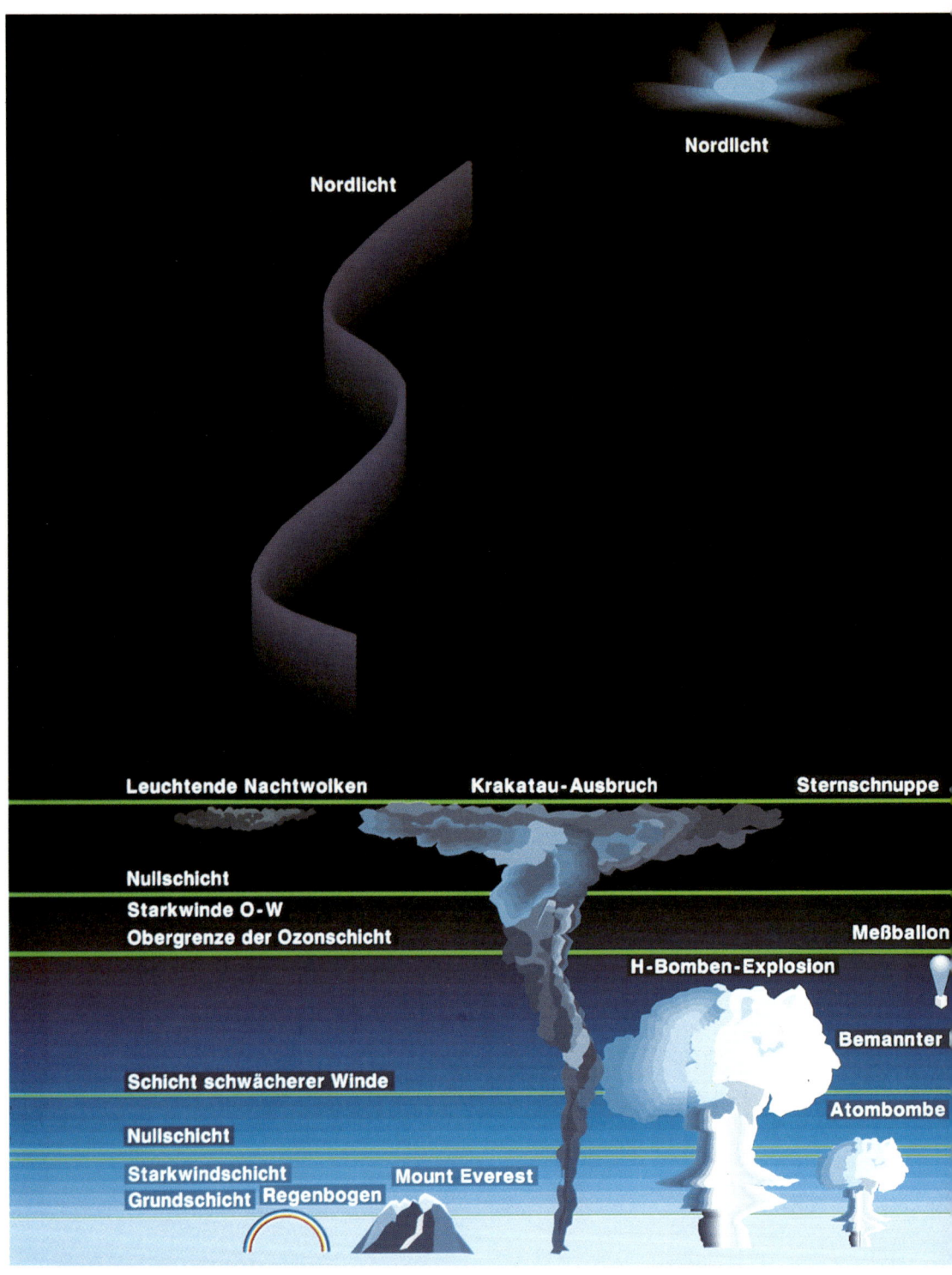

Die Stockwerke der Atmosphäre mit typischen atmosphärischen Phänomenen, der Höhe ihres Auftretens entsprechend eingezeichnet. Rechts befindet sich eine Kurve, welche die Temperatur-schwankungen mit steigender Höhe anzeigt.

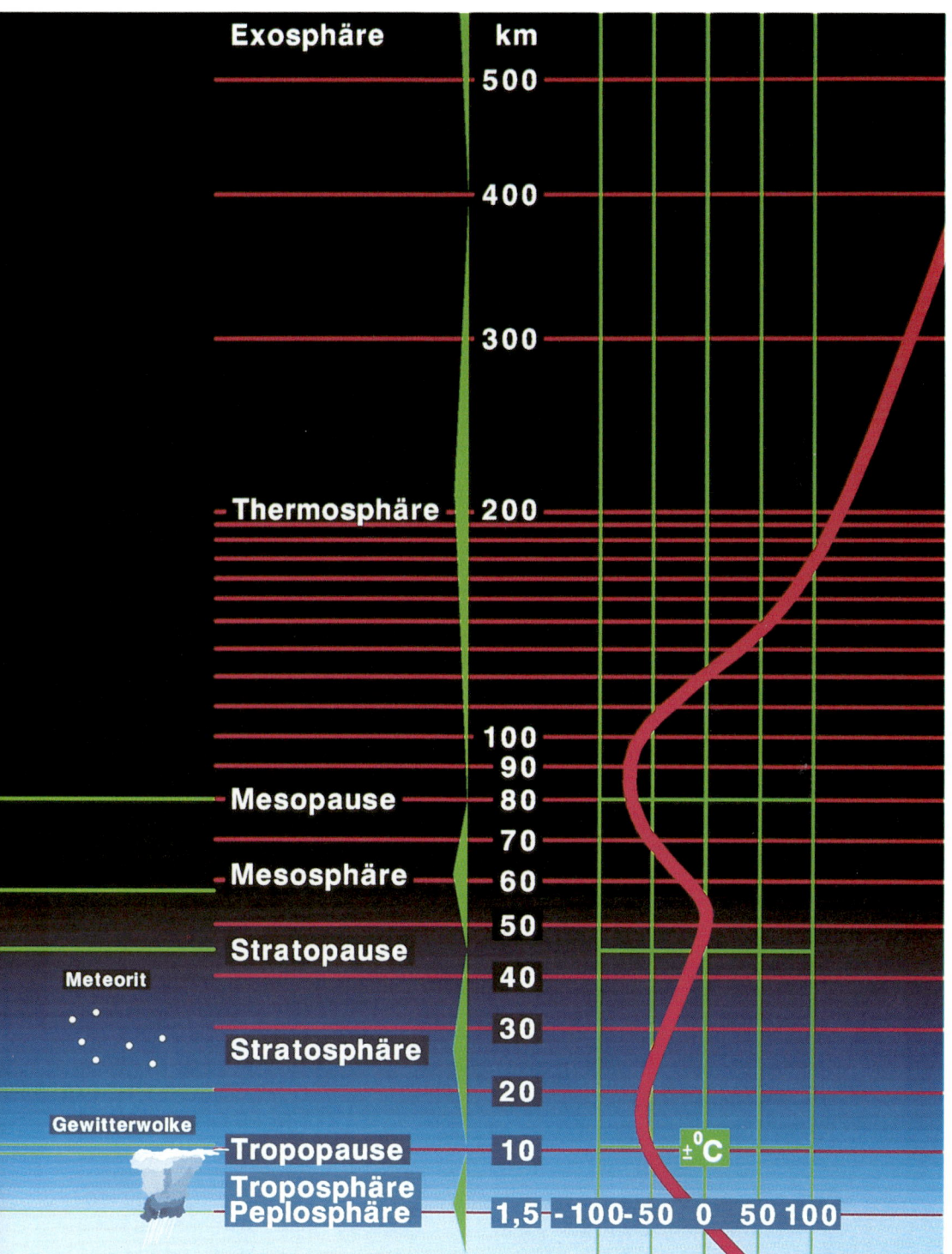

seine Hand ohne weiteres dieser Luft von mehreren tausend Grad Celsius aussetzen könnte, ohne daß man auch nur das geringste Wärmegefühl dabei empfände. Die Thermosphäre hat keine obere Grenze, da die äußersten Teile der Atmosphäre unmerklich in die Gase der interplanetaren Materie übergehen. Auch für die Thermosphäre gibt es einen anderen Namen, den die Geophysiker schon seit vielen Jahren benutzen und den wir zuvor schon genannt haben: »Ionosphäre«.

Bei der Einteilung der Atmosphäre in die Stockwerke haben wir uns von den Änderungen im Temperaturverlauf leiten lassen. Das wäre vielleicht noch kein hinreichender Grund, wenn nicht diese Temperatursprünge gleichzeitig auch die Luftmassen in den einzelnen Stockwerken recht wirkungsvoll physisch voneinander trennten. Das haben wir oben schon kurz angedeutet. Die charakteristischen Änderungen des Temperaturverlaufes sorgen dafür, daß vertikale Bewegungen der Luft unterdrückt werden und oft völlig zum Stillstand kommen. Das ist immer der Fall, wenn der Temperaturabfall mit steigender Höhe aufhört, das heißt, wenn die Temperatur in den Luftschichten darüber entweder gleichbleibt oder mit steigender Höhe sogar wieder zunimmt. Temperatursprünge dieser Art vom Kälterwerden zum Wärmerwerden (oder auch nur zum Gleichbleiben) nennt man eine »Inversion«, das heißt eben eine Umkehrung des normalen Temperaturverlaufes. Es ist interessant, sich die physikalischen Wirkungen einer solchen Inversion näher anzusehen, da uns diese Kenntnis dem Verständnis vieler Wettervorgänge näherbringt.

Zunächst einmal müssen wir uns die Frage stellen, wieso in der Troposphäre und dann noch einmal in der Mesosphäre die Temperatur der Luft innerhalb dieser beiden Stockwerke mit steigender Höhe überhaupt abnehmen kann. In den einzelnen Stockwerken eines Hauses ist es keineswegs so. Wir wissen ja, daß warme Luft aufsteigt und kalte Luft absinkt. Das ist auch der Grund, weshalb Zentralheizungen immer am Boden eines Zimmers und nicht an der Decke angebracht werden. Die von den Heizkörpern erwärmte Luft steigt in die Höhe, und kühle Luft strömt zur Heizung hin, um dann ihrerseits wieder erwärmt zu werden. Wie man mit einem Thermometer in jedem geheizten Zimmer feststellen kann, ist die Luftschicht dicht unterhalb der Decke wärmer als die Luft am Fußboden. Nicht zuletzt deshalb klagen viele, vor allem ältere Leute, über kalte Fußböden. Bei Zimmern mit hohen Decken beträgt diese Temperaturdifferenz oft mehr als 10 Grad Celsius. Warum verhalten sich die Temperaturen in der Troposphäre und in der Mesosphäre gerade umgekehrt? Eigentlich müßte eine solche Luftschichtung völlig instabil sein. Die am Erdboden erwärmte Luft müßte doch schleunigst nach oben steigen und die kalte Luft herunterpurzeln. Auch wenn wir die einzelnen Schichten in der Atmosphäre mit Stockwerken bezeichnet haben, so dürfen wir sie dennoch nicht mit den Etagen eines mehrstöckigen Hauses vergleichen. Selbst Hochhäuser sind ja so niedrig, daß man nur mit ganz empfindlichen Meßinstrumenten einen Unterschied im Luftdruck zwischen Keller und oberstem Stockwerk nachweisen kann. Bei den Stockwerken der Atmosphäre jedoch ist das völlig anders. So nimmt ja, wie wir gesehen haben, der Luftdruck dauernd ab und halbiert sich etwa alle 5,5 Kilometer; das heißt, in der durchschnittlichen Höhe der Tropopause von 11 Kilometer beträgt der Luftdruck nur noch ein Viertel des Wertes, den man in Seehöhe mißt. Betrachten wir demnach einen Luftkörper – sagen wir einmal ein Zimmer voll Luft – in Seehöhe. Der Luftdruck beträgt ziemlich genau ein Kilogramm pro Quadratzentimeter, das heißt eine Atmosphäre. Die Temperatur dieser Luft sei 15 Grad Celsius über Null. Dieses Zimmer voll Luft heben wir jetzt an bis zu einer Höhe von 5,5 Kilometer. Dort beträgt der Luftdruck dann nur noch eine halbe Atmosphäre, und auch die Dichte der Luft hat sich auf die Hälfte vermindert. Als Folge davon hat sich die Luft in unserem ursprünglichen Zimmer auf das doppelte Volumen ausgedehnt. Nun wissen wir ja von der Physik, daß sich ein Gaskörper, der sich ausdehnt, auch abkühlt. Es ist ein leichtes, auszurechnen, um welchen Betrag. In unserem Fall ergibt sich dann, daß sich unser Luftkörper von einer Temperatur von 15 Grad Celsius über Null auf eine Temperatur von etwa 38 Grad Celsius unter Null abkühlen würde. Das entspricht einem Temperaturabfall von 9,8 Grad Celsius pro Kilometer Höhe. Es ist leicht einzusehen, daß die Luft in der Troposphäre, wenn sie diese Abfallrate aufweist, stabil wäre. Denn jede Verschiebung eines Luftkörpers längs dieser Temperatur würde dazu führen, daß der Luftkörper in jeder Höhe immer die gleiche Temperatur annehmen würde wie die Luft, die er in jeder Höhenschicht anträfe. Da unser Luftkörper weder wärmer noch kühler ist als seine Umgebung, hat er gar keine Veranlassung, die jeweils erreichte Höhenschicht zu verlassen, in die er seiner Temperatur nach genau hineinpaßt. Nun haben wir zuvor allerdings gesehen, daß die Abfallrate der Temperatur in der Troposphäre nicht 9,8 Grad Celsius pro Kilometer beträgt, sondern mit etwa 6,5 Grad Celsius pro Kilometer Höhe viel flacher verläuft. Das kommt daher, daß der Wert von 9,8 Grad Celsius pro Sekunde am Schreibtisch ausgerechnet worden ist, wobei man die Gasgesetze für völlig trockene Luft benutzt hat. Sowie die Luft jedoch Feuchtigkeit enthält – und das ist bei der Luft in der Tropo-

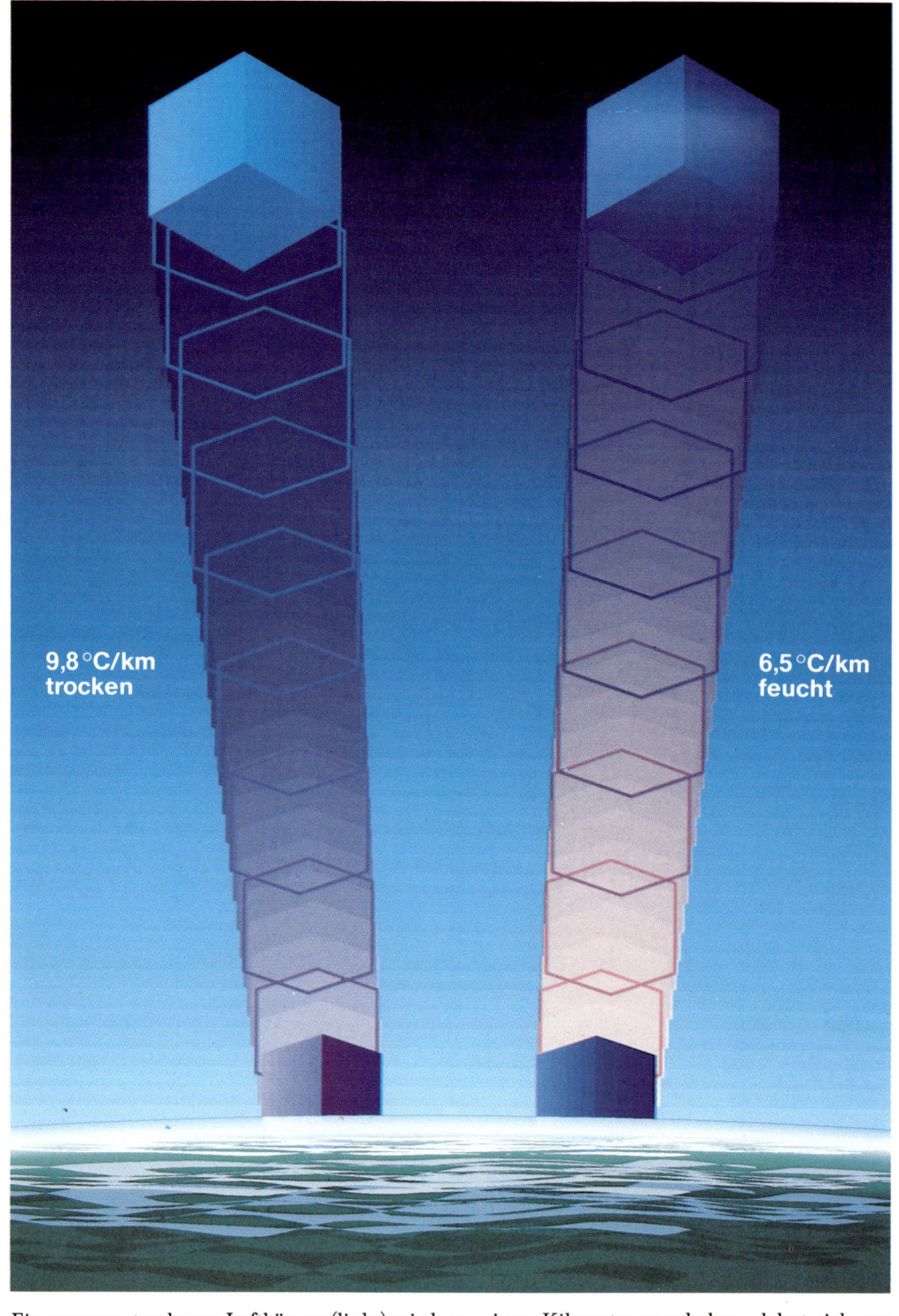

Ein warmer, trockener Luftkörper (links) wird um einen Kilometer angehoben, dehnt sich aus und kühlt sich um $9{,}8\,°C$ ab. Ein gleicher, jedoch feuchter Luftkörper (rechts) kondensiert seine Feuchtigkeit, die freiwerdende Wärme führt zu einer Abkühlung von nur $6{,}5\,°C$.

sphäre immer der Fall –, ändern sich die Verhältnisse entscheidend.

Gehen wir dazu wieder zu unserem Zimmer voll Luft zurück, die jetzt noch Feuchtigkeit enthalten soll. Wenn wir nun diesen Luftkörper anheben, dann beginnt er sich auszudehnen und dadurch abzukühlen, bis seine Temperatur schließlich den sogenannten Taupunkt erreicht. Der Taupunkt schwankt und hängt von der Menge Wasserdampf ab, die der Luftkörper enthält. Wird der Taupunkt erreicht und bei weiterem Steigen des Luftkörpers schließlich sogar unterschritten, dann kondensiert sich der Wasserdampf aus der Luft und bildet kleine Tröpfchen oder Schneekristalle. Der physikalische Vorgang der Kondensation jedoch gibt Wärme ab, und zwar jene Wärme, welche der Wasserdampf in sich gespeichert hatte, als er, Sonnenenergie verschluckend, verdunstete. Die bei der Kondensation freiwerdende Wärme teilt sich der Luft mit, so daß diese sich beim weiteren Steigen weniger schnell abkühlt als die trockene Luft, die wir zuvor betrachtet haben. Wenn wir also unseren Luftkörper in der wirklichen Atmosphäre und nicht bloß auf unserem Schreibtisch in die Höhe steigen lassen, so hat er sich beim Aufstieg bis zu einer Höhe von 5,5 Kilometer nicht um 53 Grad Celsius, sondern nur um 36 Grad Celsius abgekühlt. Das entspricht einer Abfallrate von 6,5 Grad Celsius pro Kilometer, die wir auch in unserer Erdatmosphäre in der Natur im Schnitt beobachten. Herrschen diese Verhältnisse bei durchschnittlich feuchter Luft, dann haben wir es mit einer stabilen Luftschichtung zu tun, wobei die kühlere, aber auch entsprechend dünnere Luft eben leichter ist als die zwar wärmere Luft darunter. Bei dieser stabilen Luftschichtung besteht also kein Grund, daß die warme Luft darunter aufsteigt oder die kalte Luft darüber absinkt.

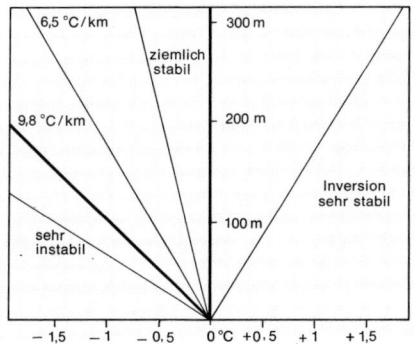

Die vertikale Stabilität von Luftschichtungen kann man an der vertikalen Abfallrate der Temperatur ablesen. Wird die Luft nach oben sehr schnell kalt (Gerade ganz links), so sinkt sie ab und tauscht ihren Platz mit der Luft darunter; steile Geraden und Geraden rechts kennzeichnen stabile Luftlagen.

Mit einer Temperaturabfallrate von 6,5 Grad Celsius pro Kilometer befindet sich die Troposphäre in einem Zustand des Gleichgewichtes. In der Natur haben ja alle Systeme von Kräften und Energien die Tendenz, einem Gleichgewichtszustand zuzustreben, ihn schließlich einzunehmen und darin zu verharren. Allerdings ist der Gleichgewichtszustand bei der Troposphäre als Ganzes ein mathematisch und physikalisch idealisierter Zustand, der in der Praxis niemals vorkommt. Unsere Atmosphäre würde nämlich diesen Gleichgewichtszustand annehmen und in ihm auch verharren, wenn man sie nur in Ruhe ließe. Es ist aber nun typisch für die Atmosphäre, und vor allem für die Troposphäre, daß sie dauernd gestört wird. Allein schon die unterschiedliche Einstrahlung der Sonne zwischen Tag und Nacht läßt sie nie zur Ruhe kommen. Aber die Atmosphäre stört sich auch selbst ununterbrochen. Horizontal marschierende kalte Luftmassen zwängen sich unter vorhandene wärmere Luftmassen und schieben sie nach oben; warme marschierende Luftmassen gleiten an kälteren Luftmassen hoch. Wir haben hier nur zwei Faktoren genannt, welche dauernd das vertikale Temperaturgefüge der Troposphäre umstürzen, so daß die Luft sich durch Auf- und Abwärtsbewegungen bemühen muß, den Gleichgewichtszustand stets wiederherzustellen. Bevor ihr das jedoch gelingt, wird sie schon wieder gestört.

Als Folge all dieser Störungen und ihrer Konsequenzen kommt es dazu, daß wir nicht nur horizontale Winde beobachten, sondern daß die Luft auch vielfach starke Auf- und Abwärtsbewegungen zeigt. Jeder Segelflieger weiß davon zu berichten, wenn er die sogenannten Aufwindschläuche dazu benutzt, um auch ohne Motor immer wieder Höhe zu gewinnen. Gelegentlich werden solche Auf- und Abwärtsbewegungen sehr heftig, wie jeder Fluggast bei Durchfliegen solch instabiler Luftmassen bezeugen kann, wenn ihm die Tasse Kaffee auf den Schoß kippt.

Solche vertikalen Luftbewegungen treten vor allen Dingen dann auf, wenn die Temperaturverteilung in der Troposphäre so beschaffen ist, daß Luftmassen unten sehr viel heißer und Luftmassen oben sehr viel kühler sind, als es der natürlichen Abfallrate von 6,5 Grad Celsius pro Kilometer entspricht. Dann ist die Luft bestrebt, diese Diskrepanzen durch mehr oder minder starke Turbulenz vertikaler Luftströmungen auszugleichen. Man spricht in diesem Fall von einer instabilen Luftschichtung, da diese so leicht zusammenstürzt wie ein Kartenhaus. Es ist gerade so, als wolle man einen Stab mit einem schweren Bleigewicht am oberen Ende senkrecht auf dem Finger balancieren.

Solche hochgradig instabilen Luftschichten ereignen sich gern in den Nachmittagsstunden schwüler und heißer Sommertage. Die Luft wird dann am Boden so stark erhitzt, daß sie mit erheblichen Geschwindigkeiten nach oben zu quillen beginnt. Es bilden sich dicke Haufenwolken, deren Oberteil Blumenkohlköpfen ähneln und blendend weiß in der Sonne leuchten. Die schnell aufsteigende Luft kühlt sich ebenso schnell ab, der Taupunkt wird unterschritten, und gewaltige Wassermengen kondensieren sich. Die dabei freiwerdende Energie erwärmt die Luft immer weiter, so daß sie mit erneuter Kraft nach oben schießt. Jetzt wird die Kumuluswolke zur Gewitterwolke. Wie ein Ballon steigt die Luft immer höher, da sie bei diesen Prozessen immer wärmer bleibt, als es der Höhe entspricht. Erst in der Tropopause ist Schluß, wo die Wolken sich horizontal ausbreiten und die typische Amboßform annehmen. Die freiwerdende Energie entlädt sich in heftigen Windstößen, ergiebigen Regengüssen, Hagel, Blitz und Donner. Die Bildung der Amboßform in der Tropopause zeigt uns nun das genaue Gegenteil einer instabilen Luftschichtung. Wie wir gesehen haben, ist ein instabiler Luftkörper unten sehr viel wärmer und oben sehr viel kälter als die Norm. Er stürzt um. Ein stabiler Luftkörper ist unten sehr viel kühler und oben sehr viel wärmer als die Norm. Diese Verhältnisse aber entsprechen einer Inversion. Mit kühler Luft unten und wärmerer Luft oben haben wir einen Zustand, bei dem jede vertikale Luftbewegung unterdrückt wird. Stiege nämlich die kühlere Luft von unten nach oben, so würde sie durch die Ausdehnung noch kühler und würde sofort wieder herabsinken; umgekehrt, würde die wärmere Luft oben absinken, so würde sie sich zusammenziehen, dadurch noch wärmer werden und sofort wieder aufsteigen. Es ist typisch für Inversionen in der Atmosphäre, daß sie für vertikale Luftbewegungen Grenzschichten bilden. Die Luft darunter kann sie nach oben nicht durchstoßen, und die Luft darüber kann sie nach unten nicht durchdringen. Die Amboßbildung einer Gewitterwolke zeigt uns deutlich, wie die troposphärische Luft an der Tropopause hängenbleibt und fast nie in die Stratosphäre eindringt. Gelegentlich allerdings kommt es vor, daß besonders starke Gewitterwolken diese Grenzschicht durchbrechen.

Trotz allem sind die Sperrschichten der Inversionen wirksam genug, daß die Luftmassen in den einzelnen Stockwerken der Atmosphäre sich nur in beschränktem Maße austauschen. So kann beispielsweise der Wasserdampf in der Troposphäre fast nie durch die Tropopause in die Stratosphäre eindringen. Deshalb gibt es in der Stratosphäre und darüber praktisch keine Wolken und keinen Dunst. Durch das Fehlen der vertikalen Luftströmungen gibt es auch dort nur selten Turbulenz, und deshalb herrscht in der Stratosphäre meist ideales Flugwetter. Aus den

Ein besonders ausgefallenes Bild einer Gewitterwolke, die im Zentrum eine gewaltige Masse von Regen abgießt. Das Durchfliegen einer solchen lokalen Gewitterwolke könnte für jeden Sportflieger mit einer Katastrophe enden.

gleichen Gründen auch verbleibt das Ozon größtenteils innerhalb der Stratosphäre. Der obere Teil der Stratosphäre, mit der zunehmenden Temperatur, ist nämlich eine besonders wirksame Sperrzone, da die Inversion sich dort über 25 Kilometer erstreckt.

Auch die Mesopause in einer Höhe von 80 Kilometer ist eine solche Sperrschicht. Dort bleiben die winzigen Reste von Wasserdampf hängen, die sich in den oberen Atmosphärenschichten befinden. So kommt es in dieser Höhe gelegentlich zur Bildung von feinen dünnen Wolken, den berühmten leuchtenden Nachtwolken. Diese seltenen Erscheinungen sind so hoch, daß die Sonne sie noch anstrahlt, wenn sie am Beobachtungsort längst untergegangen ist.

Die Stockwerke der Atmosphäre und ihre Grenzflächen sind in der Natur allerdings nicht so sauber ausgebildet wie in unserer Zeichnung auf S. 102/103. Dazu ist die Atmosphäre als Ganzes nicht stabil genug. Dennoch aber sind die einzelnen Schichten so typisch ausgeprägt, daß ihre Erkenntnis viel zum Verstehen unserer Atmosphäre beigetragen hat.

# DYNAMIK DER ATMOSPHÄRE

Die vertikalen Umschichtungen in der Atmosphäre, verursacht durch die Erwärmung der Erdoberfläche durch die Sonnenstrahlung, werden begleitet durch typische horizontale Verschiebungen von Luftmassen, ebenfalls durch Temperaturunterschiede verursacht. Die horizontalen Luftbewegungen werden durch die Rotation der Erde in typischer Weise abgelenkt. Diese reglos erscheinenden Luftbewegungen ordnen sich jedoch in dem schön organisierten »planetarischen« Windsystem.

Ohne die Kraft des Windes, welcher sich bereits die alten Völker im Segelschiff bedienten, wäre unsere Erde wohl nie richtig entdeckt worden.

Es kommt ganz selten vor, daß die Luft völlig unbewegt ist. Fast immer weht ein Wind, und wenn es nur ein kleines Lüftchen ist. Das können wir an dem Rauch eines Fabrikschornsteins sehen, der fast immer zur Seite abgetrieben wird und nur ganz selten senkrecht hochsteigt. Auch beobachten wir das, wenn wir im Freien rauchen; der Zigarettenrauch wird dann – wenn auch noch so langsam – in irgendeine Richtung fortgeweht. Das »rastlose« Luftmeer ist daher eine sehr treffende Bezeichnung für unsere Atmosphäre.

Wenn die Luft fast immer in Bewegung ist, so müssen wir nach den Kräften fragen, die sie antreiben. Bisher haben wir eine dieser Kräfte bereits ausführlich besprochen; wir haben gesehen, daß warme Luft die Tendenz hat aufzusteigen, während kalte Luft bestrebt ist herabzusinken. Diese Kräfte erzeugen vertikale Luftbewegungen; sie haben ihre Ursache in der Tendenz der Atmosphäre, einen Gleichgewichtszustand herzustellen, wenn er durch eine von der Norm abweichende vertikale Temperaturverteilung gestört ist.

Derselben Tendenz der Luft – nämlich den Gleichgewichtszustand wiederherzustellen – verdanken auch horizontale Luftbewegungen ihren Ursprung. Solche Luftbewegungen nennt man Winde. Sie können aus allen Richtungen wehen, wobei sie im täglichen Leben und auch in der Meteorologie nach der Himmelsrichtung bezeichnet werden, aus der sie wehen.

Wir sagten soeben, daß Winde entstehen, wenn die Atmosphäre bestrebt ist, einen gestörten Gleichgewichtszustand wiederherzustellen. Worin aber besteht diese Störung im Fall der Winde? Bei vertikalen Luftbewegungen bestehen diese Störungen aus vertikalen Temperaturdifferenzen, die von der Norm abweichen, bei horizontalen Luftbewegungen aus Unterschieden des Luftdrucks von Ort zu Ort. Wenn wir gesagt haben, daß der Luftdruck in Seehöhe fast genau eine Atmosphäre beträgt, so war das nur ein Mittelwert. Der genaue Mittelwert beträgt 1,013 Kilogramm oder 1013 Gramm pro Quadratzentimeter. Diese Einheit von Gramm pro Quadratzentimeter hat einen eigenen Namen: man nennt sie »Millibar«. Wenn man nun den Luftdruck an verschiedenen Stellen der Erde mißt, so stellt man fest, daß dieser Mittelwert von 1013 Millibar selten vorherrscht. Meistens liegt der Wert etwas darunter, das heißt einige Prozent, oder auch darüber. Im ersten Fall sprechen wir von einem Tiefdruckgebiet – im zweiten Fall von einem Hochdruckgebiet. Ein Tiefdruckgebiet kann man sich als eine Mulde oder auch als eine langgestreckte Furche im Luftozean vorstellen. An diesen Stellen fehlt in der Tat etwas Luft, wenn man die Luftmenge vom Boden bis an die

Grenze der Atmosphäre betrachtet. Bei einem Hoch ist es gerade umgekehrt: Wir können in ihm einen Berg oder einen langgestreckten Wulst von Luft erblicken. Hier ist also überschüssige Luft, wenn wir den Gesamtbetrag vom Erdboden bis in den Weltraum ins Auge fassen. Solche Hoch- und Tiefdruckgebiete sind in den meisten Fällen durch viele Hunderte, ja sogar Tausende Kilometer voneinander getrennt.

Wir können nun sofort einsehen, daß die Existenz solcher Hoch- und Tiefdruckgebiete einen Zustand kennzeichnet, der von einem Gleichgewicht der Atmosphäre weit entfernt ist. Am besten können wir uns das an einer Wasseroberfläche – wie etwa bei einem See – klarmachen. Stellen wir uns einmal vor, auf einer Seeoberfläche bestünde ein flacher Wasserberg und ein paar Meter daneben eine flache Wassermulde. Jeder weiß, was dann geschehen würde: das überschüssige Wasser in dem Berg würde schleunigst in Richtung auf die Mulde fließen, und nach kürzester Zeit wären die Höhenunterschiede ausgeglichen. Bei diesem Prozeß bewegt sich das Wasser, und es entsteht eine horizontale Strömung, die von dem Berg in Richtung auf die Mulde fließt. Bei der Luft ist es genauso. Von einem Hochdruckgebiet fließt die Luft nach allen Seiten nach außen. Der Meteorologe spricht in diesem Falle von einer »divergenten« Strömung. Beim Tiefdruckgebiet ist es umgekehrt. Dort fließt die Luft von außen nach innen; in diesem Fall spricht der Meteorologe von einer »konvergenten« Luftströmung. Grundsätzlich ist es so, daß die Atmosphäre die Tendenz hat, einmal entstandene Luftberge – das heißt Hochdruckgebiete – abzubauen und einmal entstandene Mulden – das heißt Tiefdruckgebiete – aufzufüllen. Genauso wie bei unserem Beispiel mit dem Wasser entstehen dabei horizontale Luftströmungen, die wir Winde nennen.

Als wir die Stockwerke der Atmosphäre betrachteten, konnten wir ohne größere Mühe aus den Naturgesetzen ableiten, daß sich die Atmosphäre unter dem Einfluß der Sonnenstrahlung in einzelne, voneinander abgeschiedene Etagen aufbauen mußte. Das Bild, das wir dabei entwerfen konnten, war allerdings ein Idealzustand, der in der Natur nicht so sauber realisiert ist wie in unserem Entwurf am Schreibtisch. Dennoch aber gibt es die Stockwerke, und meist zeigen sie auch Eigenschaften, die unserem idealisierten Bild entsprechen. Wenn wir jetzt typische Windsysteme, welche auf unserem Planeten vorherrschen, ins Auge fassen wollen, so wird es uns genauso ergehen. Wiederum unter Anwendung der Naturgesetze, die ihrem Wesen nach leicht zu begreifen sind, wird es uns gelingen, ein planetares Windsystem zu entwerfen, das allerdings auch wieder ein idealisiertes Bild sein wird. Genauso aber, wie auch bei den

Die berühmten Schäfchenwolken gehören zu den reizvollsten Wolkenformationen am Himmel.

Stockwerken der Atmosphäre, wird uns dieses planetare Windsystem wertvolle Hinweise auf das durchschnittliche Verhalten der Atmosphäre geben. Das wertvollste Resultat allerdings wird sein, daß wir wesentliche Züge des irdischen Wetters in den verschiedenen Zonen nach Ursache und Wirkung begreifen können.

Beginnen wir mit einer Betrachtung der Erde in ihrer Stellung zur Tag- und Nachtgleiche, wenn die Sonne senkrecht über dem Äquator steht. Diesen letzten Punkt sollten wir vielleicht etwas genauer präzisieren. Man nennt den Punkt auf der Erdoberfläche, der jeweils senkrecht unter der Sonne steht, den »subsolaren« Punkt. Während der Tag- und Nachtgleiche befindet sich der subsolare Punkt auf dem Äquator, und da sich die Erde von West nach Ost um ihre eigene Achse unter der Sonne vorbeidreht, läuft in der Zeit von 24 Stunden der subsolare Punkt einmal von Ost nach West um den Äquator herum. Dabei sind die Strahlungsverhältnisse so beschaffen, daß in der unmittelbaren Äquatorzone der Erdboden und die Ozeane am meisten erhitzt werden. Die Erdoberfläche heizt dann ihrerseits die Atmosphäre auf, und die erwärmte Luft beginnt nach oben zu steigen. Diese Prozesse haben wir zuvor schon angedeutet. Auch haben wir gesehen, daß aufsteigende Luft der Troposphäre selten die Tropopause durchdringen kann, sondern bei Erreichen dieser kritischen Schicht sich horizontal ausbreitet. Bei der über dem Äquator aufsteigenden Luft ergibt sich nun eine Aufspaltung des vertikalen Luftstromes, und die Luft fließt dann zu etwa gleichen Teilen horizontal nach Norden und nach Süden ab. Dadurch werden in der Äquatorzone Höhenwinde erzeugt, die vom Äquator wegstreben. Die Luft hat sich durch den Aufstieg bis zur Tropopause schon erheblich abgekühlt, und während ihrer Reise vom Äquator weg kühlt sie sich noch weiter ab, da sie ja dauernd Wärme in den Weltraum hinaus abstrahlt. Wenn dann die Luft etwa die 25. Breitengrade auf der Nord- und auf der Südhalbkugel erreicht hat, ist sie so kalt geworden, daß sie zu sinken beginnt. Dabei erreicht die Luft in der Regel beim Sinken den Erdboden und teilt sich dort wiederum in zwei Ströme. Wenn wir uns im folgenden auf die Nordhalbkugel beschränken (auf der Südhalbkugel ereignet sich sinngemäß das gleiche), so fließt ein Teil der Luft, diesmal als Bodenströmung, wieder zum Äquator zurück, während ein anderer Teil, ebenfalls als Bodenströmung, weiter dem Pol zustrebt. Als erstes Ergebnis dieser Betrachtung haben wir demnach eine walzenförmige Bewegung der Luft, am Äquator aufsteigend, dann den Polen zufließend, in der Breite von 25 Grad absinkend und dann am Boden wieder zum Äquator zurückströmend. Dieser Vorgang spielt sich um die ganze Erde herum ab, so

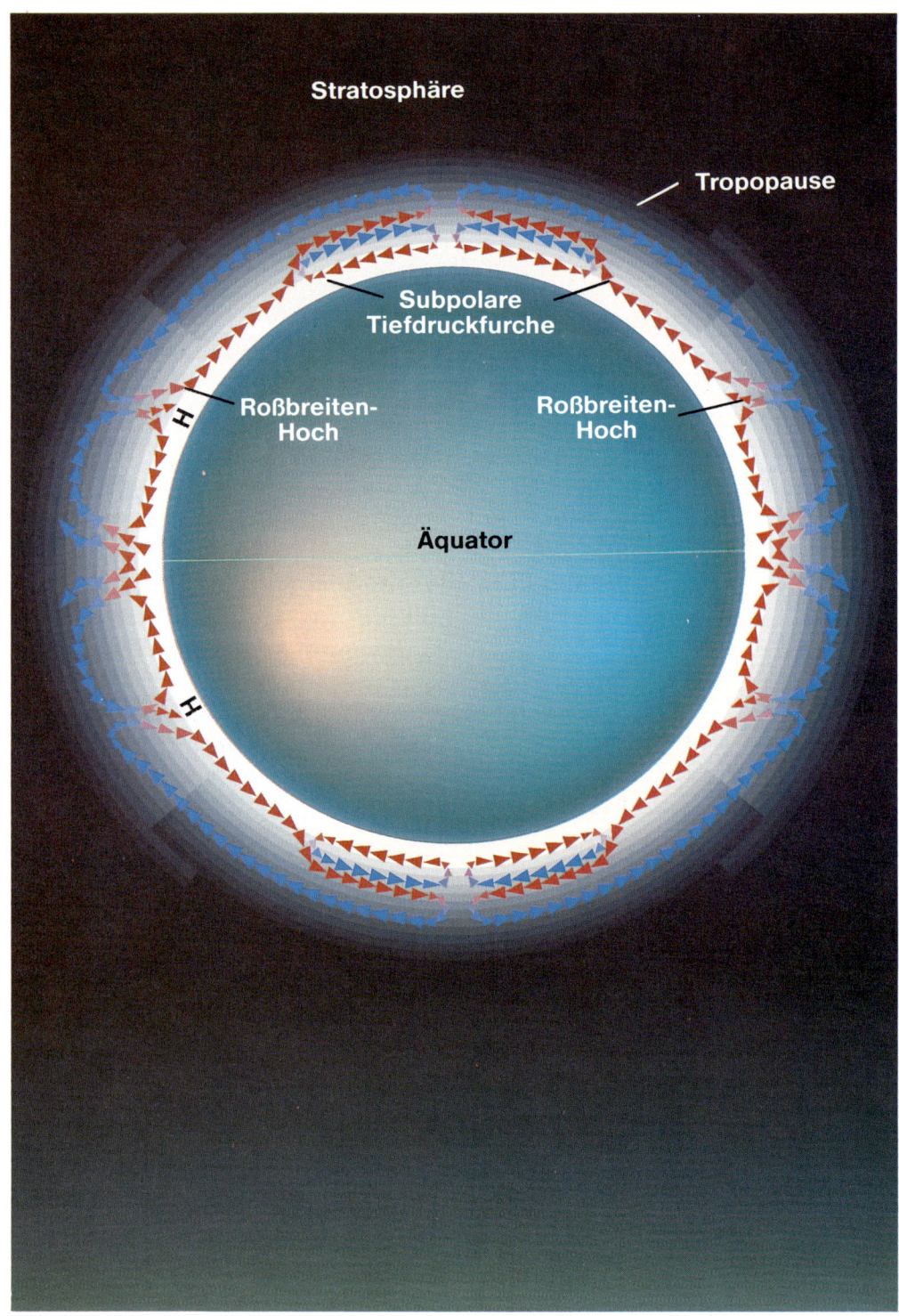

Das sogenannte planetarische Windsystem, schematisch im Querschnitt dargestellt (Pole oben und unten, Äquator waagerecht). Die Darstellung zeigt die »Luftwalzen« der Tropen, die Roß-breiten, die Passatwinde sowie die Boden- und Höhenströmungen in den höheren und höchsten Breiten. Näheres hierzu im Text.

daß diese gewaltigen Luftwalzen in der Form von abgeplatteten Fahrradschläuchen die ganze Erde umspannen (siehe Bild Seite 118).

Nun sprachen wir vorhin davon, daß die Luft das Bestreben hat, von einem Hochdruckgebiet zu einem Tiefdruckgebiet zu fließen. Das ist auch genau das, was wir hier beobachten. Die stets aufsteigende Luft in der Äquatorzone läßt die Luftmassen dort etwas verarmen, so daß eine Tiefdruckrinne entsteht, die für die ganze Äquatorzone um die Erdkugel herum typisch ist. Man nennt sie die innertropische Tiefdruckzone. Da außerdem die Bodenströmung auf sie zufließt, nennt man sie auch die innertropische Konvergenzzone. Umgekehrt entstehen in den Zonen in etwa 25 Grad nördlicher und südlicher Breite – ebenfalls um die ganze Erde herum – mehr oder minder permanente Hochdruckgebiete, da die dort absinkende Luft gewissermaßen einen Überschuß erzeugt. Das uns allen vertraute Azorenhoch gehört zu diesem Gürtel auf der Nordhalbkugel. Von diesen beiden Hochdruckgürteln aus fließt dann die Luft nach Norden und Süden weg, und deshalb nennt man diese beiden Zonen auch die »subtropischen Divergenzzonen«. Auch hat sich ergeben, was wir erwarten mußten: die Luft fließt von den beiden Hochdruckgürteln in den Subtropen zu dem Tiefdruckgürtel am Äquator. Es ist natürlich die Energie der Sonne, welche diese beiden gewaltigen Walzen der Luftströmungen dauernd in Bewegung hält.

In der Seemannssprache hat dieser subtropische Hochdruckgürtel den Namen »Roßbreiten«. Sie waren bei den Seefahrern, als man noch mit Segelschiffen fuhr, sehr unbeliebt, denn in dieser Zone liegen die einzigen Gegenden auf der ganzen Erde, in denen oft wochenlang Windstille herrscht.

Nun gehen wir zu den Polen und betrachten hier lediglich den Nordpol, da für den Südpol sinngemäß das gleiche gilt. Vor allem im Winter, während der Polarnacht, kühlt sich die Luft dort durch Strahlung in den Weltraum sehr stark ab. Auch wird die polare Luft – selbst während der anderen Jahreszeiten – von der Sonne nur schwach erwärmt, wie wir zuvor schon gesehen haben. Die Luft an den Polen hat daher die Tendenz, sich abzukühlen, dichter zu werden und damit ein Hochdruckgebiet sehr kalter Luft zu bilden. Wie bei einem Berg, den man aufschüttet, kommt die Luft an den Rändern schließlich ins Rollen und läuft in Richtung Äquator. Wenn sie den Polarkreis erreicht, hat sie sich langsam so weit erwärmt, daß sie auch aufzusteigen beginnt. Diese aufsteigende Luft ist allerdings noch recht kühl; man kann sie nur im Verhältnis zu den sehr kalten Luftmassen nördlich davon als leicht erwärmt bezeichnen. Sie steigt daher nicht ganz bis zur Tropopause hinauf, sondern bereits in

Satellitenbild der Wüste Sahara und von Arabien als Beispiel für die Ausbildung der Wüstengürtel in den Subtropen in einer geographischen Breite von 20 bis 25 Grad.

Höhen unter 5 Kilometer kehrt sie um und fließt zum Pol zurück, um die abgeflossene Luft zu ergänzen. Wir haben also über den Polarkappen ebenfalls schlauchförmige Windsysteme vor uns, die allerdings lange nicht so mächtig sind wie diejenigen, die wir am Äquator kennengelernt haben. Sie sind flacher und bilden sich meist nur im Winter aus, wenn die Polarkappen sich sehr stark abkühlen. Immerhin befolgen auch die walzenförmigen Wirbel an den Polen dasselbe Gesetz, wonach die Luft von einem Hochdruckgebiet in eine Tiefdruckzone fließt. Die Hochdruckzone liegt dabei im Idealfall direkt über dem Pol; etwa in den Breiten der Polarkreise – dort, wo die Luft rings um die Erde herum wieder aufsteigt – haben wir Tiefdruckzonen, die den Namen »subpolare Tiefdruckfurchen« tragen.

Nun haben wir von den gemäßigten Zonen noch gar nichts gesagt. Sie erstrecken sich von etwa 25 Grad Breite bis etwa 65 Grad Breite. Um bei unserem Bild zu bleiben (siehe Bild Seite 118), müßten wir dort auch eine ähnliche Luftwalze beobachten, da ja in den niederen Breiten die Luft absinkt (Roßbreiten) und in den höheren Breiten die Luft aufsteigt (subpolare Tiefdruckfurche). Die Bodenströmung müßte demnach polwärts fließen und die Höhenströmung äquatorwärts.

Wenn wir das Bild auf Seite 118 betrachten, so ergibt sich ein recht einfaches Schema des planetaren Windsystems, das wir allein auf Grund der Unterschiede der Sonnenstrahlung, welche die einzelnen Zonen der Erde trifft, ableiten können. Das Gesamtbild müssen wir noch ergänzen, da die Höhe der Tropopause, und damit auch die Dicke der Troposphäre, in den verschiedenen Breiten nicht gleich sind. Zuvor hatten wir für die Höhe der Tropopause immer den Durchschnittswert von 11 Kilometer benutzt, das ist auch etwa die Höhe, welche die Tropopause in unseren Breiten besitzt. Die Höhe der Tropopause nun hängt von der Heftigkeit der vertikalen Luftbewegungen in der Troposphäre ab, das heißt von der sogenannten »Konvektion«. Diese ist am Äquator natürlich am größten, so daß die Tropopause dort vielfach eine Höhe von 15 Kilometer besitzt. Auch ist die Temperatur an diesen Stellen niedrig und erreicht Werte bis zu 65 Grad Celsius unter Null. Wenn man zu den Polen fortschreitet, stellt man fest, daß die Tropopause langsam absinkt und über den Polen eine Höhe von nur 9 Kilometer, und manchmal sogar noch darunter, aufweist. Auch ist es dort nicht ganz so kalt: Die Temperatur in der Tropopause über den Polen beträgt oft nur minus 40 Grad Celsius. Wir haben also das erstaunliche Ergebnis, daß die Stratosphärentemperatur über dem Äquator bis zu 25 Grad Celsius niedriger ist als die Temperatur in der Stratosphäre über den Polen. Während der Polarnacht kommt es sogar vor, daß der Unterschied zwischen der Troposphäre und der Stratosphäre an den Polen völlig verschwindet. Wir haben dann sehr kalte und überaus trockene Luft, direkt am Boden liegend, so daß die Stratosphäre dort bereits beginnt. Das ist auch der Grund, weshalb die walzenförmigen Luftwirbel am Äquator sehr viel mächtiger und energiereicher sind als die flachen und oft nur wenig ausgeprägten Luftwalzen an den Polen. Diese Verhältnisse haben wir in unserem Bild auf Seite 118 unten, wenn auch nicht maßstäblich richtig, angedeutet. Wie wir jedoch sogleich sehen werden, haben wir bei dem ganzen bisher entworfenen Bild die Rechnung ohne den Wirt gemacht. Der Wirt ist die Rotation der Erde.

In einer früheren Betrachtung haben wir schon darauf hingewiesen, daß die Rotation der Erde imstande ist, alle Luftströmungen, die nicht genau von Ost nach West oder von West nach Ost laufen, abzudrehen und in völlig neue Bahnen zu lenken. Die Kräfte, die dies bewirken, wollen wir uns jetzt näher ansehen. Um sie zu verstehen, stellen wir uns ein Modell vor und führen mit ihm einfache Experimente durch. Das Modell besteht aus einer flachen Kugelschale, die etwa der Polkappe bis zu einer Breite von 60 Grad entspricht. Die Kugelschale montieren wir auf einen Drehteller, der sich entgegen dem Uhrzeigersinn in Bewegung setzen läßt. Auf das Modell des Nordpolargebietes können wir auch noch die Eismeerküste Asiens, die nördlichen Teile von Kanada, Grönland und Island einzeichnen. Die Luftströmungen, die vor allem in der Polarnacht von den Polen aus südwärts laufen, wollen wir durch kleine Stahlkugeln nachahmen, die wir vom Pol aus die Kugelkalotte herunterlaufen lassen (siehe Bild Seite 123). Solange dieses Modell in Ruhe ist, laufen die Kugeln geradlinig nach Süden und folgen damit genau den Meridianen. Bei ruhender Erde würde es sich demnach um Winde handeln, die genau aus der Nordrichtung wehen. Nun aber setzen wir das Modell in Bewegung. Wiederum lassen wir die Stahlkugeln vom Pol aus die Krümmung der Erde entlang herunterlaufen. Dabei werden wir jedoch feststellen, daß die Kugeln jetzt nicht mehr den Meridianen entlanglaufen, sondern in ihrer Richtung nach Westen abgedreht werden, und zwar immer mehr, je weiter sie sich vom Pol entfernen. Sie beschreiben also gekrümmte Kurven, die nach Westen abdrehen, wobei sie natürlich die Meridiane kreuzen. Da die Erde sich dreht, werden demnach aus Nordwinden Nordostwinde. Je nach der Geschwindigkeit der Kugeln und der Länge der Strecke, welche sie vom Pol ausgehend zurückgelegt haben, können sie so weit umgelenkt werden, daß sie fast zu Ostwinden werden. Der französische Mathematiker und Physiker Gaspard Coriolis hat bereits Anfang des vorigen Jahrhunderts Untersuchungen über solche Ablenkungskräfte in rotierenden Systemen durchgeführt und sie in ihrem Wesen beschrieben. Nach ihm heißen diese Kräfte »Corioliskräfte«.

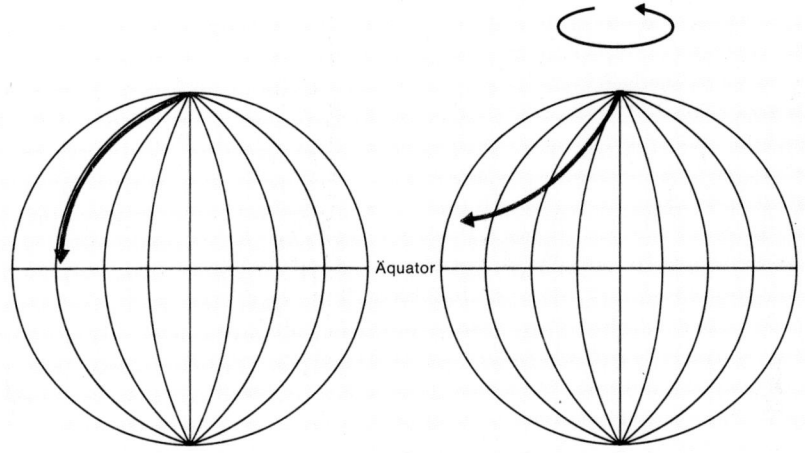

Bei stillstehender Erde würde ein nach Süden abwanderndes Luftteilchen ungestört dem Meridian folgen können (links). Da die Erde jedoch rotiert, wird das anfänglich genau nach Süden strebende Teilchen nach Westen abgelenkt (rechts). Infolge der Kugelgestalt der Erde hat bei ihrer Rotation ein Punkt auf dem Äquator die größte Marschgeschwindigkeit; in Richtung auf die Pole nimmt diese Geschwindigkeit laufend ab.

Diese Corioliskraft lenkt die vom Nordpol kommenden und zunächst genau nach Süden strebenden Winde nach Westen ab und macht aus ihnen Nordost- oder gar Ostwinde. Das kennen wir aus eigener Erfahrung, wenn im tiefsten Winter schneidend kalte Winde oft bis nach Europa hineinfegen. Sie kommen meist aus dem Nordosten oder Osten.

Wenn man das Wesen der Corioliskraft durchdenkt, sieht man sofort ein, daß sie auch bei Winden wirksam sein muß, die vom Äquator zu den Polen laufen. Solche Winde haben wir ja als Höhenwinde in den großen tropischen Luftwirbeln und als Bodenwinde in den zwar weniger ausgeprägten Wirbeln über den gemäßigten Zonen kennengelernt (siehe Bild Seite 118 oben). Hier allerdings erfolgt die Ablenkung nicht nach Westen, sondern nach Osten, wie wir uns leicht überlegen können. Luftmassen, die in Tropopausenhöhe sich über dem Äquator befinden und sich gerade anschicken, nach Norden und Süden abzufließen, besitzen die größte Rotationsgeschwindigkeit, die es auf der Erde überhaupt gibt. Punkte des Äquators drehen sich am schnellsten um die Erdachse, und zwar mit einer Geschwindigkeit von 1666 Kilometer pro Stunde. Diese schnelle Drehgeschwindigkeit nehmen die Luftmassen jetzt mit, wenn sie nach Norden und Süden weglaufen. Dort kommen sie jedoch in Berei-

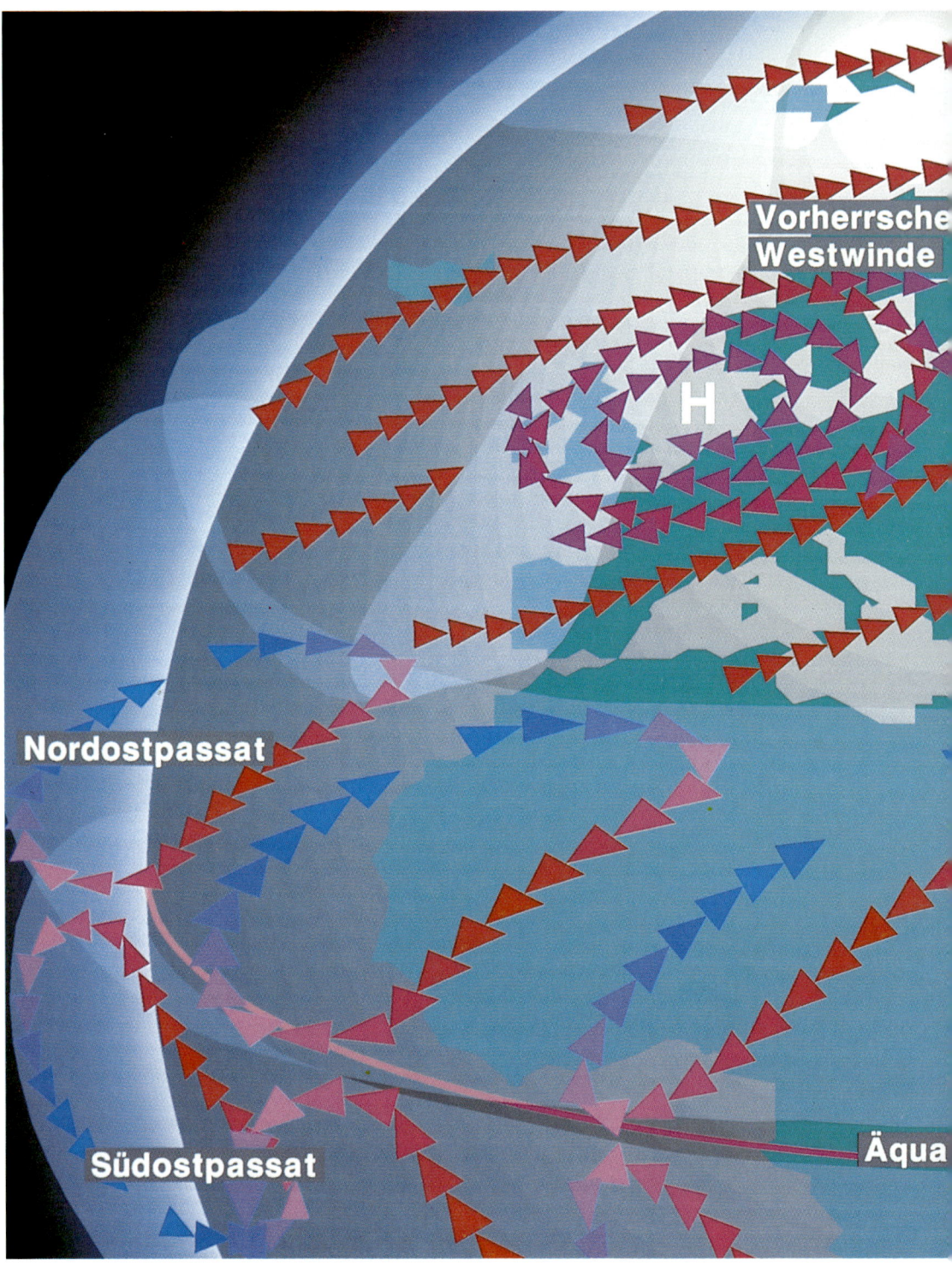

Das planetare Windsystem in perspektivischer Darstellung zeigt die »Walzen« der Tropen, die Roßbreiten, die Passatwinde sowie Boden- und Höhenströmungen in den höheren und höchsten Breiten. Die klassischen Hoch- und Tiefdruckgebiete sind typisch für die gemäßigte Zone und gestalten das europäische Wetter so wechselhaft.

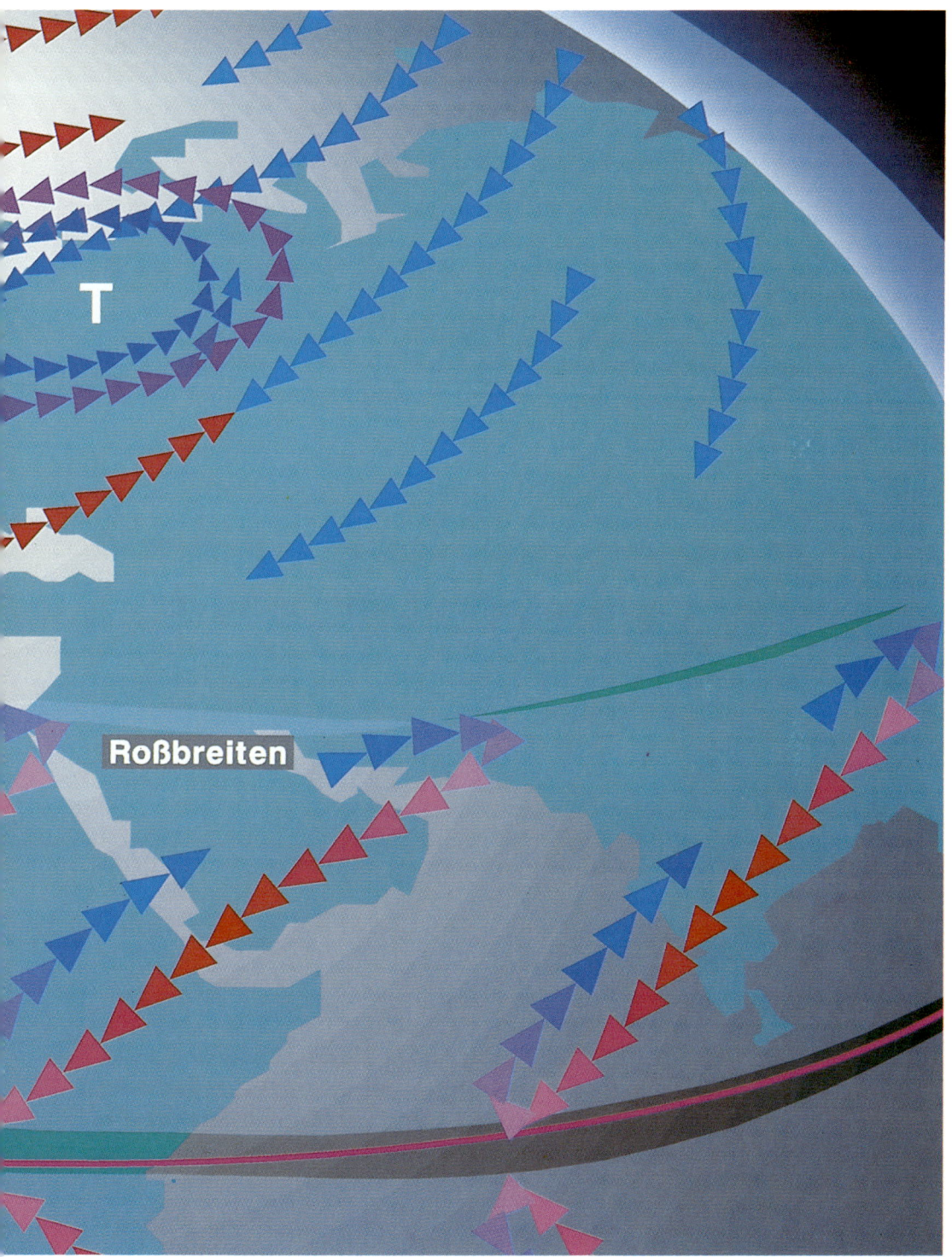

che der Erdkugel, die sich mit geringerer Geschwindigkeit drehen, da ja der Umfang der Breitenkreise nördlich und südlich des Äquators kleiner ist als der Umfang des Äquators selbst. Die Umlaufzeit ist jedoch für alle dieselbe: 24 Stunden. Nun können wir sofort sehen, daß diese Luftmassen – ihre schnelle Drehbewegung vom Äquator noch mitnehmend – der Erdrotation vorauseilen müssen. Sie werden demnach nach Osten abgelenkt, und aus Südwinden werden Südwestwinde und schließlich Westwinde. Für die Südhalbkugel müssen wir sagen, aus Nordwinden werden Nordwestwinde und schließlich ebenfalls Westwinde. Das nun gilt für alle Luftströmungen, die zuerst polwärts fließen.

Daraus können wir jetzt den Schluß ziehen, daß die Höhenwinde in den Äquatorwirbeln nach Nordosten und Südosten wegströmen. Wenn die Luftmassen dann in den Roßbreiten absinken, so haben sie sich an die Drehgeschwindigkeit der Breitenkreise bei 25 Grad angepaßt und sinken senkrecht nach unten. Daher ja auch die Windstille in den Roßbreiten. Von den Hochdruckzonen der Roßbreiten strömt die Luft nun wieder zum Äquator zurück, und jetzt werden sie – von der Corioliskraft – nach Westen abgelenkt. Zwischen der Breite von 25 Grad nördlich und dem Äquator haben wir demnach permanente Winde aus Nordost; in dem Gürtel zwischen 25 Grad südlicher Breite und dem Äquator permanente Winde aus Südost. Wie unser Bild auf Seite 124/125 zeigt, handelt es sich dabei um Bodenströmungen; es sind die berühmten Passatwinde. Seeleute aus der Zeit der Segelschiffe hätten ohne diese Winde ihre erdumspannenden Reisen niemals durchführen können, da die Passate das ganze Jahr hindurch verläßlich wehen. Selbst Kolumbus wäre ohne die Passatwinde die Entdeckung Amerikas nicht auf Anhieb gelungen. Schauen wir einmal auf den Globus. Auf seiner Reise nach Amerika fuhr Kolumbus zunächst die damals bereits gut bekannte Strecke bis an die Westküste des nördlichen Afrika. Von dort aus ließ er sich von dem Nordostpassat in Richtung Amerika treiben und erreichte die noch unbekannte Welt in der Karibischen See, also weit südlich von der Hauptmasse des nordamerikanischen Kontinents.

Vorhin haben wir gesehen, daß ein Teil der in den Roßbreiten abgesunkenen Luft zum Nordpol weiterfliegen will. Sie aber wird nach Nordosten und schließlich ganz nach Osten abgelenkt, da bei höher werdenden Breiten die Geschwindigkeit der Erdrotation immer langsamer wird. Die Luftmassen nehmen jedoch ihre höhere Geschwindigkeit, die sie weiter südlich aufgenommen hatten, noch mit und eilen auch dort der Erdrotation voraus. Für die Südhalbkugel gilt sinngemäß das gleiche (siehe Bild Seite 124/125).

In verschiedenen Landstrichen werden oft längere Trockenperioden durch schwere Gewitter unterbrochen. Für die Pflanzenwelt wäre eine bessere Verteilung des Regens über längere Zeiten hinweg günstiger.

Damit haben wir aus unseren Überlegungen die für unsere Breiten wichtigste Folge ableiten können. Die gesamten Luftmassen der gemäßigten Zonen wälzen sich jahraus, jahrein um die ganze Erde in der West-Ost-Richtung, das heißt im gleichen Sinne wie die Rotation der Erde. Man könnte einwenden, daß ja die Polarströme, die nach Westen abgelenkt werden, ebenfalls in die Luft der gemäßigten Zone eindringen und sie dadurch hemmen oder gar zum Stillstand bringen könnten. Um diese Frage zu beantworten, müssen wir die Druckverteilung längs der Meridiane von den Roßbreiten bis zu den Polen ins Auge fassen. Dabei werden wir feststellen, daß die subpolaren Tiefdruckfurchen vielfach nur sehr schwach ausgebildet sind und in den Luftdruckkarten in Höhen von wenigen Kilometern meist sogar völlig verschwinden. Im Gegensatz hierzu sind die Hochdruckgürtel der Roßbreiten jahraus, jahrein fast ohne zeitliche Unterbrechungen sehr stark ausgeprägt. So herrscht demnach von den Roßbreiten bis zu den Polen zumeist ein ausgeprägtes Durckgefälle, das die Luftmassen polwärts zu treiben bestrebt ist. Die Corioliskraft dagegen lenkt dann diese Bewegungen nach Osten um, und somit haben wir die vorherrschende West-Ost-Drift in den gemäßigten Zonen zu beiden Seiten des Äquators.

Es wäre einmal interessant, eine Gesamtbilanz aller globalen Winde aufzustellen, um über den Verbleib der Luftmassen Auskunft geben zu können. Ein Ergebnis hierzu läßt sich ohne weiteres sofort angeben: die Summen aller Nord- und Südwinde auf beiden Halbkugeln müssen sich genau aufheben. Da es ja keine globalen Winde gibt, welche die gesamte Erdkugel von Pol zu Pol umkreisen, müssen alle Luftmassen, die zu einer Zeit polwärts gelaufen sind, kompensiert werden durch gleich große Luftmassen, die wiederum zum Äquator zurücklaufen. Dies muß so sein, da wir ja keine Luftstauungen permanenter Art am Äquator oder an den Polen beobachten. Bei den West- und Ostwinden ist das anders. Hier beobachten wir in der Tat eine vorherrschende West-Ost-Drift, welche in den gemäßigten Zonen die ganze Erde etwa parallel den Breitenkreisen umschlingt. Luftmassen, die in dieser Drift mitlaufen, können sich daher nach einer Erdumkreisung an der Stelle ihres Ursprungs selbst ersetzen. Solche globalen Umkreisungen von Luftmassen in der Richtung von West nach Ost konnte man als unerwünschte Folgeerscheinungen von Atombomben-Explosionen in der Erdatmosphäre feststellen. Radioaktive Teilchen, die bei solchen Explosionen entstehen, lassen sich auch in sehr geringer Konzentration nachweisen, und so hat man diese schwach strahlenden Staub- und Gaswolken bei ihren mehrfachen Umläufen um die ganze Erde herum verfolgen können.

Das planetare Windsystem, so wie wir es hier unter Benutzung einfacher physikalischer Grundgesetze abgeleitet haben, gibt uns ein recht angemessenes Bild der Wirklichkeit. In der Natur verhält sich die Atmosphäre in der Tat etwa in dieser Weise. Freilich können wir bei einem so beweglichen und kapriziösen Medium wie der Luft nicht erwarten, daß alle diese Luftströmungen mit der Präzision und Sauberkeit ablaufen, wie wir das hier geschildert haben. Wegen der dabei auftretenden Wolken entspricht die Sonneneinstrahlung in den verschiedenen Gebieten der Erde keinesfalls immer dem geometrischen Ideal; die Verteilung von Wasser und Land hat Einflüsse auf die Temperatur- und Druckunterschiede, die wir als die Triebkräfte der großen Luftströmungen des planetaren Windsystems erkannt haben. So gibt es demnach zahlreiche und zum Teil auch erhebliche Abweichungen von unserem Schema. Eines jedoch haben wir erkannt: Unsere Atmosphäre ist wirklich ein rastloses Luftmeer, dessen Bewegungen jedoch den Naturgesetzen folgen. Wenn auch die Schlüsse, die wir ziehen, im Detail von der Wirklichkeit abweichen, so gibt uns das planetare Windsystem eine recht verläßliche Handhabe, die Witterung für die verschiedenen Klimazonen unseres Planeten zu erklären.

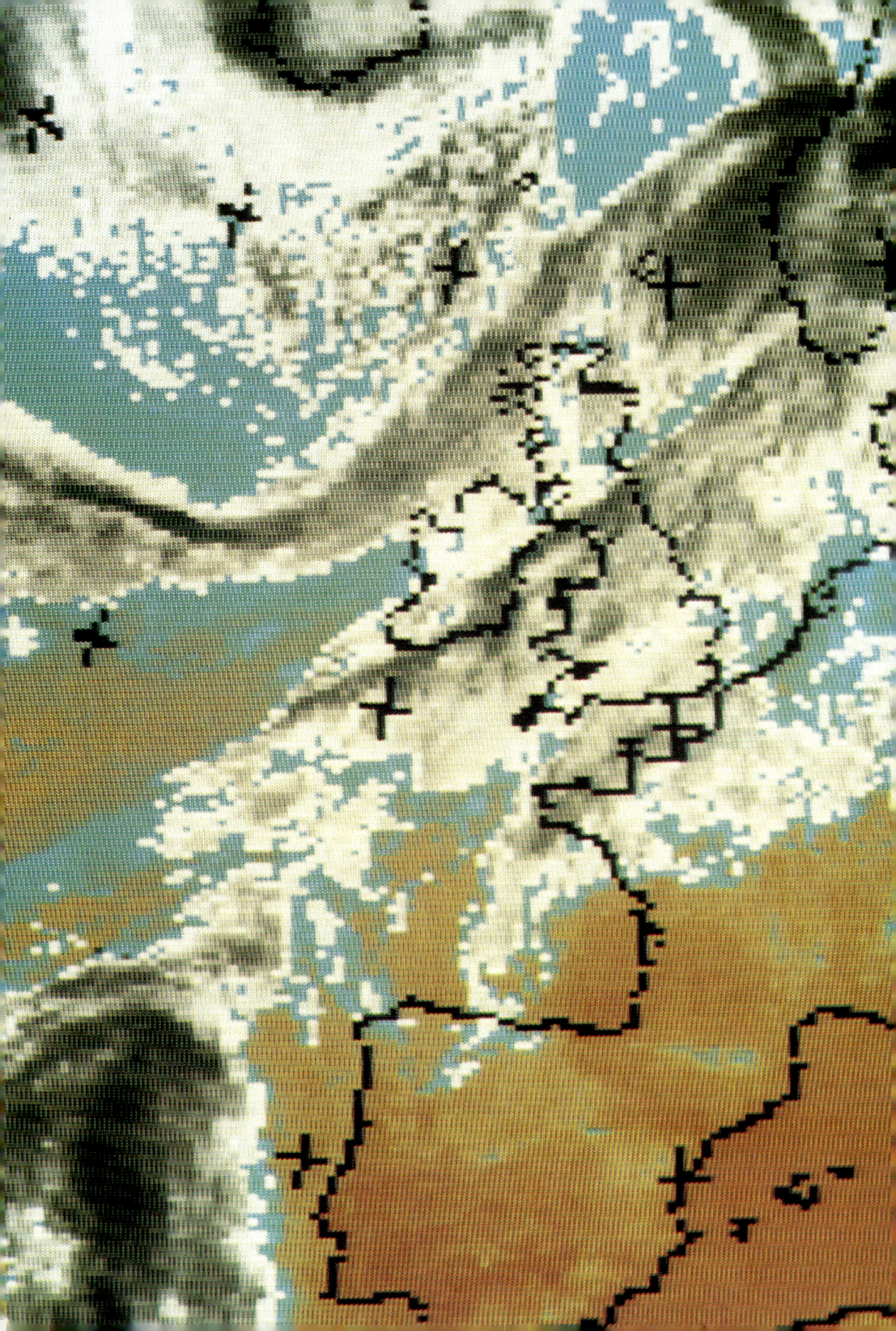

# HOCH UND TIEF

Nicht nur die zuvor beschriebenen Temperaturdifferenzen in der Atmosphäre erzeugen Winde, sondern vor allem auch
die Unterschiede des Luftdrucks von Ort zu Ort. Es gibt die sogenannten
Hoch- und Tiefdruckgebiete. Die Luftmassen in einem Hochdruckgebiet
haben dabei die Tendenz, wie von einem Berg herunterzufließen und in
ein Tiefdruckgebiet wie in eine Mulde hineinzulaufen. Diese Luftverset-
zungen freilich werden auch durch die Erdrotation beeinflußt.

Ein typisches Wettersatellitenbild, das in der modernen Meteorologie zu Wetterprognosen erfolgreich benutzt wird.

Das planetare Windsystem, das wir im vorigen Kapitel beschrieben haben, kann uns auf Grund der physikalischen Gesetze zwanglos Auskunft geben, wie Witterung und Klima in bestimmten Zonen beschaffen sein müssen. Wenn wir noch einmal einen Blick auf das Bild Seite 118 werfen, so sehen wir, daß es fünf ringförmige Streifen gibt, die ganze Erde umspannend –, in denen die Luft entweder ab- oder aufsteigt. In der Nähe der Wendekreise haben wir absteigende Luft, am Äquator und in der Nähe der Polarkreise haben wir Ringe mit aufsteigender Luft. Gleichzeitig haben wir auch gesehen, daß bei absinkender Luft Hochdruckwülste und bei aufsteigender Luft Tiefdruckrinnen entstehen. Mit den beiden Begriffen »Hoch« und »Tief« verbinden wir gutes und schlechtes Wetter im Sinne von klarem Himmel beziehungsweise Bevölkung mit Niederschlägen. Auch haben wir schon mehrfach die Gesetze der Physik angesprochen, die solche Witterungstypen zur Folge haben. Bei absinkender Luft haben wir Verdunstung der Wolken und Sonnenschein, da die Luft sich erwärmt. Aufsteigende Luft, die auch fast immer feucht ist, erzeugt Kondensation und Wolkenbildung, da die Luft sich abkühlt.

Der erste Fall ist bei den Roßbreiten besonders deutlich ausgeprägt. Nördlich und südlich des Äquators wird die Erde von zwei breiten Zonen umgürtet, die sich etwa vom 20. bis 35. Breitengrad nördlich und südlich des Äquators erstrecken. Es sind dies die berühmten Subtropen, in denen fast immer schönes Wetter herrscht. Obwohl es dort gelegentlich recht heiß werden kann, ist die Luft meist dennoch sehr trocken, und die Subtropen gehören zu den angenehmsten Klimaten auf unserer Erde. Kalifornien, Hawaii, die Bahamas und eine große Zahl der paradiesischen Südseeinseln liegen in diesen Zonen. Dort finden sich allerdings auch die großen Wüsten der Erde, die entlang dieser Zone in zwei breiten Gürteln die ganze Erde umschlingen. Auf der Nordhalbkugel sind es die Wüsten von Mexiko und Arizona, in Afrika die Sahara und in Asien die Wüste Gobi. Auf der Südhalbkugel finden wir in diesen Breiten die Pampas von Südamerika, die Kalahari-Wüste Südafrikas und die große australische Wüste.

Nun kommen wir zu den drei Tiefdruckrinnen um die Erde, nämlich am Äquator und an den beiden Polarkreisen. Dort müssen wir mit viel Bewölkung und starken Niederschlägen rechnen. Das ist auch in der Tat der Fall. Am Äquator sind die Nächte meist klar, da ja in den Nachtstunden die starke Erwärmung des Erdbodens und damit der Luft unterbrochen wird. Aber bereits wenige Stunden nach Sonnenaufgang bilden sich Haufenwolken, und gegen Mittag stellt sich sehr starke Turbulenz ein. In der zweiten Hälfte des Nachmittags schließlich hat sich der Himmel mit drohend dicken Regenwolken überzogen, und es folgt dann mit großer Regelmäßigkeit der starke nachmittägliche Regenguß, vielfach begleitet von den berühmten Tropengewittern. So gibt es auf der Insel Java in der Nähe des Äquators einen Ort, in dem pro Jahr im Schnitt etwa 320 Gewitter toben, das heißt praktisch jeden Tag. Längs dieses innertropischen Gürtels erstrecken sich auch die tropischen Urwälder oder Regenwälder von der Art, wie wir sie vom Kongo, von den Sunda-Inseln und Brasilien her kennen. Längs dieses Gürtels gibt es auch Orte, wo jährlich Rekordmengen an Regenfall verzeichnet werden.

Die subpolaren Tiefdruckfurchen in der Nähe der Polarkreise sind ebenfalls durch starke Bewölkung gekennzeichnet. Die Niederschläge sind dort zwar nicht so heftig und regelmäßig wie in den Tropen, dafür aber ist der Himmel fast immer bewölkt, und es wehen unfreundliche, naßkalte Winde. Diese beiden Zonen gehören – zusammen mit den beiden äußersten Polarkappen – zu den unfreundlichsten Klimaten auf unserer Erde.

Das planetare Windsystem ist freilich nicht jahraus, jahrein so an den Äquator und an die beiden Zonen der Breitengrade pro Halbkugel gebunden, wie wir das bisher geschildert haben. Im Sommer der Nordhalbkugel wandert ja die Sonne am Himmel nach Norden, und damit schreitet auch der Gürtel der stärksten Erwärmung bis zum nördlichen Wendekreis. Zu einem recht erheblichen Grad wandert das planetare Windsystem damit nach Norden und ändert auch – vor allen Dingen in der sommerlichen Polarkappe – seinen Charakter. Das gleiche gilt auch für die Südhalbkugel mit umgekehrten Vorzeichen. Aus dem gleichen Grunde verschieben sich auch die Zonen der Trockenheit und des Regenreichtums, und mit diesem Rhythmus sind ja auch in vielen Gegenden der Erde die Regenzeiten und Dürreperioden verbunden, die fast alle Jahre regelmäßig wiederkehren. Während uns das planetare Windsystem über die Klimate, vor allem in den Zonen der Tropen und Subtropen, recht gut Auskunft gegeben hat, so sagt es über die Natur und den Ablauf des Wetters in den gemäßigten Zonen wenig aus. Das liegt in der Hauptsache daran, daß die gemäßigten Zonen – zwischen den Tropen und der Arktis liegend – das Schlachtfeld der Luftmassen darstellen, wo kalte und warme Luftmassen verschiedener Herkunft fast dauernd zusammenstoßen. Dort erzeugen sie gewaltige Wirbel und Strudel, die in der allgemeinen West-Ost-Drift mitlaufen. Auch entstehen dort in regellosen Abläufen die berühmten Hoch- und Tiefdruckgebiete, die mit ihrem Fortschreiten längs der gemäßigten Zone das Wetter dort so verän-

In der Tropenzone um den Äquator herum (s. auch Bild S.118) bildet sich eine Dauertiefdruck-rinne mit sehr regenreichen Wetterbedingungen. Dort gedeihen die Urwälder der Erde mit ihrer ausgefallenen Fauna wie etwa die Kolibris.

derlich gestalten, daß man es heute noch nicht über mehr als zwei oder drei Tage in die Zukunft voraussagen kann.

Dennoch haben die Meteorologen bei diesen Hoch- und Tiefdrucksystemen bestimmte typische Gesetze erkannt, die uns das Wesen dieser für das Wetter so wichtigen Naturerscheinungen besser verstehen lassen.

Was Hoch- und Tiefdruckgebiete eigentlich sind, haben wir schon zuvor mehrfach gesagt. Sie sind meist kreisrund oder elliptisch; gelegentlich auch sind sie langgestreckte Gebilde. Dann spricht man von Hochdruckrücken und Tiefdruckrinnen. Auf einer Wetterkarte kann man die einzelnen Formen und Positionen der Hoch- und Tiefdruckgebiete sofort erkennen, da sie von geschlossenen Linien eingerahmt sind, in deren Zentrum für ein Hochdruckgebiet das Symbol »H« und für ein Tiefdruckgebiet das Symbol »T« steht. Diese Linien nennt der Meteorologe »Isobaren«, das heißt »Linien gleichen Luftdrucks«. Die Isobaren lassen sich leicht zeichnen, wenn man Wettermeldungen von Stationen über ein größeres Gebiet – wie etwa Europa – zur Verfügung hat. Bei diesen Meldungen ist auch immer der Luftdruck angegeben, und man kann nun die Isobaren ohne Mühe zeichnen, indem man alle Stationen, die den gleichen Luftdruck angeben, miteinander verbindet (siehe Bild einer Wetterkarte.)

Die Zentren von Hoch- und Tiefdruckgebieten liegen im Schnitt zwischen 500 und 2000 Kilometer oder noch mehr auseinander. In einem solchen Bereich der Atmosphäre herrscht demnach ein Zustand, der vom Gleichgewicht weit entfernt ist. Wir müssen eigentlich erwarten, daß die überschüssige Luft aus dem Hochdruckgebiet geradlinig auf das Tiefdruckgebiet zufließt, um es aufzufüllen, wobei sich gleichzeitig das Hoch abbaut. Der Endzustand wäre dann gleicher Luftdruck über dem ganzen Gebiet. So einfach jedoch ist es nicht, denn auch hier wieder spielt uns die Corioliskraft einen Streich. Es ist in der Tat so, daß bei einem Luftberg die Tendenz besteht, daß die Luft nach allen Seiten vom Zentrum des Hochdruckgebietes wegfließen will. Die Winde müßten sich daher strahlenförmig ausbreiten. Nun haben wir aber gesehen, daß Winde, die zum Pol gerichtet sind, nach Osten abgelenkt werden, während Winde, die zum Äquator gerichtet sind, nach Westen abgelenkt werden. Die Corioliskraft erzeugt also um ein Hochdruckgebiet einen Windwirbel, der sich im Uhrzeigersinn dreht. Die Luft wird also nicht geradlinig, sondern spiralförmig aus dem Hochdruckgebiet herausgeführt (siehe Bild oben). Bei einem Tiefdruckgebiet ist es gerade umgekehrt; dort hat die Luft die Tendenz – von allen Seiten herbeiströmend –, die Mulde aufzufüllen. Wie das Bild Seite 137 zeigt, kommt nun durch die Wirkung der Corioliskraft ein Windwirbel zustande, der dem Uhrzeiger entgegengerichtet ist. Das ist ein ganz typisches Gesetz, das für alle Hoch- und Tiefdruckgebiete gültig ist, wobei wir nur bedenken müssen, daß die Drehrichtungen für Hoch- und Tiefdruckgebiete auf der Südhalbkugel gerade umgekehrt sind.

Die Corioliskraft verhindert also, daß die Luft geradlinig vom Hoch- zum Tiefdruckgebiet hinüberläuft. Trotzdem findet ein Luftaustausch zwischen benachbarten Hoch- und Tiefdruckgebieten statt, da die vom Hochdruckgebiet spiralig ausströmende Luft schließlich von den Strömungen, die spiralig in das Tief hineinlaufen, erfaßt wird. Es ist jedoch berechnet worden, daß ein Hoch- und Tiefdruckpaar, selbst wenn es sehr ausgeprägt ist, sich gegenseitig binnen 36 Stunden zum Verschwinden bringen müßte. Es war für die Meteorologen lange Zeit ein großes Rätsel, wieso benachbarte Hoch- und Tiefdruckgebiete oft viele Tage – und manchmal bis zu zwei Wochen – nebeneinander beständig sein können. Die Lösung dieses Rätsels hat viel zum Verständnis der komplizierten Vorgänge in der Troposphäre der gemäßigten Zonen beigetragen.

Um die Lösung des Rätsels zu verstehen, dürften wir die Luftbewegungen zwischen einem Hoch- und einem Tiefdruckgebiet nicht nur in Bodennähe betrachten, sondern wir müssen auch die Strömungen in größerer Höhe berücksichtigen. Gleichzeitig auch müssen wir bedenken, daß die Luft in einem Hochdruckgebiet absinkt und über einem Tiefdruckgebiet aufsteigt. Solche vertikalen Bewegungsformen haben wir bereits bei den Luftwalzen zwischen Äquator und den Wendekreisen kennengelernt. Zwischen benachbarten Hoch- und Tiefdruckgebieten bilden sich ebenfalls solche Zirkulationszellen aus. Dabei fließt am Boden die Luft von einem Hochdruckgebiet in ein Tiefdruckgebiet, wobei durch die Einwirkung der Erdrotation die Luftströmungen die typischen Großwirbel erzeugt. In einem Tiefdruckgebiet steigt die Luft dann auf, wobei diese Aufwärtsbewegung dicht unter der Tropopause zum Stillstand kommt. Nun fließt die Luft seitlich weg und bewegt sich zum Hochdruckgebiet zurück, wo sie wieder absinkt. Dabei kehren sich die Vertikalbewegungen dicht unter der Tropopause um. Über dem Tiefdruckgebiet sinkt die Luft ab, und über dem Hochdruckgebiet steigt sie hoch. Die Schicht, in der die vertikalen Luftbewegungen von oben und unten zum Stillstand kommen, nennt man die »Nullschicht«. Dort sind gleichzeitig die waagerechten Windgeschwindigkeiten am größten.

Im idealisierten Fall müssen wir uns ein Tiefdruckgebiet als einen senkrechten Wirbelschlauch vorstellen, bei dem die Drehgeschwindig-

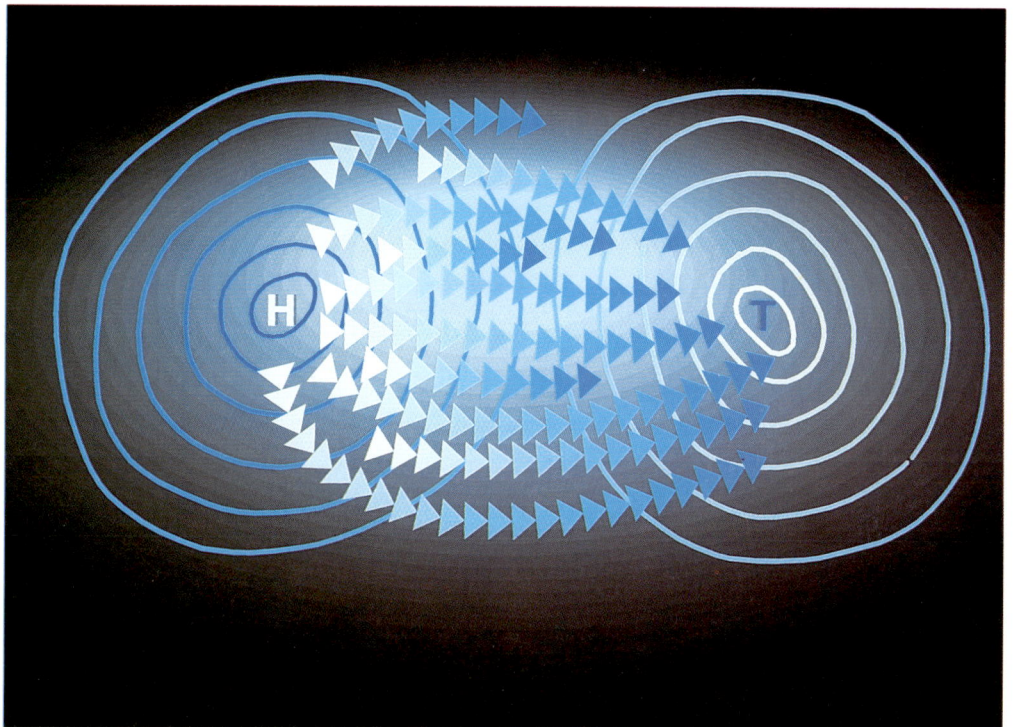

oben: Bei nicht rotierender Erde würde die Luft gleichförmig vom Hoch zum Tief fließen.
unten: Die Coriolis-Kraft der rotierenden Erde lenkt die Luftströmungen typisch ab, so daß
Hochs im Uhrzeigersinn und Tiefs dagegen umlaufen werden.

keit, entgegen dem Uhrzeigersinn, von unten nach oben zunimmt. Am Boden ist wegen der Reibung die Windgeschwindigkeit am kleinsten, so daß die Corioliskraft nicht verhindern kann, daß Luft spiralig in das Zentrum hineinströmt. In der Mitte, das heißt in etwa 5 Kilometer Höhe, ist die Corioliskraft genauso groß wie die Kraft, welche die Luft in das Zentrum hineinzieht. Dort bewegt sich die Luft kreisförmig entlang den Isobaren. Darüber wird die Windgeschwindigkeit und damit die Corioliskraft noch größer, so daß die Luft spiralig ausströmt.

Jetzt verstehen wir auch, wieso ein Tiefdruckgebiet nach seiner Entstehung sich überhaupt verstärken und wie es trotz der Nachbarschaft eines Hochdruckgebietes längere Zeit beständig sein kann. Während das Tiefdruckgebiet entsteht und sich verstärkt, wird in der Nullschicht mehr Luft zum Hochdruckgebiet hinaufgepumpt, als am Boden zurückfließt. Während der Zeit, in der der Luftdruck in beiden Gebieten sich für Tage nicht ändert, ist die Luftzufuhr genauso groß wie die Abfuhr. Erst wenn das Tiefdruckgebiet abstirbt, haben die Luftmassen, die es am Boden auffüllen, das Übergewicht.

Diese wichtigen Erkenntnisse wurden seit jener Zeit gewonnen, als an zahlreichen Wetterstationen in der ganzen Welt mit Hilfe von Wetterballons Luftdruck, Temperatur, Feuchtigkeit und vor allem auch die Winde in Höhen bis zu 30 Kilometer und darüber regelmäßig vermessen worden sind. Die Millionen von Daten, welche die Wetterballons geliefert haben, ermöglichen es den Meteorologen, diese Beziehung zwischen Hoch- und Tiefdruckgebieten zu entwerfen. Meist ist es sogar so, daß ein Hochdruckgebiet mit mehreren Tiefdruckgebieten verbunden ist, da es im Schnitt ungefähr doppelt soviel Tiefs wie Hochs gibt.

Im Besitz dieser Fülle von Meßdaten, die von Ballons in den höheren Schichten gewonnen wurden, gelang es dann, diese Strömungsverhältnisse herauszuschälen. Diese wichtigen Erkenntnisse verdanken wir in der Hauptsache dem deutschen Meteorologen Dr. Heinrich Faust, der auch den Begriff der Nullschicht geprägt hat. Vorstellungen dieser Art haben uns erheblich geholfen, das Wesen von Hochs und Tiefs besser zu begreifen. Ein Problem allerdings blieb noch offen: Woher stammt die Energie, mit der ein Tiefdruckgebiet imstande ist, die Luftmassen in der Nullschicht zum Hochdruckgebiet zurückzupumpen? Luftdruckmäßig führt dieser Weg bergauf und – ebenso wie Wasser – fließt auch die Luft nur bergab. Stellen wir uns ein Aquarium vor, das in der Mitte durch einen senkrechten Schieber in zwei luftdicht abgeschlossene Kammern aufgeteilt ist (siehe Bild Seite 142). In der einen Kammer befindet sich kalte Luft, in der anderen Warmluft. Wird jetzt der Schieber herausgezogen, so vermischen sich die beiden Luftmassen nicht unmittelbar, sondern die kalte Luft schiebt sich unter die warme Luft und nimmt sie gewissermaßen auf die Schulter. Ein Teil der potentiellen Energie wird nun in Bewegungsenergie umgewandelt, die nach oben getragen wird.

Solche Überlegungen hat der deutsche Meteorologe Günther Hollmann angestellt, als ihm des Rätsels Lösung gelang. Ein Tiefdruckgebiet wächst und erhält sich, solange es in seinem Bereich getrennte Massen von Kalt- und Warmluft gibt. Das beobachten wir ja auch bei jedem Tief mit seinen berühmten Warm- und Kaltluftfronten, die sich spiralig nach Süden vom Zentrum aus erstrecken. Diese Energien werden nach oben transportiert. An der Nullschicht jedoch hören die Vertikalbewegungen auf, und knapp unter der Tropopause wird die Bewegungsenergie gewissermaßen an die Decke gequetscht. Sie kann dann nur nach allen Seiten wegströmen, und es ist ausreichende Energie vorhanden, um die Luft zum Zentrum des Hochdruckgebietes hinüberzupumpen. Erst wenn sich die Warm- und Kaltluftmassen in dem Tief ausreichend ausgeglichen haben, versiegt die Energiequelle, und das Tief wird dann langsam von den massen der umgebenden Luft, die natürlich auch zum Teil von dem Hochdruckgebiet stammen, aufgefüllt. In der Nullschicht treten auch jene überschnellen Winde auf, die man Strahlströme genannt hat (jet streams) und die wir zuvor schon angedeutet haben. Man stellt sich ihre Entstehung so vor, daß eine Kette von Tiefdruckgebieten über größere Strecken in West-Ost-Richtung so viel Bewegungsenergie in die Nullschicht hineinpumpt, daß die zusammengepreßte Bewegungsenergie sich in diesen überschnellen, schmalen Windbändern entlädt, die mit der allgemeinen West-Ost-Drift mit Geschwindigkeiten bis zu 400 Stundenkilometer nach Osten rasen. Die Geschwindigkeiten werden auch deshalb so hoch, da die Energie von einer Luft aufgenommen werden muß, die etwa nur ein Viertel so dicht ist wie die am Erdboden.

Tiefs sind meteorologisch gesehen viel interessanter als Hochs, da in ihnen das Wettergeschehen sehr viel variantenreicher ist. Auch sind es ja die Tiefdruckgebiete, wie wir gesehen haben, welche die aktive Rolle spielen, während die Hochdruckgebiete – jedenfalls in der gemäßigten Zone – nur Begleiterscheinungen der Tiefs sind. Die Hochdruckgebiete werden von den Tiefs aufgebaut und aufrechterhalten, und wenn auch das Wetter in ihnen meist sonnig ist, so ist es aber auch recht langweilig. Wettermäßig kann man von ihnen nur noch sagen, daß die Temperatur in ihnen im Sommer höher und im Winter tiefer liegt als der Durchschnitt.

Wie aber entstehen Tiefdruckgebiete? Zuvor schon haben wir die ge-

Wetterballon kurz nach dem Start. Die Nutzlast enthält Wetterinstrumente und einen Sender sowie einen Barometer als Höhenmesser, um Wetterdaten in verschiedener Höhe zur Erde herunterzufunken.

mäßigte Zone als das Schlachtfeld bezeichnet, in dem warme und kalte Luftmassen aufeinandertreffen und ihre Kriege ausfechten. Wenn die Warmluftmassen eine größere Geschwindigkeit haben als die Kaltluftmassen, dann kriechen sie an der kalten Luft empor. Ist die Kaltluftmasse schneller, so schiebt sie sich unter die Warmluftmasse. In beiden Fällen jedoch wird Luft angehoben, und nach oben gerichtete Luftbewegungen werden eingeleitet. Das gerade ist typisch für ein Tief. Man versteht noch nicht im einzelnen, wie es dazu kommt, daß längs einer ausgedehnten Trennungslinie zwischen warmer und kalter Luft gerade an einer bestimmten Stelle sich ein Zentrum bildet und die typische Linksdrehung der Winde zustande kommt. Ist dieser Zustand jedoch einmal eingeleitet, so baut sich das Tief innerhalb von ein bis zwei Tagen selbst weiter auf, da ihm durch die noch weitestgehend getrennten Luftmassen sehr verschiedener Temperatur genügend Energie zur Verfügung steht. Diesen Mechanismus haben wir genauer beschrieben. Je nach der Größe dieser Energievorräte vergrößert sich das Tief immer mehr und kann nach fünf bis sechs Tagen eine solche Mächtigkeit erreicht haben, daß es einen halben Ozean oder einen ganzen Kontinent überdecken kann. Oft freilich bilden sich auch kleinere Tiefs, die gelegentlich als Zwillinge oder Drillinge hintereinander nach Osten treiben.

Im ausgewachsenen Zustand hat ein Tief eine charakteristische Luftmassenverteilung, eine charakteristische Geometrie und typische Bewegungsformen (siehe Bild Seite 45). Das Zentrum des Tiefs ist umringt von Isobaren, und das Tief ist um so heftiger und stärker, je dichter die Isobaren beieinanderliegen. Ein starkes Tief kann man mit einem steilen Trichter und ein schwaches Tief mit einer flachen Mulde vergleichen. Wie wir schon gesehen haben, strömen Winde entgegen dem Uhrzeigersinn spiralförmig in das Tief hinein. In einem bestimmten Reifezustand erstrecken sich vom Zentrum des Tiefs aus nach Süden und dann nach Westen abbiegend die beiden typischen Fronten: auf der Ostseite die Warmfront (auf der Wetterkarte gekennzeichnet durch eine dicke Linie mit kleinen Halbkreisen) und an der Westseite die Kaltfront (Linie mit Dreiecken gekennzeichnet). Dazwischen befindet sich ein spiraliger Keil, in dem sich vor allen Dingen in höheren Schichten erwärmte Luft befindet. Während das Tief in seiner allgemeinen Marschrichtung von West nach Ost fortschreitet, überholt die meist schneller laufende Kaltfront die Warmfront, so daß der Warmluftkeil zwischen den Fronten immer schmäler wird und sich schließlich schließt. Wenn die Warm- und Kaltluftfronten aufeinanderstoßen, entsteht ein Zwittergebilde, das der Meteorologe »Okklusion« nennt (auf Wetterkarten abwechselnd mit

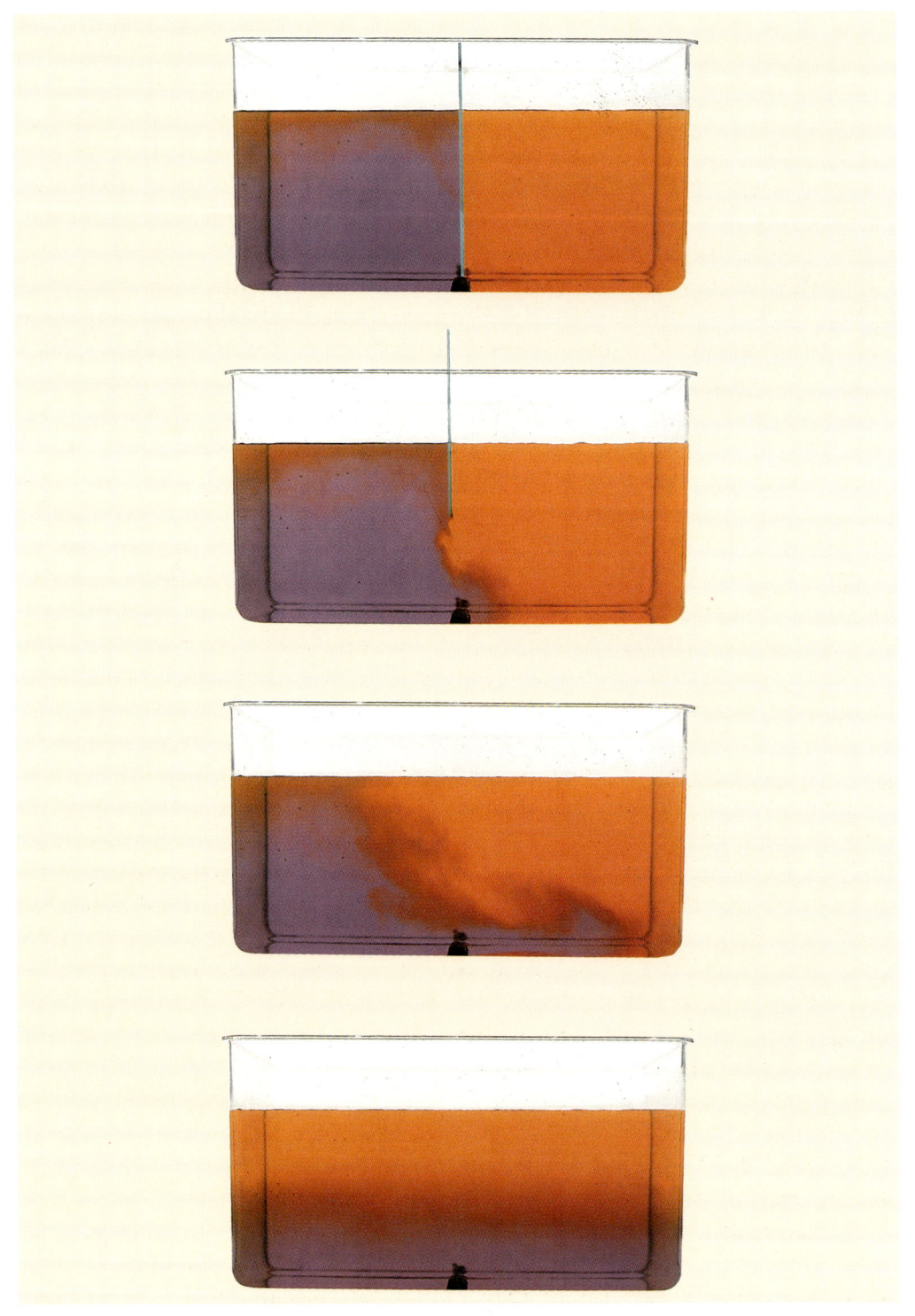

Modellversuch zur Demonstration der Energiequelle von Tiefdruckgebieten. Nebeneinanderliegende warme (rot) und kalte (blau) Luftmassen (hier Wassermengen in einem abgeteilten Aquarium) führen zu Umwandlung von potentieller in Bewegungsenergie. Gleichzeitig kommt es zu aufsteigenden Strömungen – typisch für Tiefs.

Halbkreisen und Dreiecken gekennzeichnet). In diesem Stadium haben sich die Frontlinien im Zentrum entgegen dem Uhrzeigersinn schon bis nach Norden gedreht, so daß der Frontenverlauf eine typische Spiralform annimmt. Diese Spiralform erkennt man besonders schön auf Satellitenbildern von Tiefdruckgebieten, da die Fronten nämlich typisch durch Wolkenbildung und mehr oder minder starke Niederschläge gekennzeichnet sind. Diese Fronten oder Tiefdruckausläufer nun sind die Bereiche des Schlechtwetters. Wie nun kommt das zustande, was wir Schlechtwetter nennen? Da die Tiefs mit der allgemeinen West-Ost-Drift entlangtreiben, überstreichen die Fronten einen Beobachter an einem festen Ort meist aus Westen, Südwesten oder Nordwesten kommend. Nur selten kommen Tiefs und ihre Ausläufer aus östlicher Richtung. Die Winde wehen entsprechend der Drehrichtung des Tiefs aus Südwesten. Über dem Beobachter herrscht klarer Himmel, an dem typische Schönwetterwolken schweben. Es sind dies Kumuluswolken, meist in einer Höhe von ein bis zwei Kilometer. Sie entstehen durch kleine und nicht sehr heftige Austriebsschläuche, welche die Sonne von dem erwärmten Boden aufsteigen läßt. Wenn sich die Front nähert, so erscheint am Himmel über dem Beobachter eine feine milchige Dunstschicht in großen Höhen. Die Entstehung dieser dünnen hohen Wolkenschicht – und genauso die Wolkenarten, die beim Durchzug der Warmfront nacheinander auftreten – können wir am besten von dem Querschnitt der Front auf Seite 144/145 ablesen. Diese Wolken verdanken ihre Existenz der Tatsache, daß warme Luft von links nach rechts an der kühleren Luft wie an einem flachen Abhang emporgleitet. Dabei muß die Luft klettern, und die äußersten Vorreiter bilden dann die milchige Dunstschicht und die feinen Cirruswolken in großen Höhen. Diese sind schon seit langem als recht verläßliche Vorboten schlechten Wetters bekannt. Da die Wolken sich längs der schrägen Trennfläche zwischen der aufgleitenden wärmeren und der darunterliegenden kühleren Luft bilden, sinken sie langsam in der Höhe ab und werden gleichzeitig auch dichter. Die herannahende Warmfront macht sich jetzt deutlich bemerkbar. Zunächst haben wir Schäfchenwolken in mittleren Höhen, etwa 2,5 bis 5 Kilometer hoch, die sich dann zu einer dichten Wolkenschicht (Altostratus) schließen. Die Sonne ist verschwunden. Bei weiterem Vorrücken der Front senken sich die Wolken noch tiefer herab, werden dichter und dunkler, und es beginnt zu regnen. Je nach der Dichte dieser Nimbusschicht – wie man die Regenwolken nennt – und auch in Abhängigkeit von der Geschwindigkeit, mit der die Front fortschreitet, regnet es mehrere Stunden oder vielleicht gar einen ganzen Tag oder eine ganze Nacht. Der Re-

Zeichnerische Darstellung einer Warmluftfront. Marschrichtung der Front von links nach rechts. (Einzelheiten s. Text.)

145

Zeichnerische Darstellung einer Kaltluftfront. Marschrichtung der Front von links nach rechts. (Einzelheiten s. Text.)

gen ist stetig, gleichmäßig und nicht allzu heftig. Nach dem Durchzug der Warmfront hebt sich die untere Wolkengrenze etwas an, es hört auf zu regnen, und die Wolkenschicht reißt an manchen Stellen sogar auf, so daß für kurze Zeiten die Sonne scheint. Es ist aber noch dunstig, und dünnes Gewölk hängt immer noch am Himmel.

Es nähert sich nun die Kaltfront. Ist der Raum zwischen beiden Fronten, in dem sogenannten Warmluftkeil, groß genug, so haben wir zwischen den Fronten ein wolkenarmes und niederschlagfreies Gebiet. Lediglich im Winter ist der Warmluftkeil meist mit einer niedrigen, dünnen Wolkendecke überzogen. Bei der nun herannahenden Kaltluftfront laufen die Ereignisse sehr viel heftiger und vor allen Dingen in den warmen Monaten sehr viel dramatischer ab. Die kalte Luft der Front schiebt sich nämlich unter die warme Luft und drückt sie wie ein Bulldozer gewaltsam nach oben. Dort setzt dann sehr heftige Kondensation ein. Es bilden sich dicke Haufenregenwolken (Cumulonimbus), aus denen dichte Regengüsse herabstürzen. Längs der ganzen Front entstehen an dieser Stelle vielfach auch heftige Gewitter, die sich wie Perlen an einer Schnur an der Front entlangziehen. Bei besonders kräftigen Kaltfronten bilden sich oft bedrohlich aussehende Wolkengebirge, und es ist in der Tat ratsam, diese mit einem Flugzeug lieber zu umfliegen oder zu überfliegen, als sich in sie hineinzuwagen. In dieser Turbulenzzone reißt das Wolkengebirge vielfach auf, und klarer blauer Himmel bei wunderbarer Fernsicht kommt zum Vorschein. Die ist das bekannte Rückseitenwetter.

Mit ihren Fronten sind also die Tiefs die Hauptgestalter des Wetters in unseren Breiten. Aber auch in ihren weit ausgreifenden Einzugsgebieten sind die Tiefs zusammen mit den Hochs wetterbestimmend. Östlich eines Tiefs wird entsprechend der Drehrichtung vielfach warme Luft aus dem Süden herangezogen. Dasselbe ereignet sich auf der Westseite eines Hochdruckgebietes. Umgekehrt führen die Westseiten eines Tiefdruckgebietes oft kalte und feuchte Luft aus dem Norden heran. Ein Gleiches bewerkstelligen Hochdruckgebiete auf ihrer Ostseite. Diese aus fernen Gebieten herangeführten Luftmassen bringen freilich ihre wettergestaltenden Eigenschaften mit, so daß gutes Wetter nicht immer auf die Hochdruckgebiete und Regenwetter nicht immer auf den Durchgang von Fronten beschränkt sein müssen.

Den Meteorologen ist es gelungen, in den letzten 50 Jahren diese Vorgänge wenigstens so weit zu durchschauen und zu begreifen, daß Wetterprognosen für die nächsten zwei bis drei Tage heute einen recht hohen Grad von Verläßlichkeit haben. Vor allem können sie sich dabei auf die Höhenwetterkarte stützen, die sie täglich aus Ballonmessungen zusammenstellen. Die Strömungsverhältnisse in diesen Höhen lassen eine ziemlich verläßliche Prognose zu, da sie nicht so sehr durch die Unebenheiten am Boden gestört und verwirbelt werden.

Seitdem die wissenschaftliche Meteorologie die Natur der Hochs und Tiefs im wesentlichen geklärt hat, ist es auch begreiflich geworden, auf welche Weise die beiden wichtigsten Triebkräfte – Sonnenstrahlung und Erdrotation – unser Wetter in der gemäßigten Zone gestalten.

# KLIMA, WETTER UND LEBEN

Als Luftwesen sind wir in unserem Wohlbefinden, ja sogar in unserer Gesundheit sehr stark abhängig. In besonders heißen und feuchten Klimaten sowie in überaus kalten Klimaten fühlen wir uns nicht so recht wohl. Sodann sind wir ja durch die Veränderlichkeit des Wetters oft heftigen Wechselzuständen unterworfen, die besonders anfällige Menschen vielfach zu schaffen macht. Für dieses Thema gibt es eine eigene Wissenschaft: die Bioklimatologie.

Beim Herannahen des Föhns – einer von wetterfühligen Menschen besonders gefürchteten Wetterlage – bilden sich in größeren Höhen über dem Nordalpenrand oft typische Wolkenfronten.

Meine alte Narbe juckt – das Wetter wird sich ändern!« – »Ich bekomme Kopfschmerzen – es naht bestimmt ein Tief!«

Wer hat solche Aussprüche nicht schon gehört oder den Einfluß des Wetters auf sein Wohlbefinden nicht schon am eigenen Leibe verspürt? Es kann kein Zweifel daran bestehen, daß es so etwas wie eine »Wetterfühligkeit« gibt. Schon Hippokrates, der Vater der Heilkunst, hat allen Ärzten geraten, Meteorologie zu studieren. Man darf sich nicht darüber wundern, daß der Mensch zusammen mit allen Wesen, die am Boden des Luftmeeres leben, mit seinem Wohlbefinden und seiner Gesundheit von der Luft abhängig ist und von den Änderungen ihres Zustandes beeinflußt wird. Diese Abhängigkeit von dem Medium, in dem wir leben, ist bei Luftwesen ja auch zu erwarten.

Allerdings begeben wir uns damit auf ein Gebiet, daß sich einer streng wissenschaftlichen Erforschung zwar nicht entzieht, aber dennoch von jedem Wissenschaftler mit Vorsicht und Selbstkritik angepackt werden muß. Es liegt auf der Hand, daß Einzelfälle, auch wenn sie sich gelegentlich häufen, noch keine Beweisgrundlage bilden. Nur umfangreiche Versuchsreihen mit einer großen Zahl von Beobachtungen – über längere Zeiträume sich erstreckend und mit den Mitteln der mathematischen Statistik ausgewertet – können uns bündige Erkenntnisse bringen. Das Wissenschaftsgebiet, das sich mit Untersuchungen dieser Art befaßt, hat einen eigenen Namen: »Bioklimatologie«. Wie bei vielen Grenzgebieten, vor allem wenn der Mensch mit seinem Schicksal und seiner Gesundheit betroffen ist, gibt es auch auf diesem Gebiet viel Aberglauben, Scharlatanerie und hartnäckige Irrlehren; es ist schwierig, hier die Spreu vom Weizen zu trennen.

Eine Reihe von Schlußfolgerungen über die Einwirkung des Klimas auf den Menschen liegt freilich auf der Hand. Sehr heiße und sehr kalte Klimate müssen auf die Dauer eine ungünstige Wirkung auf den Menschen haben, denn in ihren extremsten Formen führen sie zu echten Schäden, wie etwa zum Hitzschlag oder zu Erfrierungen. Die ältesten Untersuchungen und die sichersten Ergebnisse auf diesem Gebiet betreffen daher Klimate und ihre Auswirkungen auf das Leben.

Die Tropen und die Subtropen werden heiße Klimate genannt. Dabei stellt sich heraus, daß man die Wirkung eines heißen Klimas auf den Menschen, sein Wohlbefinden und seine Gesundheit mit dem Thermometer allein nicht messen kann. Es kommt dabei nämlich nicht nur darauf an, wie hoch die Lufttemperatur ist, sondern auch darauf, wie feucht die Luft ist. Jeder weiß aus eigener Erfahrung, daß zwischen schwüler und trockener Hitze – selbst bei gleicher Lufttemperatur – ein ganz gro-

Die Antarktis ist fast zur Gänze mit einem riesigen 1–2 km dicken Eispanzer bedeckt. Sie ist der einzige Kontinent, der sich noch in seinem Urzustand befindet.

ßer Unterschied besteht.

Atmosphärische Luft enthält immer eine gewisse Menge von Feuchtigkeit, und zwar in der Form von Wasserdampf. Der Wasserdampf selbst ist völlig unsichtbar, und wenn wir von Dunst, Nebel und Wolken sprechen, dann handelt es sich bereits um Feuchtigkeit, die sich bei Abkühlung in winzige Tröpfchen oder kleine Schneekristalle kondensiert hat. An dieser Stelle wollen wir nur von dem Wasserdampf reden, den ein Luftkörper als echten Dampf enthalten kann. Es gibt nämlich ganz genaue Grenzen, die von der Temperatur abhängen. Je höher die Temperatur der Luft ist, desto mehr Wasserdampf kann die Luft enthalten, ohne daß Kondensation eintritt. So kann beispielsweise ein Kubikmeter Luft bei einer Temperatur von 10 Grad Celsius insgesamt 9,3 Gramm in Dampfform aufnehmen, bei 20 Grad Celsius sind es bereits 17,2 Gramm. Wenn ein Luftkörper seiner Temperatur entsprechend das Maximum an Wasserdampf enthält, so nennt man ihn »feuchtigkeitsgesättigt« oder kurz »gesättigt«. Wenn nun ein Luftkörper von 20 Grad Celsius nur 8,6 Gramm Wasser enthält, so entspricht das der Hälfte dessen, was der Luftkörper dieser Temperatur aufnehmen könnte. Man sagt daher, daß seine relative Feuchtigkeit 50 Prozent beträgt. Wenn man nun den Luftkörper von 20 Grad Celsius auf 10 Grad Celsius abkühlt, dann steigt seine relative Feuchtigkeit, auch wenn der absolute Dampfgehalt gleichbleibt. Der Körper enthält dann 8,6 Gramm pro Kubikmeter gegenüber 9,3 Gramm, die er maximal aufnehmen kann. Seine relative Feuchtigkeit beträgt demnach 92,5 Prozent. Man bräuchte nun den Luftkörper nur noch etwa um ein weiteres Grad abzukühlen, um Sättigung und dann sogar Kondensation zu erzielen. Diese Verhältnisse kann man sich sehr schön vorführen, wenn man beim Reinigen einer Brille die Gläser anhaucht. Die ausgeatmete Luft ist bei einer Temperatur von 37 Grad Celsius gesättigt, so daß schon bei einer geringen Abkühlung – wie etwa beim Auftreffen auf das kühlere Brillenglas – Kondensation eintritt.

Es hat sich nun herausgestellt, daß für das Wohlbefinden nicht die absolute Feuchtigkeit maßgebend ist, sondern die relative Feuchtigkeit. Zusammen mit der Temperatur gibt die relative Feuchte ein Maß für die klimatische Verträglichkeit von verschiedenen Luftmassen. Die Verhältnisse lassen sich in einem Diagramm darstellen (siehe Bild Seite 158), in dem der sogenannte Behaglichkeitsbereich angegeben ist. Auf der waagerechten Achse ist die relative Feuchtigkeit, auf der senkrechten Achse ist die Temperatur aufgetragen. Jeder Punkt der nun entstandenen Fläche kennzeichnet einen bestimmten Luftkörper von gegebener Temperatur und gegebener relativer Feuchte. Alle Punkte, die im schraffierten

Die Wüstenlandschaften sind ein echtes Gegenbild zu den Eislandschaften der Antarktis – hie Sand und hie Eis – mit einem Temperaturunterschied von bis zu 80 ° C.

Bereich liegen, charakterisieren Luftkörper, in denen wir uns wohl fühlen. Die offenen Bereiche außerhalb der schraffierten Fläche kennzeichnen Luftkörper, in denen wir uns unbehaglich fühlen. Ist die Temperatur bei hoher Feuchte selbst hoch, so bezeichnen wir die Luft als schwül, ist die Temperatur bei hoher Feuchte niedrig, so bezeichnen wir sie als naßkalt. Das wichtigste Ergebnis für die Verträglichkeit hoher Temperaturen in den Tropen allerdings läßt sich aus der Graphik sofort ablesen. Wir empfinden die recht hohen Temperaturen keineswegs als unangenehm, wenn die Luftfeuchtigkeit sehr gering ist. Diese Verhältnisse liegen vielfach in den Subtropen vor; in den Wüstengegenden gibt es eine ganze Reihe weltberühmter Luftkurorte wie Palm Springs in Kalifornien und Tucson in Arizona. Dort erreicht die Lufttemperatur in den Nachmittagsstunden oft mehr als 40 Grad Celsius im Schatten. Die Hitze wird jedoch bei einer Luftfeuchte von 10 Prozent und darunter nicht als unerträglich empfunden.

Das trocken-heiße Klima der Subtropen kann allerdings auch unerbittlich sein, wenn ihm der Mensch schutzlos und ohne reichliches Trinkwasser ausgeliefert ist: in der Wüste droht der Dursttod bereits nach zwei bis drei Tagen oder noch weniger.

Innertropische Klimate – wie etwa in Brasilien oder in den Monsungebieten Südasiens – sind meist sehr unangenehm, auch wenn die Lufttemperatur dort nur 30 Grad Celsius beträgt – allerdings bei einer Luftfeuchtigkeit von über 90 Prozent. Der Grund für die Verträglichkeit trocken-heißer Klimate liegt darin, daß wir bei der großen Trockenheit der Luft die Körperwärme durch Verdunstung durch die Haut niedrig halten können. Man hat gemessen, daß ein erwachsener Mensch in solchen Klimaten bis zu einem Liter Wasser pro Stunde verdunstet, wobei er noch nicht einmal schweißnaß zu werden braucht. Den Wärmeentzug durch Verdunstung in solch heiß-trockener Luft empfindet man sehr stark, wenn man dort einem Schwimmbecken entsteigt. In den ersten paar Minuten wird der Haut durch Verdunstung so viel Wärme entzogen, daß man bei 40 Grad Celsius im Schatten fröstelt.

In feuchtheißen Klimaten geht die Verdunstung sehr viel langsamer vor sich, da bei hoher prozentualer Luftfeuchtigkeit zusätzlicher Wasserdampf – wie etwa von der schweißbedeckten Haut – von der Luft nur sehr zögernd aufgenommen wird. Daher kommt es in solchen Klimaten leicht zu einer Wärmestauung, die zu dem kritischen Zustand eines sogenannten Hitzschlages führen kann. Auch in unseren Breiten sind Hitzschläge an heißen und schwülen Sommertagen keine Seltenheit. Die Symptome sind Übelkeit bis zum Erbrechen, Störungen in Atmung und

Kreislauf und Reizerscheinungen im Gehirn. Der betroffene Patient muß schleunigst mit allen Mitteln abgekühlt werden: für eine kühle Umgebung im Schatten, kalte Waschungen und Verabreichung von kühlen Getränken ist zu sorgen.

Bei extrem kalten Klimaten kommt es darauf an, daß man sich vor Unterkühlung schützt und selbstverständlich Erfrierungen vermeidet. Bei sehr naßkalter Luft und bei Nebel treten leicht Reizungen oder Erkrankungen der Atemwege auf; es handelt sich hier um Luftkörper mit hundertprozentiger Luftfeuchtigkeit, bei denen sogar der Taupunkt zum Teil weit unterschritten ist. Wie kommt es überhaupt zur Nebelbildung?

Die häufigste Form des Nebels sind die Wolken, die wir nur dann Nebel nennen, wenn wir uns in den Bergen oberhalb der Wolkengrenze befinden. Bodennebel entsteht, wenn sehr feuchte Luft, die schon dicht an der Sättigungsgrenze liegt, über kühlen Boden hinwegstreicht und sich dabei noch stärker abkühlt. Es sind dies die bekannten Herbstnebel, oft noch verstärkt durch die Verdunstung von wärmerem Wasser in Seen, Flüssen und Mooren. Auch der Seenebel hat diese Ursache. Wenn er an Land geweht wird, löst er sich bald auf. In den frühen Abendstunden und während der Nacht bildet sich oft der sogenannte Strahlungsnebel, der entsteht, wenn bodennahe Luftkörper unter völlig klarem Himmel sich durch Strahlung so stark abkühlen, daß der Taupunkt unterschritten wird. Gegenden, in denen die Bedingungen zur Nebelbildung häufig sind, werden als klimatisch unfreundlich empfunden, was auch auf die Stimmung der Menschen meist keinen guten Einfluß hat. Dunst und Nebel werden gelegentlich in der Luft von Großstädten zu einer echten Gefahr für Hygiene und Gesundheit, wenn die Luft noch mit den Abfallprodukten der modernen Zivilisation verpestet wird. Die Hauptschuldigen dabei sind die giftigen Abgase der Industrie und die ebenfalls giftigen Auspuffgase der Automobile. Es kommt dann zur Bildung einer sogenannten Dunstglocke, die oft tagelang eine Stadt oder ein größeres Gebiet einhüllt und erst nach entscheidenden Wetteränderungen fortgeblasen wird. Mit den Abgasen und mit der Erzeugung von Rauch und Staub bewirkt es der Mensch, den Luftzustand über einer Großstadt so zu verändern, daß eine natürliche Zerstreuung der Abfallprodukte stark behindert wird. Es bildet sich dann vielfach eine Inversion. Darunter versteht man ja – das haben wir zuvor gesehen – eine Störung in der natürlichen Temperaturabnahme mit der Höhe, wobei die Temperatur von einer bestimmten Grenzschicht an nach oben entweder gleichbleibt oder sogar wieder zunimmt. Die mit Rauch und Staubteilchen angereicherte

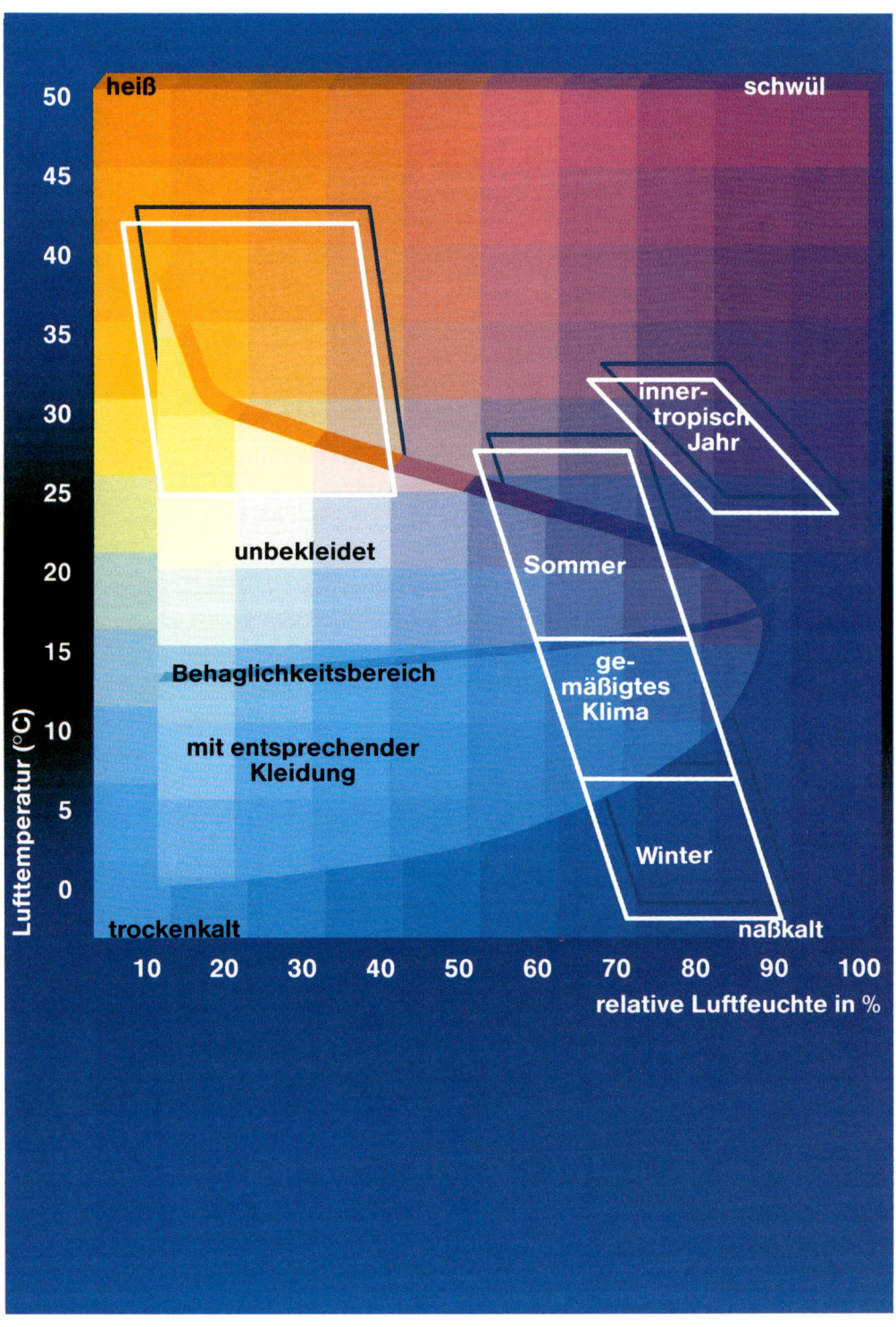

Schematische Darstellung des klimatischen Behaglichkeitsbereiches, schraffiert (nach Professor W. Höfler). Jeder Punkt der Fläche entspricht einer Kombination von Lufttemperatur und relativer Luftfeuchte. Der Behaglichkeitsbereich kann durch entsprechend warme Kleidung nach unten recht weit ausgedehnt werden.

Luft über einer Großstadt hat die Eigenschaft, mehr Wärme in den Weltraum auszustrahlen als reine Luft. Dadurch wird sie an der Obergrenze kühler, während die klare Luft darüber ihre Temperatur beibehält. Wenn sich über der Dunstschicht erst einmal eine Inversion gebildet hat, dann verstärkt sie sich immer mehr. Inversionen jedoch – auch das haben wir gesehen – unterdrücken vertikale Luftbewegungen, so daß die verschmutzten und vergifteten Luftmassen in der Dunstglocke wie unter einem Deckel abgeschlossen sind. Da die Inversion sie daran hindert, nach oben zu entweichen, verdichten sich die giftigen Gase und die anderen Abfallprodukte in der Dunstglocke gelegentlich so stark, daß sie die Gesundheit gefährden. Den Dunst selber nennt man gelegentlich auch »Smog«, nach einer in Los Angeles erfundenen Bezeichnung, einer Kombination der Worte »smoke« (Rauch) und »fog« (Nebel). Der Los Angeles-Smog ist der Prototyp der Großstadt-Dunstglocke, die seit dem letzten Jahrzehnt fast alle Großstädte plagt. Wenn man bei einer solchen Inversionslage den Flughafen einer Großstadt anfliegt und dabei langsam an Höhe verliert, erreicht man schließlich das Niveau der Inversion. Dann kann man deutlich sehen, wie der graubläuliche Dunst – wie mit einem Messer waagerecht abgeschnitten – über der Stadt liegt. Darüber ist völlig klare und reine Luft. Bei ausgesprochenen Smoglagen klagen die Großstädter über Brennen und Tränen der Augen, über Hustenreiz und angegriffene Atemwege. Die Zahl der Todesfälle steigt bei solchen Smoglagen deutlich an; die Londoner erinnern sich noch an eine besonders schlimme Periode vor einigen Jahren, in der mehrere tausend Menschen dem »killer-fog« zum Opfer gefallen sind.

Zuvor haben wir gesehen, daß man die Atmosphäre in Stockwerke einteilen kann. Als unterste Etage haben wir dabei die Troposphäre angenommen, welche die Meteorologen und Bioklimatologen noch feiner unterteilt haben. Vor allem biologisch interessant ist die allerunterste Luftschicht, die je nach der Art der Oberfläche und der Vegetation eine Dicke von nur einigen Zentimetern bis zu einigen Metern hat. Über dem Meer und über einer Steppe ist sie dünner als über einem Urwald. Sie ist die innerste Lufthaut, die unseren Planeten einhüllt. In dieser dünnen Bodenschicht haben wir oft deutlich andere Lufteigenschaften als in der Luft nur ein paar Zentimeter darüber. Die Temperatur ist konstanter, die Feuchtigkeit meist höher, und die Luftbewegungen sind zum Teil stark unterdrückt. Viele Pflanzen und Tiere gedeihen nur in dem Klima dieser Bodenschicht. Die meisten Lebewesen sind klimatisch sehr viel empfindlicher als der Mensch, und sie können – selbst bei geringen Klimaänderungen, wie etwa durch Entfernung aus der Bodenschicht – bin-

Ungewollte künstliche Beeinflussung des Wetters und des Klimas: Smog über einer Großstadt (Los Angeles).

nen kurzer Zeit umkommen. Vielfach ist es auch so, daß Pflanzen sich selbst ein Klima, in dem sie am besten gedeihen, in der Bodenschicht schaffen. Dazu gehören selbstverständlich alle Gräser, wobei bis zu den Spitzen der Halme Lufteigenschaften vorliegen, die für das Wachstum der Gräser selbst am günstigsten sind. Wie wichtig das Klima der Bodenschicht durch einen dichten Grasbewuchs ist, hat der Mensch oft erst dann erfahren, wenn angerichtete Schäden nicht wiedergutzumachen waren. So hat man in Nordamerika und Australien zu große und zu zahlreiche Rinder- und Schafherden auf den riesigen grünen Flächen gezüchtet, die dann das Gras schneller abweideten, als es nachwachsen konnte. Die Folge war eine völlige Versteppung und Versandung riesiger Landstriche. Dort, wo dichte Wälder standen, hat man durch rücksichtslosen Kahlschlag eine Verkarstung bewirkt, die nur mit größtem Aufwand wieder rückgängig zu machen wäre.

Die nächste Schicht in der Unterteilung der Troposphäre reicht dann bis zu einer Höhe von etwa 1,5 Kilometer. Die Meteorologen nennen sie die Grundschicht oder auch »Peplosphäre« (abgeleitet von dem griechischen Wort »peplos«, der Mantel). Rein meteorologisch und physikalisch ist die Peplosphäre von großer Bedeutung für das Verständnis des Wetters. Die obere Begrenzung der Peplosphäre – sinngemäß »Peplopause« genannt – trennt die Bodenwinde von den Höhenwinden. Windgeschwindigkeiten in der Peplosphäre sind wegen der Bodenreibung meist geringer, die Feuchtigkeit ist höher, und in der Peplopause bilden sich leicht Inversionen. Die berühmten Schönwetterwolken, die am blauen Himmel entlangziehen, schweben im Niveau der Peplopause, und dort finden wir auch oft die oben schon erwähnte Smoggrenze.

Auch für den Bioklimatologen sind die Peplosphäre und die Peplopause von Bedeutung. Wenn ein Arzt einem Patienten Höhenklima verordnet, so will er damit bezwecken, ihn aus der Peplosphäre herauszuführen und dem gesunden Reizklima der Schichten darüber auszusetzen. Naturgemäß ist das Höhenklima etwas frischer und dadurch in vielen Fällen auch anregender. In den feuchtheißen Innertropen kann man dem schwülen Klima nur dadurch entgehen, daß man die Peplosphäre unter sich läßt und sich in das Gebirge, mindestens in 1500 Meter Höhe, begibt. Über der Peplopause sinkt die Feuchtigkeit schnell ab, und die Luft wird erträglich.

Die Wirkung des Reizklimas in Höhen von 1500 Meter und darüber besteht auch noch darin, daß bei der verringerten Luftdichte dem Körper weniger Sauerstoff angeboten wird. Auf diesen Reiz reagiert der Körper mit einer Anreicherung der roten Blutkörperchen in seinen Adern.

161

Die Peplopause (obere Grenzschicht der Peplosphäre, der Grundschicht) zeigt sich oft an Sommernachmittagen, wo die Untergrenze der Wolken vollkommen eben abgeschnitten ist.

Da diese Zellen im Blut für den Sauerstofftransport zu den Organen verantwortlich sind, machen sie durch eine vermehrte Zahl das geringere Sauerstoffangebot wieder wett. Dieser Zwang, daß der Körper sich an die Höhe anpassen muß, ist auch für den ganzen übrigen Organismus förderlich. Bei Höhen von 3500 Meter und darüber reagiert der Körper zunächst mit Kopfschmerzen, Schlaflosigkeit, Kurzatmigkeit und verminderter Leistungsfähigkeit. Die Anpassung an solche Höhen dauert einige Wochen. Wenn man in niedrige Höhen zurückkehrt, geht die Höhenanpassung jedoch sehr schnell wieder verloren, und nach knapp drei Wochen hat sich die normale Zahl der roten Blutkörperchen wieder eingestellt.

In größeren Höhen und in den Subtropen oder auch grundsätzlich während längerer Perioden Warmwetters muß sich der menschliche Körper mit einem völlig anderen Strahlungsklima auseinandersetzen. Es ist so, daß die höheren und höchsten Schichten der Atmosphäre alle schädlichen kurzwelligen Strahlen abschirmen. So bleiben Röntgenstrahlen und sehr kurzwellige ultraviolette Strahlen bereits in Höhen über 100 Kilometer hängen. Die Ozonschicht zwischen 25 und 45 Kilometer hält den für die Haut sehr gefährlichen Hauptanteil der ultravioletten Strahlung völlig zurück. Es ist interessant, die Empfindlichkeit der Haut und die Absorptionsfähigkeit des Ozons miteinander zu vergleichen

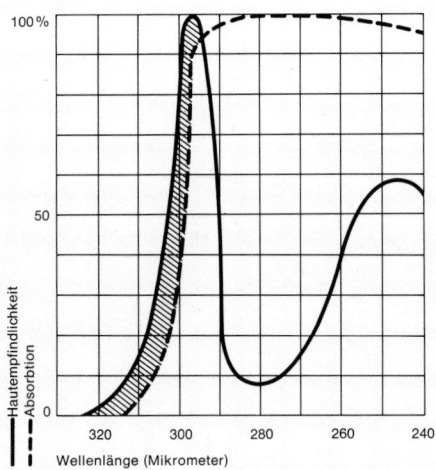

Zwischen den Wellenlängenbereichen von 320 bis 240 Mikrometern schwankt die Empfindlichkeit der Haut gegen ultraviolette Strahlung sehr stark (ausgezogene Kurve; links Prozent-Skala); bei 315 Mikrometer – kurz vor der Hautempfindlichkeitsspitze bei 296 Mikrometer – setzt die sehr starke und steile Absorption des Ozons ein (gestrichelte Kurve), so daß nur die Strahlung im schraffierten Bereich Sonnenbrandwirkung hat.

(siehe Bild unten). Gerade an der Stelle im Sonnenspektrum, wo die Haut gegen die ultraviolette Strahlung sehr empfindlich wird, beginnt das Ozon die Strahlen immer stärker und schließlich vollständig zu absorbieren. Das ist freilich kein Zufall, denn die menschliche Haut hat sich ja in dem Strahlungsklima entwickelt, das durch das Wesen der Sonnenstrahlung und durch den Aufbau der irdischen Atmosphäre gegeben ist.

Trotzdem kommen bei klarem Wetter noch ausreichende Mengen ultravioletter Strahlung in tieferen Schichten an, so daß man sich schon nach kurzer Zeit einen empfindlichen Sonnenbrand holen kann, vor allem, wenn man sich längere Zeit nicht im Freien aufgehalten hat. Blonde und weißhäutige Menschen sind bekanntlich besonders empfindlich. Bei ihnen genügt es oft nicht einmal, unter einem Schirm vor der direkten Sonne Schutz zu suchen. Zusammen mit dem blauen Licht werden auch die violette und die ultraviolette Strahlung von der Atmosphäre besonders wirksam gestreut, so daß auch der wolkenlose Himmel utraviolette Strahlung abgibt.

Wenn wir vom Smog der Großstädte absehen, so können wir den für die Gesundheit abträglichen oder auch nur unangenehmen Klimaten und Witterungen dadurch aus dem Wege gehen, indem wir jene Gegenden meiden, in denen sie vorherrschen. Nun aber kommen wir zu solchen Erscheinungen des Wetters, die vor allem in der gemäßigten Zone mehr oder minder regelmäßig auf uns zukommen und mit denen wir uns dann so oder so auseinandersetzen müssen. Es dreht sich dabei um Luftmassen mit bestimmten meteorologischen Eigenschaften, von denen wir überrollt werden, wie etwa von dem Föhn oder von Kalt- und Warmluftfronten der Tiefdruckgebiete.

Der Föhn ist vielleicht das bekannteste Beispiel für die Einwirkung der Witterung auf den Menschen. Der Föhn ist nicht nur an die Alpen gebunden, sondern bei bestimmten Windlagen kann jedes höhere Gebirge auf seiner Leeseite föhnartige Zustände schaffen. Der warme und überaus trockene Luftkörper, der für den Föhn charakteristisch ist, kommt dadurch zustande, daß eine Luftmasse ein hohes Gebirge überqueren muß. Beim Hochklettern auf der Luvseite kühlt sich die Luft ab und verliert dadurch einen großen Teil ihres Wasserdampfes durch Kondensation. Auf der Leeseite fällt dann die Luft in das Tal hinab, erwärmt sich und wird dabei sehr trocken. Bei typischen Föhnlagen hat man schon Temperaturzunahmen von einem Grad Celsius pro 100 Meter Abstieg der sinkenden Luft gemessen.

Die Empfindlichkeit gegenüber dem Föhn ist individuell stark verschieden. Diejenigen, die unter ihm leiden, klagen über Reizzustände, Neigung zu Kopfschmerzen, Müdigkeit, Arbeitsunlust und Mangel an Leistungsfähigkeit. Die Wirkungen des Föhns sind so ausgeprägt, daß selbst bei der Aburteilung von Straftaten vor Gericht, bei Föhnlagen zur Tatzeit, mildernde Umstände gewährt werden.

Auch beim Durchzug von Warm- und Kaltluftfronten, die Tiefdruckgebiete begleiten, erleben wir oft einen plötzlichen Austausch von Luftmassen, dem wir ausgesetzt sind. Besonders bei starken Fronten ist es so, als ob wir – an Ort und Stelle bleibend – einen erheblichen Klimawechsel durchzumachen hätten. Vor allen Dingen sind es die beiden wichtigsten Eigenschaften eines Luftkörpers, nämlich Temperatur und Feuchtigkeit, die sich oft innerhalb von Minuten ändern können. Jeder von uns kennt die erlösend kalte Bö, die – von einem Frontengewitter kommend – eine lange Zeit der Schwüle beendet.

Es kann kein Zweifel bestehen, daß wetterfühlige Menschen auf den Durchgang von Fronten immer wieder und sehr typisch reagieren. Meist sind es auch hier Reizzustände, Kopfschmerzen, Arbeitsunlust und gedrückte Stimmung, die vorherrschen. Auch hat man festgestellt, daß die Zahl von Verkehrsunfällen und von Selbstmorden beim Durchgang von Fronten Spitzenwerte erreichen. Bei Verkehrsunfällen freilich hat man eingewendet, daß mit dem Durchgang von Fronten meist auch Niederschläge verbunden sind und daß regennasse und eisglatte Straßen und die Sichtbehinderung durch Niederschläge, Dunst und Nebel für das Ansteigen der Verkehrsunfälle verantwortlich gemacht werden können. Dennoch haben psychologische Versuchsreihen gezeigt, daß die Reaktionszeit vieler Versuchspersonen bei Frontdurchgängen größer wird. Auch haben Statistiken ergeben, daß bei Frontdurchgängen die Zahl tödlich verlaufender Operationen zunimmt. Einige Ärzte sind sogar dazu übergegangen, bei nicht termingebundenen Operationen eine günstige Wetterlage abzuwarten.

In den zwanziger Jahren sind die ersten Versuche gemacht worden, die Wetterfühligkeit und Wetterempfindlichkeit wissenschaftlich zu erfassen. Freilich ist man dabei auch vielfach Irrwege gegangen. So wurde zum Beispiel dem Ozongehalt der Luft eine Zeitlang eine gesundheitsfördernde Wirkung zugesprochen. Noch heute verbindet man mit dem Begriff »Ozon« eine besonders reine und sauerstoffreiche Luft. Das Gegenteil ist der Fall. Ozon ist – auch bei geringer Konzentration – für die Atemwege und für die Lungen ein sehr gefährliches Gas, da es hochgradig oxydierend wirkt. Der Smog moderner Großstädte ist schon öfter chemisch untersucht worden, um die einzelnen schädlichen giftigen Gase

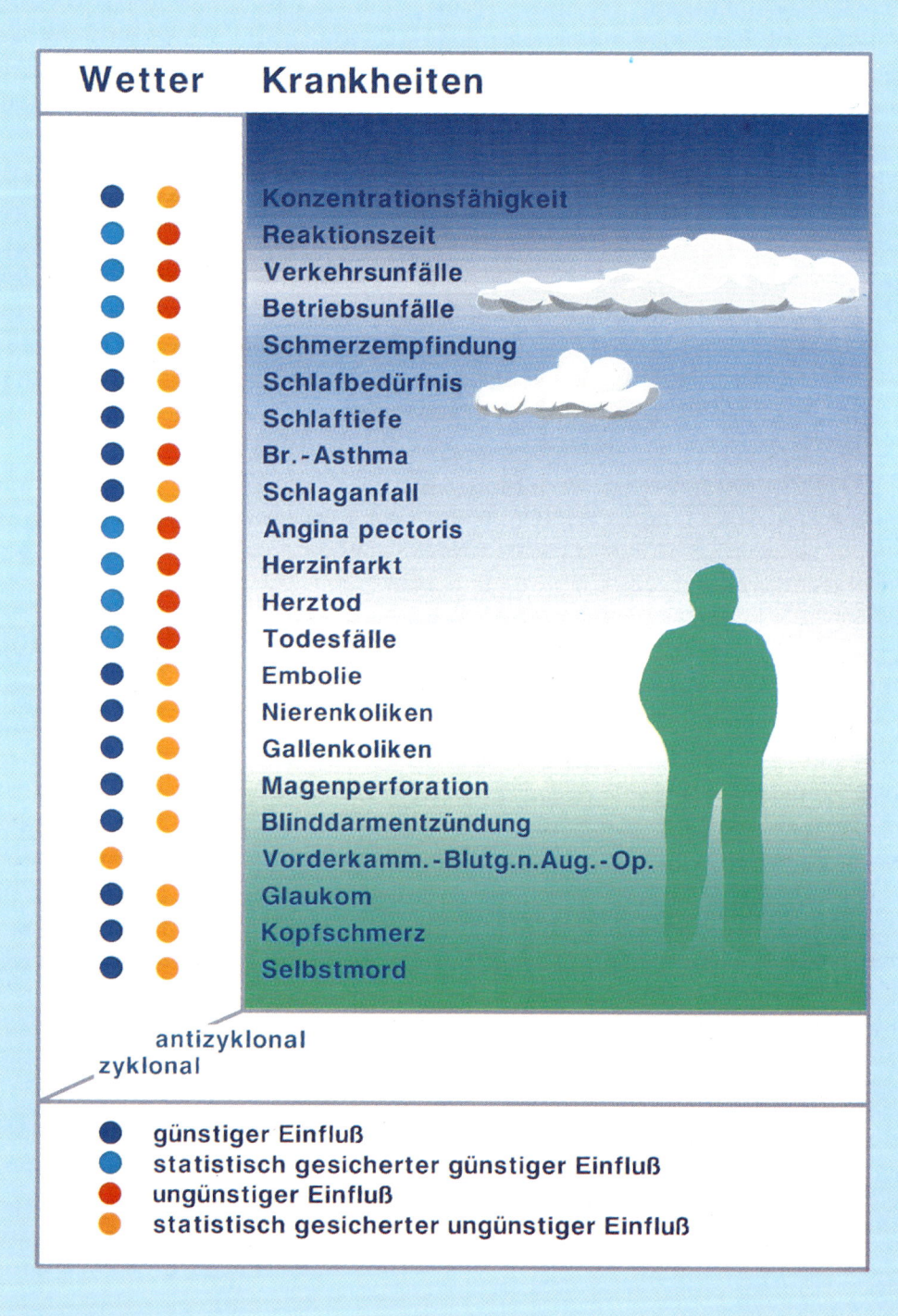

Krankheiten und Wetterdynamik (nach Dr. Friedrich Becker und Dr. Ulrich Schröder). Die Tabelle zeigt verschiedene Wertegrade des Einflusses von Wetterlagen auf verschiedene Krankheiten (antizyklonal = Hochdrucklage; zyklonal = Tiefdrucklage).

zu isolieren. Dabei hat sich herausgestellt, daß besonders unangenehme Smogtypen sich durch einen hohen Gehalt an Ozon auszeichnen. In Los Angeles hat man sogar den Ozongehalt als einen Maßstab für den Ernst einer Smoglage gewählt. Auch ist statistisch erwiesen, daß ein Autoreifen in Los Angeles nur etwa die halbe Lebensdauer besitzt, da das molekulare Gefüge vom Ozon zerstört wird: der Gummi bricht. Was den Gummi zerstört, ist für die menschliche Lunge keineswegs förderlich.

Auch andere Versuche, Einblicke in das bioklimatologische Geschehen zu gewinnen, haben mit Enttäuschungen geendet. So glaubte man, mit einer Einteilung der Menschen in zwei Typen – wetterfühlige und wetterunempfindliche – dem Verständnis dieser Dinge näherzukommen. Das ist nicht gelungen, denn jeder Mensch ist mehr oder weniger wetterfühlig. Auch steht fest, daß die Wetterfühligkeit und Wetterempfindlichkeit mit dem Alter und bei Krankheitszuständen zunehmen. Ein solches Ergebnis ist ja zu erwarten. Das Wetter mit seinen extremen Klimaten und mit seiner Veränderlichkeit bedeutet für den Organismus ohne Zweifel einen gewissen Streß, mit dem er fertig werden muß. Für einen gesunden jungen Menschen ist das allerdings leichter.

So hat man gerade auf dem wichtigen Gebiet »Wetter und Krankheit« durch sorgfältige und statistisch untermauerte Untersuchungen einige bedeutende Fortschritte gemacht. Die beiden Bioklimatologen Friedrich Becker und Ulrich Schröder haben dabei grundsätzlich festgestellt, daß Hochdruckgebiete fast immer Symptome lindern und den Krankheitsverlauf günstiger gestalten, während bei Tiefdrucklagen die Verhältnisse meist umgekehrt liegen. Dies gilt für eine ganze Reihe von Krankheiten und physiologischen Funktionen. Einen Ausschnitt aus diesen interessanten Ergebnissen zeigt die Tabelle auf Seite 166.

Als Wesen der Luft können wir nur in unserer Atmopshäre existieren. Sie versieht uns mit Atemsauerstoff und schützt uns vor der tödlichen Umwelt des Weltraums. So können wir in Kauf nehmen, daß wir gelegentlich auch unter ihren Exzessen leiden.

# EXZESSE DES WETTERS
## NATÜRLICH UND SELBST VERURSACHT

Normalerweise ist das Wetter, wie man so sagt, auszuhalten. Stellenweise jedoch neigt die Atmosphäre zu Exzessen, die dann zu Wetterkatastrophen führen. Die auffälligsten Erscheinungen dieser Art haben eigene Namen: Sturmfluten, Hurrikane und Tornados, denen schon viele Tausende von Menschen zum Opfer gefallen sind. Aber auch wir Menschen durch unsere industrielle und landwirtschaftliche Tätigkeit nehmen auf das Wetter – meist zum Nachteil – Einfluß.

Der »Elefantenrüssel« eines Tornados. Diese gefürchteten Wirbelstürme treten im mittleren Westen Nordamerikas bei bestimmten Wetterlagen oft sehr plötzlich in Erscheinung. Bei Windgeschwindigkeiten bis zu 500 Stundenkilometern und einer entsprechenden Saugwirkung verursacht ein Tornado oftmals totale Verwüstungen.

Mark Twain, der humorvolle amerikanische Schriftsteller, hat einmal gesagt: »Jeder spricht über das Wetter, aber keiner tut etwas dagegen.« Ende des vorigen Jahrhunderts, als Mark Twain diese Bemerkung machte, hatte er wohl noch Grund dazu; heute dagegen wird doch schon einiges getan. Wenn auch die bisherigen Versuche, auf den Wetterablauf Einfluß zu gewinnen, noch keine überzeugenden Erfolge gehabt haben, so liegt die Lösung dieser Aufgabe doch wohl in nicht allzu ferner Zukunft. Der Schwerpunkt der meteorologischen Forschung steckt in Bemühungen, die Physik des Wetters und des Klimas erst einmal richtig zu verstehen, damit wenigstens die Wetterprognosen immer verläßlicher und langfristiger werden können. Diese Reihenfolge der Aufgaben, die sich die Wissenschaft auf diesem Gebiet gestellt hat, ist sinnvoll, und so hat man es auch schon immer gemacht. Wenn man die Naturkräfte steuern und nutzen will, dann muß man zunächst ihr Wesen und ihre Gesetze kennenlernen.

Unter den Naturkräften nimmt das Wetter eine Sonderstellung ein. In seiner jahrtausendelangen Karriere als Wissenschaftler und Ingenieur hat sich der Mensch viele Naturkräfte untertan gemacht. Er war nie mit dem zufrieden, was ihm die Natur von sich aus anbot. Da er nicht sehr schnellfüßig und sehr ausdauernd ist, schwang er sich auf das Pferd; er wurde Ackerbauer, da ihm die wildwachsende Vegetation nur sehr dürftige Ernten bescherte; dazu reichten seine Körperkräfte nicht aus, und so spannte er den Ochsen vor seinen Pflug. Als ihm die Kräfte der gezähmten Tiere nicht mehr genügten, erfand er die Windmühle, das Wasserrad und die Dampfmaschine. Die Elektrizität schließlich machte er sich in unzähligen Formen dienstbar, während die Natur diese Energie in der Atmosphäre lediglich in Blitzschlägen vergeudet. Obwohl ihm die Natur die Fähigkeit des Fliegens versagt hat, hat der Mensch heute auf diesem Gebiet alle Rekorde geschlagen und sogar das Weltall erobert.

In dem Maße, wie es den Meteorologen gelang, die Ursachen für den Ablauf des Wetters zu erforschen, wurden auch ihre Prognosen besser. Als Wissenschaftler sind wir davon überzeugt, daß alle Vorgänge in der Atmosphäre nach den Gesetzen von Ursache und Wirkung ablaufen. Leider sind wir noch weit davon entfernt, alle Ursachen und ihre Bedeutung in allen Details zu überblicken, so daß wir die Wirkungen nicht mit der gleichen Sicherheit voraussagen können wie etwa das Eintreten einer Sonnenfinsternis. Das wohl unerreichbare Ziel sieht so aus: man nehme einen modernen Elektronenrechner mit ausreichender Kapazität, füttere ihn mit einer möglichst großen Zahl von Wetterbeobachtungen von der ganzen Erde, lehre ihn die Gesetze der atmosphärischen Physik und

Wettersatelliten in einer polaren Bahn können pro 24 Stunden die ganze Erde vom All aus foto-
grafieren. Beim jeweils nächsten Umlauf längs der Meridionale hat sich die Erde ein wenig weiter gedreht, so daß sich die benachbarten Streifen etwas überlappen.

drücke den Startknopf. Auf Anforderung müßte dann der Computer eine Wetterprognose für jeden Ort der Erde und für beliebig lange Zeit in die Zukunft hinein liefern können. Dieses Ziel ist – wie schon gesagt – eine Utopie. Die Wissenschaftler jedoch sind dabei, sich ihm, wenigstens soweit es geht, zu nähern. Die Bedingungen haben wir gerade aufgezählt: große und leistungsfähige Computer gibt es schon. Das Einsammeln von Wetterdaten über die ganze Erde hinweg hat in den letzten zwei Jahrzehnten riesige Fortschritte gemacht. Nicht nur hat sich die Zahl der Wetterstationen vervielfacht, sondern die modernsten Mittel, die es vor 30 Jahren noch nicht gab, werden eingesetzt: mit Radar automatisch verfolgte Wetterballons; Raketensonden zur Erforschung der oberen Atmosphärenschichten; Wettersatelliten zur Erstellung von präzisen Wolkenbildern des ganzen Planeten und zur Messung der Wärmestrahlung verschiedener Gebiete der Erde und der Luftmassen darüber. Auch die Gesetze der atmosphärischen Physik werden uns immer vertrauter, und eine ganze Reihe von Vorgängen, die uns vor nicht allzulanger Zeit noch völlig rätselhaft waren, sind heute weitgehend geklärt. So liegt es auf der Hand, daß die moderne Meteorologie für die wichtige Aufgabe der Wetterprognostik schon längst zu Computern gegriffen hat. Computer zeichnen täglich Wetterkarten in einem Bruchteil der Zeit, die früher erforderlich war; Computer berechnen die voraussichtliche Wetterlage 48 oder sogar 72 Stunden im voraus. Viele schöne, ja erstaunliche Erfolge sind zu verzeichnen – allerdings gab es auch Enttäuschungen. Das kapriziöse Luftmeer ließ sich selbst mit diesen Mitteln nicht immer durchschauen.

Wir sind alle vom Wetter abhängig, und Kenntnis des Wetters, wenigstens 24 Stunden im voraus, ist für den geordneten Ablauf unserer technischen Zivilisation von großer Wichtigkeit. Denken wir nur einmal an den Verkehr zu Lande, zu Wasser und in der Luft. Gerade bei drohenden Wetterkatastrophen wird die Aufgabe einer möglichst präzisen Prognose ganz besonders dringlich. Viel Schaden kann abgewendet werden, wenn man den Umfang und den voraussichtlichen Zeitpunkt des Eintreffens von Sturmfluten oder Hurrikanen kennt. In den gemäßigten Zonen sind besonders stark ausgeprägte Tiefdruckgebiete, die sogenannten Sturmtiefs, im Auge zu behalten. Küstennahe Landstriche können dann von Sturmfluten überrascht werden. Wenn nämlich der Höhepunkt der Windstärke aus Westen oder Nordwesten mit der Flut der Gezeiten zusammenfällt, sind in Europa die Küstengebiete der Nordsee und des westlichen Atlantik sehr gefährdet. Genauso wie man eine kleine Lache auf dem Küchentisch fortpusten kann, so setzt auch der

Sturm über der See große Wassermassen in Bewegung, so daß eine Flutwelle aufgetürmt wird, die viele Meter über Normalnull erreichen kann. Zusammen mit ergiebigen Regengüssen kommt es dann zu den berüchtigten Flutkatastrophen, wie sie Holland in den fünfziger Jahren und Hamburg zuletzt im Jahre 1963 erleben mußten. Aus dem Indischen Ozean heraus ist die Küste Pakistans 1971 von einer der größten Sturmfluten der neueren Zeit heimgesucht worden, die viele Menschenleben gefordert hat.

Im Landinnern und im Gebirge können lang andauernde oder auch schon kurze, aber heftige Regengüsse die Bäche, Flüsse und Ströme so anschwellen lassen, daß Brücken eingerissen, Straßen- und Bahndämme unterspült und große Flur- und Häuserschäden angerichtet werden können. Besonders kritisch sind solche Sturmtiefs, wenn sie noch mit der Schneeschmelze zusammentreffen.

In einem früheren Kapitel haben wir davon gesprochen, daß die Hoch- und Tiefdruckgebiete für die gemäßigten Zonen typisch seien. Indessen gibt es in den wettermäßig sonst so einförmigen Subtropen – jeweils im Spätsommer – gewaltige Wirbelstürme, die in der Wissenschaft den Namen »tropische Zyklonen« führen. Je nach dem Ort, wo sie auftreten, nennt man sie Hurrikane (Karibische See), Taifune (Parzifik östlich von den Philippinen), Willy-Willies (östlich von Australien) und Mauritius-Orkane (im Indischen Ozean vor Afrika). Am besten erforscht sind die Hurrikane, da die amerikanische Marine und Luftwaffe seit Ende des Zweiten Weltkrieges umfangreiche Forschungsprojekte über die Hurrikane, die vielfach die Vereinigten Staaten überfallen, durchgeführt haben.

Ein Hurrikan ist im wesentlichen wie ein normales Tiefdruckgebiet gebaut und teilt mit ihm den niederen Luftdruck, die Drehrichtung entgegen dem Uhrzeigersinn auf der Nordhalbkugel und aufsteigende Luftmassen in einem zylindrischen Wirbel. Ein Tief in den mittleren Breiten bezieht seine Energie aus der Kondensationswärme feuchter Luft und – wie wir gesehen haben – aus der potentiellen Energie benachbarter kalter und warmer Luftmassen. Bei einem Hurrikan spielt die Kondensationsenergie mit Abstand die Hauptrolle, und die dabei umgesetzten Energiemengen sind im Schnitt weit größer als bei einer außertropischen Zyklone. Ein Hurrikan ist demnach eine riesige, zerstörerische Wärmemaschine. Die Energie stammt von sehr warmen und feuchten maritimen Luftmassen der niederen Breiten, wenn die Sommersonne dort fast senkrecht steht. Die Bedingungen für die Entstehung eines Hurrikans sind auf der Nordhalbkugel in den genannten ozeanischen Gebieten von

Querschnitt eines Hurrikans. Um das Zentrum, das sogenannte Auge, steigt die Luftströmung spiralförmig an. Teile der Luft entweichen bei der zweiten Wolkendecke. Der meiste Regen fällt in den Regenwänden, die spiralförmig in das Zentrum des Hurrikans reichen.

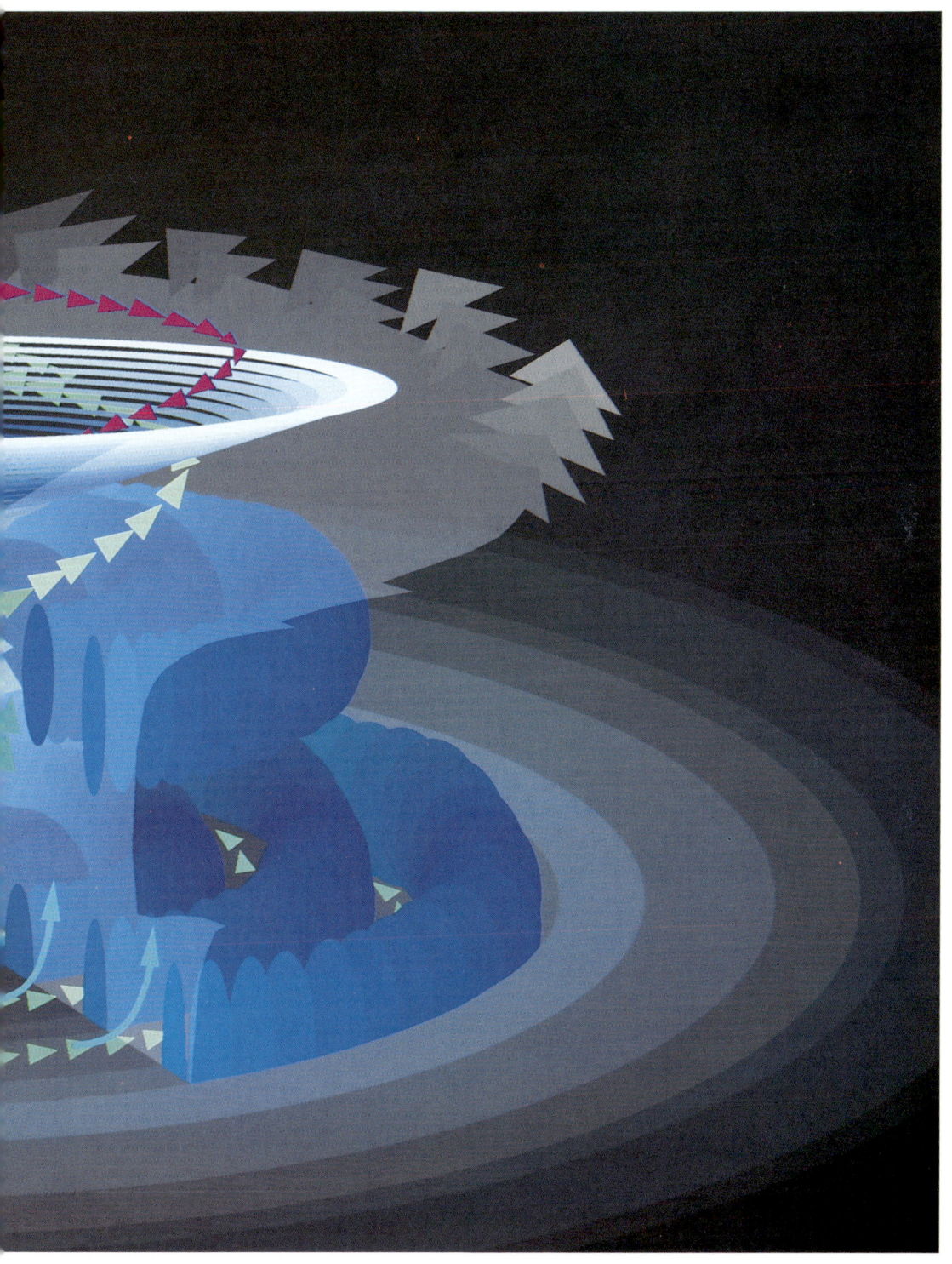

August bis Oktober fast ständig gegeben; auf der Südhalbkugel entsprechend ein halbes Jahr früher oder später. Es ist noch nicht bekannt, weshalb pro Jahr glücklicherweise nur etwa 20 dieser tropischen Wirbelstürme entstehen. Wenn sich jedoch ein Tiefdrucktrichter gebildet hat und die Luft zu wirbeln beginnt, dann wächst der Hurrikan schnell ins Riesenhafte. Die spiralig hochgerissene Luft kondensiert riesige Wasserdampfmengen, und die freiwerdende Wärme treibt den Wirbel immer stärker an. Langgestreckte, spiralig geformte Wolkenwände bilden sich aus, in denen das Wasser tonnenweise vom Himmel stürzt und Windgeschwindigkeiten zwischen 200 und 300 Stundenkilometer auftreten. Auf Satellitenaufnahmen sieht man dann die typische, oft erstaunlich regelmäßig geformte Wolkenspirale. Mit der allgemeinen Passatströmung bewegt sich das Sturmungeheuer als Ganzes mit einer Geschwindigkeit von etwa 10 bis 30 Stundenkilometer und läuft in den Golf von Mexiko hinein. Viele von ihnen machen dann eine typische Rechtsschwenkung, erreichen das Gebiet der Vereinigten Staaten und treiben dann als normale Sturmtiefs nach Nordosten wieder in den nördlichen Atlantik hinaus (siehe Bild S. 146/147). Über Land verlieren die Hurrikane sehr schnell an Gewalt, da ihnen die energiezuführende feuchte Meeresluft dann fehlt.

Im Gegensatz zu einem normalen Tief besitzt ein Hurrikan sein berühmtes Auge. An der Grenze der Troposphäre wird der Hauptteil der Luft zwar horizontal nach allen Seiten spiralig weggeschleudert; ein Teil jedoch sinkt ab, wodurch die Wolken verdunsten, der klare Himmel herauskommt und – im Gegensatz zu den tosenden Orkanen ringsum – fast völlige Windstille eintritt. Der Durchmesser des Auges beträgt 20 bis 30 Kilometer. In mehr oder minder regelmäßigen Abständen richten die Hurrikane vor allen Dingen in den Küstenstaaten des amerikanischen Ostens und in den Golfstaaten Florida, Alabama, Mississippi und Texas enorme Schäden an. Besonders gefürchtet sind die damit verbundenen Sturmfluten, da die gewaltigen Orkane das Meerwasser oft meilenweit in das trockene Land hineinschieben. Infolge eines ausgezeichneten Warndienstes jedoch ist die Zahl der Menschenopfer in den letzten zwei Jahrzehnten in Amerika sehr stark zurückgegangen. Das ist in anderen Gebieten der Erde, die von tropischen Stürmen heimgesucht werden, leider vielfach noch nicht der Fall.

Noch mehr gefürchtet als die Hurrikane sind die großen Windhosen oder Tornados. Es sind schlauchartige Wirbel, die sich von sehr dicken Regenwolken wie ein Elefantenrüssel zur Erde herabsenken, sie schließlich berühren und dann wie eine zerstörerische Stirnfräse ihre verheerende Bahn ziehen. Ihr Durchmesser beträgt oft nur wenige hundert Meter – dort aber ist die Zerstörung bei Windgeschwindigkeiten bis zu 800 Stundenkilometer total. Da Tornados glücklicherweise recht selten und kurzlebig sind, konnten die Bedingungen für ihre Entstehung und die Quelle ihrer Energie noch nicht ausreichend erforscht werden. Trotz allem kennt man die Wetterlagen, die tornadoverdächtig sind, und es gibt in den gefährdeten Gebieten in den mittleren Vereinigten Staaten einen Tornado-Warndienst, der den Menschen schon oft Zeit gegeben hat, ihre schützenden Sturmkeller aufzusuchen.

Wenn man die gewaltigen Schäden betrachtet, welche die großen Wetterkatastrophen der Menschheit jährlich zufügen, so versteht man die Notwendigkeit, Ort und Zeit dieser Katastrophen wenigstens rechtzeitig voraussagen zu können. Auf diesem Gebiet hat die moderne Meteorologie in den letzten Jahrzehnten große Fortschritte gemacht. Gleichzeitig allerdings auch entsteht der Wunsch des Menschen, die Atmosphäre vielleicht zu zähmen und sie – ähnlich wie bei den anderen Naturkräften – nach seinem Willen zu gestalten. Wenn es zwar aussichtslos erscheinen will, die Urgewalt eines Hurrikans zu ersticken, so besteht vielleicht doch die Hoffnung, seinen Weg zu beeinflussen. Dies wenigstens sind Traumziele, auf die die Meteorologie der näheren und ferneren Zukunft zusteuern wird.

Auf Anhieb erscheint die Aufgabe, das Wetter beeinflussen oder gar steuern zu wollen, als ein unmögliches, zumindest jedoch sehr verwegenes Unternehmen. Man muß bedenken, daß es sich bei allen Erscheinungen in der Atmosphäre um riesige Energiemengen handelt, denen der Mensch bei weitem nichts Gleichwertiges entgegensetzen kann. In jedem Tiefdruckgebiet mittlerer Größe werden tausendmal mehr Energien umgesetzt als in der Explosion einer Wasserstoffbombe. Diejenigen Wissenschaftler, die ernsthaft über solche Probleme nachdenken, wissen das auch und würden niemals daran denken, den Kräften der Natur mit roher Gewalt entgegenzutreten. Die einzige Hoffnung besteht in der Anwendung des Verstärkerprinzips oder – um den typischen englischen Ausdruck zu benutzen – der »trigger-action«, entsprechend dem Prinzip: »Kleine Ursachen – große Wirkungen«. Dieses Prinzip läßt sich nur dann anwenden, wenn in einem labilen System ohnehin die Neigung besteht umzustürzen und nur die Entscheidung noch offen ist, in welche Richtung es fallen wird. Dann genügt oft ein kleiner Anstoß, um es in eine bestimmte Richtung fallen zu lassen. Jede Hoffnung, die gewaltigen Kräfte des Wetters und des Klimas jemals in den Griff zu bekommen, kann also nur auf der Anwendung der »trigger-action« beruhen.

Großflächige landwirtschaftliche Nutzung ist unnatürlich. Vor allem bei Monokulturen, die über Riesengebiete hinweg angebaut werden, leidet der Boden durch zu einseitige Beanspruchung durch die speziellen Bedürfnisse der jeweils selben Pflanzenarten. Versteppung und Versandung sind die Folge.

Es gibt einige, wenn auch nicht sehr erfreuliche Beispiele dafür, daß Wetter und Klima in der Tat künstlich beeinflußt werden können. Der Mensch hat es schon ungewollt in der Geschichte der letzten 100 Jahre in mehrerlei Hinsicht getan. Zuvor haben wir schon davon gesprochen, daß durch unklug manipulierte Viehzucht weite Strecken fruchtbarer Grasflächen abgeweidet und in Steppen verwandelt worden sind. Dabei drehte es sich nicht um ein paar Quadratkilometer, sondern um riesige Strecken in ganzen Kontinenten, die dann durch Versandung und Versteppung die Strahlungseigenschaften des Erdbodens umgewandelt haben. Dadurch sind deutliche Verschlechterungen des Klimas eingetreten. Auch der Überanbau einer Nutzpflanze allein – wie etwa Weizen – laugt den Boden auf die Dauer aus; er versandet, und zerstörerische Staubstürme sind die Folge. Nur mit großen Anstrengungen hat man in den Vereinigten Staaten und in Kanada die in den zwanziger und dreißiger Jahren angerichteten Schäden zum Teil wieder wettmachen können.

Ein sehr geringfügiger, für die Strahlung jedoch sehr wichtiger Bestandteil der Atmosphäre ist das Ozon. Ozon ist eine besondere Verbindung von Sauerstoff, wobei allerdings in einem Ozonmolekül drei Sauerstoffatome zusammengekoppelt sind, im Gegensatz zu dem Luftsauerstoff, den wir auch atmen, der pro Molekül nur zwei Sauerstoffatome besitzt. In chemischen Symbolen geschrieben, haben wir Luftsauerstoff = $O_2$; Ozon = $O_3$. In vergangenen Jahrzehnten sprach man von besonders reiner und gesunder Atemluft als »ozonreich«. Das ist natürlich Unsinn. Ozon hat eine außerordentlich stark oxidierende Wirkung, und von einer bestimmten Konzentration in der Atemluft an ist Ozon giftig, da es die Lunge und die Atemwege oxidiert. Alle Stoffe, die verwittern, werden von Ozon besonders stark angegriffen. So hat man z. B. in Los Angeles schon vor dreißig Jahren festgestellt, daß der Smog ozonhaltig ist, und Smog-Alarm wird – wie zuvor schon erwähnt – von einer bestimmten Ozonkonzentration an gegeben.

Aber wie so oft in der Natur gibt es auch hier eine andere, eine gute Seite. Ozon hat nämlich die segensreiche Eigenschaft, die ultravioletten Strahlen der Sonne aus dem Sonnenlicht herauszufiltern. Diese für das Leben wichtige Funktion erfüllt das Ozon in einer Schicht, die in einer Höhe zwischen 20 und 50 Kilometern über dem Erdboden angesiedelt ist. Weit also von all jenen Strukturen entfernt – vor allen Dingen vom Leben –, wo es Schaden anrichten könnte. Das ist wieder ein Beispiel, wie schön die Natur alles eingerichtet hat. Wie aber kommt das Ozon just in diese Ozonschicht, hoch über der Stratosphäre? Die Lösung hier-

Jetstreifen, zehn Minuten nach dem Vorbeiflug eines Düsenklippers bei einer bestimmten Höhenwetterlage (oben). Drei Stunden später hat sich daraus – als Folge einer unbeabsichtigten Wetterbeeinflussung – ein breiter Wolkenstreifen gebildet (unten).

für liegt in der Tatsache, daß das ultraviolette Sonnenlicht so energiereich ist, daß es in einem Doppelprozeß beim Durchtritt durch die Atmosphäre Ozon sowohl erzeugt als auch zerstört. Wie ist das zu verstehen?

Die Sauerstoffmoleküle $O_2$ werden, von einem ultravioletten Sonnenstrahl getroffen, in ihre Bestandteile zerlegt, so daß wir in den dünnen Schichten der Ozonosphäre eine große Zahl von freien Sauerstoffatomen vorfinden. Wenn diese unter günstigen Umständen mit einem normalen Sauerstoffatom $O_2$ zusammentreffen, so hängt sich dieses freie Sauerstoff an, und es entsteht ein Ozonmolekül $O_3$. Dieses freilich ist nur solange beständig, solange es nicht von einem weiteren ultravioletten Strahl der Sonne getroffen wird. Dann wird es wieder zerschlagen. Gebadet von ultraviolettem Sonnenlicht laufen diese Prozesse in großen Höhen laufend ab, und es bildet sich schließlich ein Gleichgewicht heraus. Das Gleichgewicht ist erreicht, wenn in einem Kubikmeter Luft pro Sekunde genauso viele Ozonmoleküle entstehen, wie auch zerstört werden.

Es ist also die Strahlung der Sonne und ihr gelegentlich schwankender Anteil an ultravioletten Strahlen im Sonnenlicht, welche die Dichte des Ozons in der Ozonosphäre zu Schwankungen veranlaßt. Die Sonne zeigt ja eine deutlich elfjährige Periode in ihrer sogenannten Tätigkeit; im elfjährigen Rhythmus nämlich schwankt die Anzahl der Sonnenflecke und der sogenannten Sonnenausbrüche. Während sich diese Periode in der Menge des sichtbaren Sonnenlichtes überhaupt nicht niederschlägt, zeigt die Energie des ultravioletten Sonnenlichtes Schwankungen bis zu einigen Prozent.

Da das irdische Leben sich hinter dem Schirm der Ozonosphäre entwickelt hat, brauchen die Lebewesen keine Schutzmaßnahmen gegen diese Strahlen zu entwickeln, da diese nämlich gesundheitsgefährlich sind. Das macht sich besonders bei hellhäutigen Menschen bemerkbar, indem sie nämlich trotz der Ozonschicht bei massiver Sonnenbestrahlung einen Sonnenbrand bekommen. Ist man dann erst gebräunt, so ist man genauso wie dunkelhäutige Menschen dagegen geschützt. In einigen Fällen hat man auch das Auftreten von Hautkrebs beobachtet, dessen Ursache ultraviolette Sonnenstrahlung gewesen sein kann.

Diese Tatsachen haben jüngst einige Aufregung verursacht, als Geophysiker über der Antarktis eine großflächige Verminderung der Ozondichte um 40 Prozent feststellten. Diese Verminderung des Ozons an dieser Stelle hat inzwischen die Bezeichnung »Ozonloch« erhalten. Besonders ängstliche Zukunftsbetrachter sehen bereits eine Ausweitung dieser Erscheinung und sprechen von Hunderttausenden von Menschen, denen Hautkrebs droht. Wir können getrost sagen, daß das in der heuti-

Das stets steigende Volumen des Autoverkehrs in den dichtbesiedelten Industrienationen hat durch die Massierung der Auspuffgase nachteilige Wirkungen auf Wetter und Klima.

gen Situation journalistische Übertreibungen sind.

Natürlich haben die Geophysiker sich Gedanken darüber gemacht, wodurch diese Abnahme in der Ozonkonzentration wohl verursacht worden ist. Es ist durchaus möglich, allerdings noch nicht bündig bewiesen, daß Gaszusätze wie Stickoxide oder das berüchtigte Chlor-Fluor-Kohlenwasserstoff, das bekanntlich Ozon zerstört, an der Ozonabnahme Schuld sind. So ist es durchaus angezeigt, daß wir die Produktion dieses Gases, das wir in Kühlanlagen und in Spraydosen verwenden, einschränken sollen. Andere Wissenschaftler sind der Meinung, daß vielleicht die Sonne daran selbst schuld ist, wenn sie bei abnormen Perioden ihrer Tätigkeit die Ozonkonzentration beeinflußt in einer Weise, die wir noch nicht ausreichend erforscht haben. Auffallend jedoch ist, daß das letzte Minimum der Sonnenaktivität im Januar 1986 den niedrigsten Wert seit 200 Jahren erreicht hat. Während der nächsten fünf bis sechs Jahre wird die Sonnentätigkeit wieder ansteigen, und wir sollten während dieser Zeit das Ozonloch schärfstens im Auge behalten. Da wir nicht genau Bescheid wissen, ist es auf jeden Fall angezeigt, die Produktion der Chlor-Fluor-Kohlenwasserstoffe scharf zu reduzieren; es muß sich doch auch ein anderes, weniger dramatisches Mittel finden, um die Spraydosen der Kosmetik zu betreiben.

Gemessen an der Gewalt der Naturkräfte, sind diese Eingriffe des Menschen winzig. Sie liegen aber an einer empfindlichen Stelle, und deshalb lassen sich großflächige Wirkungen feststellen. Die Folgen entstanden durch »trigger-action«. Nach dem gleichen Prinzip sind schon seit Kriegsende Versuche angestellt worden, »Regen zu machen«. Um das Prinzip, das zum Teil recht erfolgreich gewesen ist, zu erläutern, müssen wir uns zunächst einmal fragen, wie der natürliche Regen entsteht. Wenn ein feuchter Luftkörper sich abkühlt, so kommt es schließlich dazu, daß der Taupunkt unterschritten wird und der überschüssige Wasserdampf in einer großen Zahl von winzigen Tröpfchen und Schneekristallen ausfällt. Die Wasserdampfmoleküle brauchen jedoch für den Übergang von der gasförmigen in die flüssige oder feste Phase einen Anstoß in Form eines winzigen festen, in der Luft schwebenden Staubteilchens. Solche Teilchen sind in der natürlichen Atmosphäre fast immer ausreichend vorhanden in Gestalt von winzigen Staubkörnchen und Salzkristallen von verdunstetem Sprühwasser der Meereswellen. An diesen bleiben die Dampfmoleküle haften, und so kann ein Tröpfchen oder Schneekristall entstehen und anschließend wachsen. Diese kleinen Teilchen nennt man Kondensationskerne. Bei völlig reiner Luft in großen Höhen sind oft nicht genügend Kondensationskerne da, so daß die Luft

Eine durch Verkarstung verursachte Verwüstung einer Landschaft.

gelegentlich mit Wasserdampf übersättigt ist. Der Dampf kann aber nicht ausfallen, da es an Kondensationskernen mangelt. Wie sehr solche Luftmassen bereit sein können, sofort zu kondensieren, wenn ihnen Gelegenheit dazu gegeben wird, können wir bei bestimmten Wetterlagen an den Kondensationsfahnen von Düsenflugzeugen erkennen. Der Auspuff eines Düsenmotors enthält zwar selbst sehr viel Wasserdampf, aber die Verbrennungsprodukte bestehen zum Teil aus winzigen Rauchteilchen, die als Kondensationskerne dienen. Oft können wir sehen, daß dann ein Kondensationsstreifen sich in solcher Luft sehr stark verbreitert und auch Stunden später noch als ein recht massives Wolkenband am Himmel hängt. Der größte Teil des kondensierten Materials stammt dann aus der Luft selbst. Ein Jet-Kondensstreifen unter diesen Umständen ist also auch eine »trigger-action«, und ein pessimistischer Meteorologe hat kürzlich vorausgesagt, daß wir bei immer weiter zunehmendem Luftverkehr demnächst dem blauen Himmel auf Wiedersehen sagen müßten und daß auch bei Schönwetterlagen der sonst blaue Himmel ständig mit einer milchigen Wolkenschicht überzogen sein würde. Diese Befürchtung ist vielleicht etwas übertrieben – sie gibt uns aber einen Hinweis zur möglichen Beeinflussung des Wetters. Nach dem Krieg hat der junge amerikanische Meteorologe Vincent Schäfer die aufsehenerregende Entdeckung gemacht, daß feinpulverisiertes Trockeneis – in feuchter Luft ausgestreut – sehr schnell Milliarden von Schneekristallen erzeugt und den Kondensationsprozeß beschleunigt. Später fand man, daß die feinen Kristalle einer chemischen Verbindung von Jod und Silber – das Silberjodid ($AgJ$) – als Kondensationskerne noch günstigere Eigenschaften haben. Es hat sich gezeigt, daß feinverteilte Silberjodidkristalle die Kondensation so sehr begünstigen, daß man dadurch Wolken, die noch nicht zum Regnen neigen, veranlassen konnte, Regen zu erzeugen. Diese Fähigkeit des Silberjodids liegt darin, daß es in seiner Kristallstruktur einem Eiskristall ähnelt, so daß sich die Wassermoleküle davon gewissermaßen übertölpeln lassen, sich an das Silberjodid anfügen und so einen Schneekristall schnell wachsen lassen. In vielen Teilen der Welt hat man Wolken mit Silberjodid geimpft, indem man es mit Flugzeugen ausstreute oder am Boden abblies und vom Auftrieb der Luft in die Wolken hineinbefördern ließ. Viele Meteorologen halten diese Wolkenimpfung mit Trockeneis und Silberjodid für wenig wirkungsvoll, und das Verfahren ist überhaupt in Fachkreisen noch umstritten. Gewisse Erfolge lassen sich jedoch keineswegs abstreiten.

Andererseits haben kühne Zukunftsplaner in der Meteorologie darauf hingewiesen, daß der erzeugte Regen bei der Silberjodid-Methode

Die globale Kontrolle des Wetters und des Klimas in der näheren oder ferneren Zukunft kann nur mit Hilfe von hochentwickelten Instrumententrägern und Weltraumstationen aus dem All gesteuert und überwacht werden.

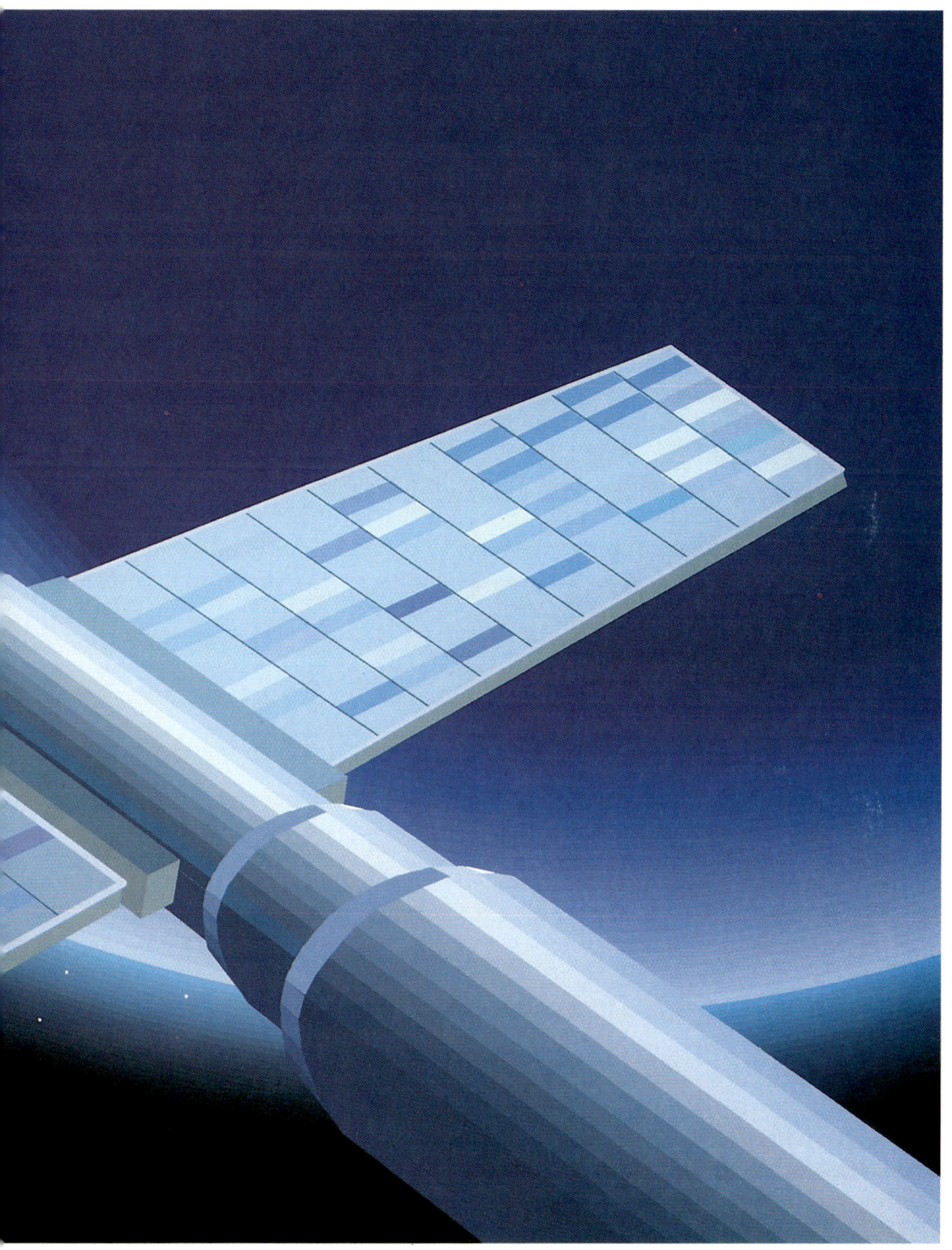

das weniger wichtige Produkt sei; viel bedeutender ist die dabei erzeugte Wärmemenge, die man durch die künstlich geförderte Kondensation in jedem Kubikmeter Luft entlädt. Nun sind es ja gerade Temperaturunterschiede, die Luftmassen in Bewegung setzen. Darauf gründen sich Möglichkeiten, in großem Maßstab in die Wettermaschine einzugreifen. In gleichem Sinne hat der amerikanische Geophysiker Professor Joseph Kaplan einen sehr interessanten Vorschlag gemacht, der ebenfalls auf künstlich gesteuerte Temperaturveränderungen von Luftmassen gerichtet ist. Professor Kaplan hat auf die Sperrschicht in 80 Kilometer Höhe hingewiesen, in der man mittels Raketen feinverteilten Staub oder Wasserdampf absetzen könnte. Das Material würde sich dann in feinverteilter Form in dieser Schicht von selbst ausbreiten, die Sonnenstrahlung absorbieren oder in den Weltraum zurückwerfen. Da die Luftdichte dort oben sehr gering ist, kann man schon mit relativ wenig Material, das heißt einigen Tonnen, Flächen von vielen tausend Quadratkilometern überdecken. Mit seinem Vorschlag lehnt sich Professor Kaplan an ein Experiment an, das die Natur am 27. August 1883 selbst angestellt hatte. Bei der Explosion des Vulkans Krakatau in der Sundastraße sind damals fein verteilte Staubmassen bis in die 80-Kilometer-Schicht hinaufgeschossen worden, wo sie noch monatelang schwebten. Sie erzeugten in der ganzen Welt spektakuläre Sonnenuntergänge und haben bestimmt auch Wetter und Klima beeinflußt. Die Meteorologie der damaligen Zeit war allerdings noch nicht soweit, um solche Folgen nachweisen zu können.

So könnte man also durch Mobilisierung der Kondensationswärme und durch Beeinflussung der Sonneneinstrahlung auf die Temperaturverteilung großer Luftmassen Einfluß gewinnen. Selbst Temperaturdifferenzen von Bruchteilen eines Grades könnten dann große Wirkungen haben: den Verlauf und die Mächtigkeit von Hoch- und Tiefdruckgebieten könnte man vielleicht so steuern, daß drohenden Hurrikanen neue Wege gewiesen werden; sie würden dann ihre zerstörerische Gewalt über dem freien Ozean austoben.

Eine globale künstliche Beeinflussung des Wetters oder gar des Klimas wird es wohl nie geben. Dazu ist das System zu groß, in seiner Wechselwirkung zu verwickelt und viel zu energiereich. Das ist vielleicht aber auch gut so. Wenn wir Menschen auch noch das Wetter und das Klima »machen« könnten, dann hätten wir doch nur wieder ein anderes bedeutendes Element, uns weltweit zu streiten. Lokale Einflußnahmen auf Wetter und Klima bleiben ja nicht auf die Landesgrenzen beschränkt, sondern werden der Natur der Atmosphäre entsprechend sehr bald global wirksam. Dann werden vielleicht noch Kriege geführt werden, weil jeder ein anderes Wetter haben will. Die Schöpfung hat es schon sehr schön eingerichtet, daß sie uns den Zugang zu bestimmten Großoperationen versperrt. Wir mußten bisher damit zufrieden sein, welches Wetter und welches Klima die Natur uns zuerteilt – wir sollten lieber aufpassen, daß wir mit unserer industriellen und landwirtschaftlichen Tätigkeit dieses Gleichgewicht nicht stören.

# PALÄONTOLOGIE DER ATMOSPHÄRE UND DES KLIMAS

Die Darwinsche Theorie der Evolution ist so allgemein gültig, daß man sie auch auf die unbelebte Natur anwenden kann. So hat unsere Atmosphäre eine Entwicklungsgeschichte, in der sie Schritt für Schritt zu dem geworden ist, wie wir sie heute sehen. Der Vergleich mit der Evolution von Darwin ist besonders angebracht, da die Existenz des Lebens die Entwicklung der Erdatmosphäre entscheidend beeinflußt hat. Ohne das Leben besäße die irdische Atmosphäre nämlich keinen Sauerstoff.

Der sogenannte »Pferdekopf«-Nebel im Sternenbilde des Orion. Es handelt sich um eine chaotische Mischung von dunklen Gas- und Staubmassen und von feinem, leuchtendem Gas, das im Lichte benachbarter Sterne fluoresziert. Die Gasmassen sind ein typisches Gemisch der Materie des Weltalls, nämlich Wasserstoff und Helium.

Der Begriff Paläontologie wird meist nur für die Geschichte der irdischen Lebensformen verwendet. Aber auch die Erdatmosphäre und das Klima haben eine geschichtliche Vergangenheit von Milliarden von Jahren und haben während dieser riesigen Zeitspanne typische Veränderungen erfahren, so daß man auch hier getrost von Paläontologie sprechen kann.

Das Leben auf unserer Erde ist schon fast drei Milliarden Jahre alt. In dieser langen Zeit hat sich das Leben sehr breit und hoch entwickelt; denn dazu hatte es auf unserem Planeten ja auch eine sehr schöne Gelegenheit. Die mild temperierten Schalen aus Wasser und Luft, die unsere Erde umgeben, sind eine überaus ideale, lebensfreundliche Umwelt.

Mit der Temperatur ihres Weltmeeres und ihrer Atmosphäre, aber auch mit der chemischen Zusammensetzung dieser flüssigen und gasförmigen Schalen bietet unsere Erde dem Leben ein goldenes Gleichgewicht in ihrer Umwelt an. Das Weltmeer besteht natürlich aus Wasser, in dem Salze gelöst sind. Die Atmosphäre besteht zu etwa $^4/_5$ aus gasförmigem Stickstoff, aus knapp $^1/_5$ Sauerstoff, aus etwa 1% Argon und aus einer kleinen Beimischung von 0,03% Kohlendioxid, $CO_2$. Obwohl das Kohlendioxid nur einen so spärlichen Anteil in der Zusammensetzung der Atmosphäre aufweist, hat es dennoch für die Gestaltung unseres Klimas eine ganz große Bedeutung. Bevor wir uns ansehen, was es mit dem $CO_2$ für eine Bewandtnis hat, wollen wir einen Blick werfen auf die Entwicklungsgeschichte der Atmosphäre, ja sogar der Erde und des ganzen Planetensystems.

Unsere Sonne und unser Planetensystem sind vor rund 5 Milliarden Jahren aus dem Urgas entstanden. In seiner chemischen Zusammensetzung ist dieses Urgas auch heute noch sehr einfach. Das Element Wasserstoff umfaßt etwa 90% dieser Gasmasse. Dazu kommt etwa noch 9% Helium, und der Masse nach besteht nur 1% des Urstoffes aus den schwereren Elementen. Da diese schwereren Elemente, wie ihr Name schon sagt, größere Atomgewichte haben, entfällt im Stoff der Schöpfung im ganzen Universum auf tausend Atome nur ein einziges Atom eines schwereren Elementes. Es gibt demnach im Weltall – zwar äußerst selten und dünn verteilt – auch Atome der schweren Elemente, von denen die Dreiergruppe Kohlenstoff, Stickstoff und Sauerstoff und die Elemente Aluminium, Silizium, Schwefel, Eisen und Nickel mit Abstand am häufigsten sind. Das Verhältnis von etwa 1:100 ist übrigens auch die Mischung in der Häufigkeit der chemischen Elemente, wenn wir unser ganzes Planetensystem – d. h. Sonne und alle Planeten zusammengenommen – beobachten. Die Sonne nämlich ist etwa tausendmal schwerer als alle Planeten zusammengenommen, und sie selbst ist ein Gasball, der praktisch nur aus Wasserstoff und Helium zusammengesetzt ist. Die inneren Planeten dagegen, und das wissen wir ja von unserer eigenen Erde, bestehen in der Hauptsache aus den schweren Elementen. Auf unserer Erde sind Wasserstoff und Helium sehr selten.

Diese chemische Inventur des Sonnensystems hat die Astronomen immer schon gewundert. Damit nämlich mußte man die einfachsten Überlegungen, die man über die Entstehung der Planeten und damit der Erde angestellt hatte, ad acta legen. Es geht nämlich nicht an, daß man, wie mit einem riesigen Schöpflöffel, der Sonne eine große Menge ihres Gases entnimmt, es sich im Weltall abkühlen läßt und dann erwartet, daß daraus eine Erde wird. Es müssen also Prozesse abgelaufen sein, welche aus der ursprünglichen Sonnenmaterie diese seltenen Stoffe der schwereren Elemente ausgesiebt und zu festen Planetenkugeln zusammengefügt haben. Erst in den vierziger Jahren hat der deutsche Physiker Carl Friedrich von Weizsäcker eine brillante Idee vorgetragen, mit der er zeigte, daß so etwas sich wirklich abgespielt haben kann.

Jeder werdende Stern, und damit auch unsere eigene Sonne, war ursprünglich eine sich immer mehr verdichtende riesige Gaskugel. Außer Wasserstoff und Helium befanden sich in dem ursprünglichen Sonnengas eben auch noch im Verhältnis 1:100 die schwereren Elemente. Auch diese waren noch gasförmig. Als diese langsam sich kontrahierende Gaskugel noch ein paar tausend Mal größer war als der heutige Sonnenball, begann sie sich bereits zu drehen. Dabei haben sich die Gasmassen zu einer riesigen flachen Scheibe zusammengezogen, die, ähnlich wie die Ringe des Saturn, die Sonne umkreiste. Weizsäcker hat nun ausgerechnet, daß die eigentliche Sonne, als sie dann zum Leuchten kam, bereits etwa neun Zehntel der zur Verfügung stehenden Gasmassen in sich vereinigt hatte. Ein Zehntel verblieb in der kreisenden Scheibe, deren Massen wegen ihrer Zentrifugalkraft nicht in die Sonne stürzen konnten. Ein Hundertstel von diesem Zehntel, d. h. ein Tausendstel der gesamten ursprünglichen Masse, bestand aus den schwereren Elementen.

Obwohl der Ring von der immer schwerer werdenden Sonne erwärmt wurde, hat diese Hitze dennoch nicht ausgereicht, um die schwereren Stoffe dauernd in Gasform zu erhalten. So konnte es nicht verhindert werden, daß die Atome dieser Elemente sich nach den Gesetzen der Chemie zu Molekülen vereinigten und sich schließlich zu kleinen Körnern aus Siliziumoxid, Aluminiumoxid, Schwefel, Eisen, Eis und den vielen anderen Molekülarten zusammenfügten. Das Gas wurde immer

Entstehung des Planetensystems nach C. F. von Weizsäcker. In der Uratmosphäre der Sonne bildeten sich mehr oder minder regelmäßige Wirbel, die, sich selbst drehend, auf mehreren breiten Ringen die Sonne umkreisten.

mehr mit festen Körnern und Bröckchen angereichert, die gemeinsam mit den freien Gasatomen die Sonne umkreisten. So hat sich dann ein regelmäßiges System von Wirbeln ausgebildet, wobei es bevorzugte Stellen gab, in denen diese Staubteilchen und Bröckchen besonders oft zusammentrafen und in ihrer Größe immer mehr und mehr anwuchsen. So sind dann die Planeten entstanden, und heute noch kreisen sie in jenen Bahnen, welche ihnen die ursprüngliche Struktur dieses Wirbelsystems angewiesen hat. Die freien Wasserstoffatome fanden dabei in ihrer überwiegenden Mehrzahl keine Partner, an die sie sich chemisch anheften konnten. Sie sind dann, zusammen mit Helium, durch den Strahlungsdruck der immer heißer werdenden Sonne in das Weltall hinausgeblasen worden. Nur der hundertste Teil der Masse blieb zurück, und so haben wir heute in der Form der Planeten das eine Prozent der chemisch ausgesiebten schweren Elemente vor uns, die eben alle zusammen nur ein Tausendstel der Masse des Sonnensystems ausmachen.

In den ersten Geburtsphasen waren die Planeten noch flüssig, da sie die Bewegungsenergie der dauernd aufstürzenden Teile aus der Wirbelwolke nicht schnell genug abstrahlen konnten. Langsam jedoch kühlten sie ab, da die Einstürze immer seltener wurden. Allerdings sind diese Prozesse der Planetenbildung auch heute noch nicht ganz abgeschlossen, und die Planeten haben den Raum des Planetensystems noch nicht ganz sauber gefegt. Die Masse der Erde nimmt heute durch den Einsturz von zumeist mikroskopisch kleinen Meteorteilchen noch immer um etwa 1000 Tonnen pro Tag zu. Noch etwa alle Millionen Jahre kommt ein schwerer Brocken, der dann die auf der Erde so seltenen Meteorkrater erzeugt.

Wir aber wollen für den Rest unserer Geschichte die Rolle der Gase weiterverfolgen. Es gab nämlich bei der Planetenbildung noch genug flüchtige Stoffe, welche dann die Atmosphären der Planeten bildeten. Allerdings war die Schwerkraft nur der größeren Planeten stark genug, um eine der unseren vergleichbare Atmosphäre zu bilden. Unser Mond und der Planet Merkur konnten keine Atmosphäre halten, und auch die Marsatmosphäre ist so dünn, daß ihr Luftdruck nur etwa ein Hundertstel des irdischen Wertes beträgt.

Die Geschichte der Erdatmosphäre glauben wir recht gut zu kennen. Wenn man die chemischen Kräfte kennt, die in dem ursprünglichen Gasgemisch des werdenden Planetensystems herrschten, kann man die Geschichte der Erdatmosphäre in etwa nachzeichnen. Wir haben ja gesehen, daß unter den schweren Elementen drei besonders häufig waren, nämlich Kohlenstoff, Stickstoff und Sauerstoff. Da am Anfang genügend

Wasserstoff zur Verfügung stand, haben fast alle Atome dieser drei Elemente sich chemisch mit Wasserstoff verbinden können. Es ist für das Schicksal der Erde und für die Entwicklung des Lebens auf ihr ein sehr glücklicher Umstand, daß die sogenannten Hydride des Kohlenstoffs, des Stickstoffs und des Sauerstoffs bei den damaligen Temperaturverhältnissen gasförmig waren. Chemisch ist es dabei so, daß sich jedes Kohlenstoffatom mit vier Wasserstoffatomen verband und dabei das Gas Methan bildete. Die Atome des Stickstoffs verbanden sich mit je drei Wasserstoffatomen und bildeten das Gas Ammoniak. Schließlich verbanden sich die Atome des Sauerstoffs mit je zwei Wasserstoffatomen und bildeten Wasserdampf. In seiner überwiegenden Masse bestand daher die Uratmosphäre der Erde aus Methan, Ammoniak und Wasserdampf. Hinzu gesellte sich noch mit etwa 1% Anteil das Edelgas Argon, das, seinem Namen entsprechend, keine chemischen Verbindungen eingeht und die weitere Entwicklungsgeschichte der Erdatmosphäre bis auf den heutigen Tag unangefochten überstanden hat.

Als die Sonne sich immer mehr erhitzte, wurde der Gehalt an sehr energiereicher ultravioletter Strahlung immer größer. Die Gase Methan, Ammoniak und Wasserdampf konnten diesem dauernden Beschuß auf die Dauer nicht standhalten und haben sich wieder in ihre Bestandteile zerlegt. Dabei entwichen die abgetrennten Wasserstoffatome wegen ihres geringen Gewichtes in das Weltall, da die Schwerkraft der Erde nicht ausreicht, sie dauernd an sich zu binden. Sowie freier Wasserstoff entstand, dampfte er ins Weltall ab. Das ist der Grund, weshalb wir in unserer Erdatmosphäre von dem häufigsten Element im Weltall nur ganz geringe Spuren finden.

Die restlichen Atome verbanden sich nun untereinander, und zwar wieder den chemischen Gesetzen folgend. Der Sauerstoff verband sich mit dem Kohlenstoff und bildete Kohlendioxid, $CO_2$, während der chemisch träge Stickstoff sich mit sich selbst verband: je zwei Stickstoffatome bildeten ein Stickstoffmolekül $N_2$. Das war dann die zweite Atmosphäre der Erde; denn sowohl Kohlendioxid als auch Stickstoff sind glücklicherweise Gase bei den mäßigen Temperaturen, die auf der Erde schon seit Jahrmilliarden herrschen. Der Wasserdampf konnte nicht völlig beseitigt werden, da der Vulkanismus durch überreiche Produktion von Wasser aus dem Magma inzwischen das Weltmeer erzeugt hatte. Damit begann der atmosphärische Kreislauf des Wassers mit Verdunstung und Regen, und seither hat die Luft immer eine gewisse Feuchtigkeit. Atmosphären dieser Struktur beobachten wir heute noch bei unseren Nachbarplaneten Venus und Mars. Die Atmosphäre unserer Erde je-

Einer unserer Astronauten bei einem Spaziergang auf dem Mond. So trostlos und unwirklich sieht die Oberfläche eines Himmelskörpers aus, der keine Atmosphäre besitzt.

doch hat nochmals eine letzte Umwandlung erfahren, denn Kohlendioxid gibt es heute noch mit einem ganz geringen Prozentsatz, während 20 Prozent unserer Luft aus freiem Sauerstoff besteht. Genau wie beim Stickstoff bilden je zwei Sauerstoffatome ein Sauerstoffmolekül $O_2$. Auf der Erde muß demnach etwas geschehen sein, was sich auf unseren Nachbarplaneten nicht ereignet hat. Dieses besondere irdische Ereignis ist die Entstehung des Lebens.

Auch heute noch teilen wir das Leben in zwei große Bereiche ein: die Fauna und die Flora. Beide sind wohl zur gleichen Zeit entstanden, ja sie haben sich eigentlich erst in einer späteren Entwicklungsphase so richtig getrennt. Dabei hat sich die Flora der reinen Masse nach weit stärker entwickelt als die Fauna; das Gewicht aller Tiere zusammengenommen ist nur ein kleiner Bruchteil des Gewichtes aller Pflanzen. Und die Pflanzen nun sind es, welche wir für die Umwandlung der Erdatmosphäre in ihren heutigen Zustand verantwortlich machen können, oder besser gesagt, wir verdanken den Pflanzen diese Umwandlung. Durch den raffinierten Prozeß der sogenannten Photosynthese sind Pflanzen nämlich imstande, Kohlendioxid der Atmosphäre zu entnehmen und diese Moleküle mit Hilfe der Energie des Sonnenlichtes aufzubrechen. Sie bilden dann mit Wasserstoff, welchen sie den Wassermolekülen entnehmen, Kohlehydrate, Fette, Zucker, Eiweiß und alle anderen komplexen Bausteine des Lebens. Bei diesem Prozeß bleibt Sauerstoff übrig, den sie in die Luft entlassen. In getreulicher Arbeit haben die Pflanzen während etwa der letzten zwei Milliarden Jahre fast das ganze Kohlendioxid aus der Atmosphäre herausgeschafft und durch freien Sauerstoff ersetzt.

Diese wunderbaren Prozesse befinden sich schon seit langer Zeit in einem wohlausgewogenen Gleichgewicht. Der Vulkanismus versorgt uns noch laufend mit zusätzlichem Kohlendioxid aus dem Erdinnern, den die Pflanzen für den Aufbau ihrer Körper benötigen. Damit ersetzen sie auch jeweils den Sauerstoff, der durch Oxidation der Erdkruste, durch Verwesungsprozesse und durch die Atmung der Tiere und von uns Menschen laufend verbraucht wird.

Vielleicht sollten wir an dieser Stelle die Entwicklungsgeschichte der Erdatmosphäre kurz unterbrechen und die Atmosphären der Schwesterwelten der Erde – der anderen Planeten – betrachten. Eine vergleichende Atmosphärenkunde der Planeten kann zum Verständnis der Verhältnisse auf unserer eigenen Erde sehr dienlich sein.

Alle Planeten sind – das darf man wohl mit Sicherheit annehmen – zur gleichen Zeit entstanden, und sie unterscheiden sich im Prinzip nur durch zwei urtümliche Eigenschaften: erstens durch ihre Größe und zweitens durch ihre Entfernung von der Sonne. Wenn ein Planet oder Mond sehr klein ist, ist er überhaupt nicht imstande, eine Atmosphäre zu halten; wenn er etwa die Größe der Erde oder der Venus besitzt, dann kann er das häufigste und chemisch recht wichtige Element Wasserstoff nicht zurückhalten, es sei denn, in der Form einer chemischen Verbindung. Kohlenstoff, Stickstoff und Sauerstoff dagegen kann er halten. Ein sehr großer Planet dagegen verliert seinen Wasserstoff nicht. Planeten, die der Sonne sehr nahe stehen, wie etwa die Venus und die Erde, müssen damit rechnen, daß die ultraviolette Sonnenstrahlung kräftig in die Chemie ihrer Atmosphären eingreift. Bei den Planeten, die in großer Entfernung um die Sonne kreisen, ist der Sonneneinfluß auf die Chemie der Atmosphäre geringer.

Es ist bestimmt sehr aufschlußreich, wenn wir das Planetensystem jetzt einmal unter diesen beiden Gesichtspunkten, Planet für Planet, besprechen.

Beginnen wir mit dem Planeten Merkur, dem sonnennächsten Planeten, der nur um ein weniges größer ist als der Mond. Auch er ist zu klein, um ein Weltmeer oder eine Atmosphäre zu halten. Die Atmosphäre der Venus besteht heute noch in der Hauptsache aus Kohlendioxid, aus Wasserdampf und dem üblichen Anteil von Argon. Auch wissen wir heute, daß unser Schwesterplanet Venus eine Atmosphäre besitzt, die rund hundertmal dicker ist als die Erdatmosphäre. Seine Oberflächentemperatur beträgt rund 500 Grad Celsius, so daß auf seiner Oberfläche kein flüssiges Wasser existieren kann. Das gesamte Weltmeer der Venus schwebt als Wasserdampf in ihrer Atmosphäre.

Der nächste Planet in der Reihe ist unsere eigene Erde. Die Geschichte ihrer Atmosphäre und ihres Weltmeeres haben wir bis zu einem bestimmten Punkt beschrieben; wir sind soweit gekommen, daß die Erde schon seit langem einen Ozean besitzt und eine Atmosphäre gehabt haben muß, die vor vielleicht 3 bis 4 Milliarden Jahren, ebenso wie die Venusatmosphäre heute, aus Kohlendioxid und Stickstoff bestand.

Mars ist der vierte Planet, aber wir wollen jetzt erst die äußeren Planeten, Jupiter, Saturn, Uranus und Neptun betrachten. Die Atmosphären dieser Planeten bestehen immer noch aus dem urtümlichen Gemisch von Ammoniak und Methan. Wir können auch verstehen, warum die Atmosphären dieser Planeten in diesem Zustand verharrten. Sie sind groß genug, um den leichten Wasserstoff zu halten, und so weit von der Sonne entfernt, daß die urtümlichen chemischen Verbindungen Ammoniak und Methan auf ihnen wohl für immer beständig sein werden.

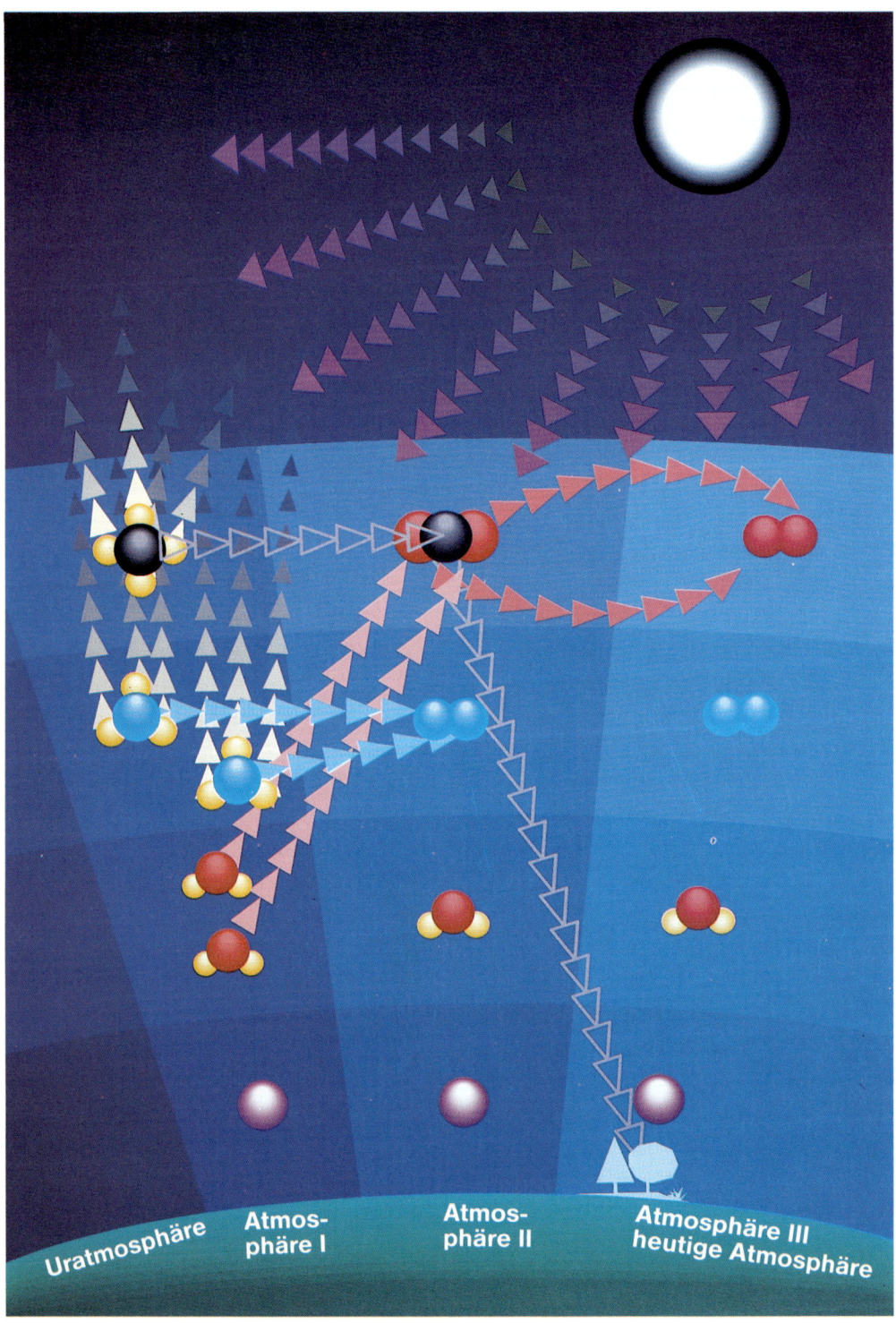

Die dynamische Geschichte der Erdatmosphäre. Auf der linken Seite sehen wir die Bestandteile der Uratmosphäre von oben nach unten: Methan, darunter Ammoniak, Wasser sowie das Edelgas Argon. Die zunehmende Sonnenstrahlung sprengt den Wasserstoff aus den Molekülen heraus, der in das Weltall entweicht. Die übriggebliebenen Atome bilden Kohlendioxyd, molekularen Stickstoff und Wasser. Argon bleibt.

Diese vier Planeten haben die Metamorphose, welche die Venus und die Erde mit ihren Atmosphären durchgemacht haben, nicht erlebt.

Nun zurück zum Mars. Mars ist der zweitkleinste unter den Planeten, größer als Merkur, aber nur etwa ein Zehntel so reich an Masse wie Erde und Venus. Seine Schwerkraft ist daher wesentlich kleiner, und so können wir verstehen, daß er seinen Wasserstoff in allen Phasen der Entwicklung immer sehr schnell verloren hat. Die Geschichte seiner Atmosphäre ist auch sonst ganz anders verlaufen. Wir haben zuvor gesehen, daß bei der Erde nach dem Verlust der Uratmosphäre erneut Wasserdampf aus dem Innern entwichen ist und zur Bildung der Ozeane geführt hat. Bei dem viel kleineren Mars ist vermutlich die Bildung von Wasserdampf schon immer wesentlich geringer gewesen. In demselben Tempo, in dem der kleine Marskörper Wasserdampf produzierte, hat ihn die Sonnenstrahlung in Wasserstoff und Sauerstoff zerlegt. Der Wasserstoff ist sehr schnell entwichen, und der übriggebliebene Sauerstoff ist bei der Oxidation des Marsgesteins verbraucht worden. Das ist auch der Grund für die rote Farbe des Planeten Mars, die vermutlich von einer starken Anreicherung von Eisenoxid auf der Oberfläche des Planeten herrührt. Kurz gesagt, wie es einem alten Kriegsgott gebührt, im Laufe der Jahrmilliarden ist seine Rüstung etwas rostig geworden. Nur ein geringer Teil des Sauerstoffs hat sich, wie bei der dritten Atmosphäre der Erde, in der Form von Kohlendioxid erhalten, der Rest der Marsatmosphäre besteht vermutlich aus Stickstoff und Argon.

Die Entfernung eines Planeten von der Sonne und die Natur seiner Atmosphäre bestimmen auch seine Farbe. Die dichte Wolkendecke, die den Planeten Venus einhüllt, verleiht ihm seinen blendend weißen Glanz. Bei dem Planeten Mars ist die Atmosphäre so dünn, daß wir bis auf die rötliche Wüste blicken können, die den größten Teil seiner Oberfläche bildet. Die vier großen Planeten Jupiter, Saturn, Uranus und Neptun besitzen ebenfalls dichte Wolkenschleier, deren Farbe von der Chemie ihrer Atmosphäre bestimmt wird. In immer größerer Entfernung von der Sonne nehmen die Absorption des Methans und des Ammoniaks immer mehr zu, so daß die äußeren Planeten einen kleinen Stich ins Grüne aufweisen.

Nur unser Planet ist blau – der einzige blaue Planet im Sonnensystem. Zwar sind weite Strecken der Erde von Wolken bedeckt, die, vom Weltraum aus gesehen, das Licht der Sonne blendend weiß reflektieren. Die klare Luft jedoch streut das Sonnenlicht nach allen Seiten, wobei die blauen Wellenlängen des Lichtes bevorzugt werden. Von der Erde aus gesehen ist der Himmel blau, und das Blau des Himmelslichts wird auch

Wegen ihres lebensfreundlichen Klimas besitzt die Erde riesige, mit dichtem Urwald bewachsene Flächen. Diese Pflanzen sorgen seit Millionen von Jahren für das Gleichgewicht in der Zusammensetzung unserer Atmosphäre.

in den Weltraum hinausgestrahlt. Dadurch entsteht jener blaue Schimmer, in den unser Planet eingehüllt erscheint, wenn man ihn von außen her erblickt. An den Stellen, wo die Luft klar ist, blickt das Auge bis zur Oberfläche, und an vielen Stellen sieht man das Weltmeer, denn die Ozeane bedecken ja mehr als $2/3$ der Oberfläche der Erde. Das Blau des Meeres hat also auch einen Anteil an der blauen Farbe unseres Planeten.

Größe und Entfernung eines Planeten von der Sonne sind demnach die entscheidenden Faktoren für die Struktur unserer Atmosphäre. Venus und Erde sind Nachbarn, vergleichsweise im selben Abstand von der Sonne und fast genau gleich groß. Nach unserer These müßten ihre Atmosphären demnach die gleiche Zusammensetzung haben. Das ist jedoch nicht der Fall.

Wie wir schon angedeutet haben, ist die Geschichte der Erdatmosphäre deswegen völlig anders abgelaufen, weil die Erde Leben besitzt. Wir haben mit den Instrumenten unserer modernen Weltraumfahrt unseren Mond und die Nachbarplaneten gründlich erforscht. Astronomen und Biologen waren immer schon brennend daran interessiert, ob es auf unseren Nachbarplaneten im Sonnensystem auch Leben gibt. Das erschütternde Ergebnis dieser Forschungen der letzten 20 Jahre besteht darin, daß unser blauer Planet der einzige Himmelskörper in unserer näheren Nachbarschaft ist, der Leben trägt. Alle anderen Himmelskörper des Planetensystems sind tot. Das ist auch der Grund dafür, weshalb unser Planet blau ist: weil er nämlich freien Sauerstoff in seiner Atmosphäre besitzt und ein Weltmeer hat. Wenn wir den Globus betrachten, so nehmen wir meist nur die Kontinente in Augenschein. Dabei übersehen wir jedoch, daß das Weltmeer mehr als 70 Prozent der Erdoberfläche überdeckt. Unsere schöne Erde hat als einziger Planet daher eigentlich eine flüssige Oberfläche. Deshalb kann er auch Leben tragen.

Während der rund drei Milliarden Jahre, seit dem Beginn des irdischen Lebens, haben die Pflanzen die Atmosphäre der Erde ganz entscheidend umgestaltet und aufrechterhalten. Die blauen und die grünen Algen des Weltmeeres sind schon seit langer Zeit am Werke, das Kohlendioxid in der Atmosphäre mit ihrer Photosynthese aufzubrechen, den Kohlenstoff in Kohlenwasserstoffe zu binden und den Sauerstoff frei in die Luft zu entlassen. Vor etwa 400 Millionen Jahren hat das Leben auch das Land erobert, und die Landpflanzen – die Gräser, Sträucher, Bäume und die Urwälder – sind auch laufend dabei, Kohlendioxid aus der Atmosphäre aufzunehmen und freien Sauerstoff zu erzeugen. Diesen Prozeß gibt es nur auf unserer Erde, und deshalb hat sie auch, als einzi-

Darstellung typischer Strukturen auf der Oberfläche des Planeten Venus. Die Landschaft zeigt keine Spuren und Wirkungen von Leben.

Photographie der trostlosen Stein- und Sandwüste, welche die Oberfläche des Mars bildet. Im Vordergrund sind Teile des auf dem Mars gelandeten Instrumententrägers zu erkennen.

ger unter den Planeten, freien Sauerstoff in der Atmosphäre. Den Pflanzen ist es sogar gelungen, den Gehalt an Kohlendioxid in der irdischen Atmosphäre auf den geringen Beitrag von 0,03 Prozent herunterzudrücken. Dieser Prozentgehalt an Kohlendioxid in der Atmosphäre bewegt sich in dieser Größenordnung – dank der Wirkung des Lebens – schon seit vielen Hundert von Millionen Jahren. Das ist das goldene Gleichgewicht in der Chemie unserer Lufthülle, von dem wir zuvor schon gesprochen haben. Und wir als Menschheit sind heute dabei, just dieses Gleichgewicht zu stören. Die bedrohlichen Folgen unseres Tuns wollen wir uns jetzt im einzelnen näher ansehen.

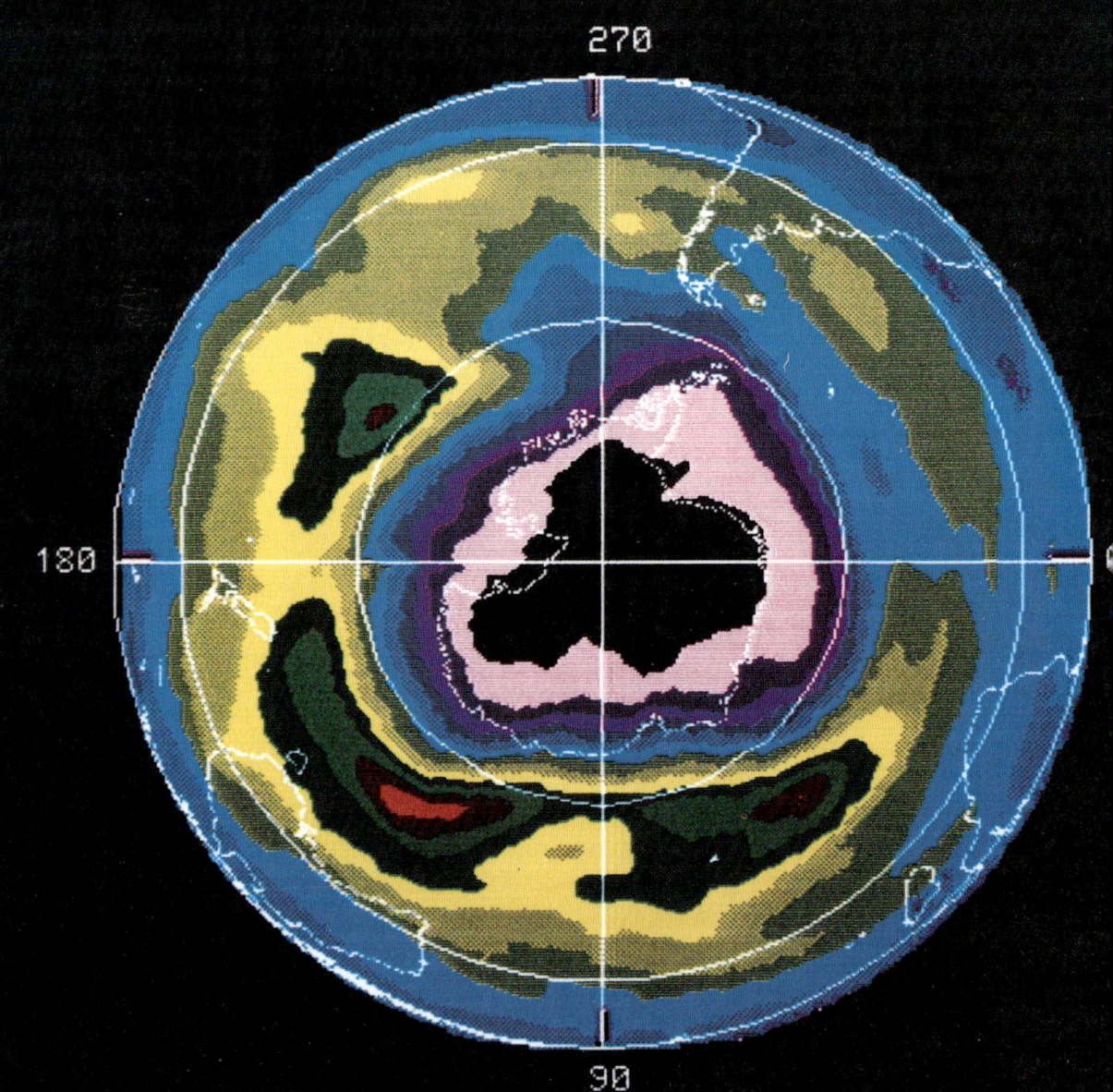

# DAS GESTÖRTE GLEICHGEWICHT

Führende Forscher aus den Gebieten der Geophysik, Meteorologie, Klimatologie und Ozeanographie sind sich darüber einig, daß der Treibhauseffekt unausweichlich sein wird. Die Diskussion über das Ausmaß der Katastrophe in ihren Einzelwirkungen ist jedoch noch lange nicht beendet. Die Wucht des Themas hat endlich auch die Öffentlichkeit und die Politiker erfaßt.

Ozonschicht über der Antarktis. Mit Hilfe von Satellitenphotos wird die abnehmende Dichte im Südpolarbereich laufend überwacht. (Details siehe Beschreibung der Abbildung auf Seite 227.)

Im Kapitel »Das goldene Gleichgewicht« haben wir uns klargemacht, daß der Kohlendioxidgehalt der Erdatmosphäre nur etwa 0,035 Prozent Anteile an der Gesamtmasse der Luft ausmacht. Auch hatten wir gesehen, daß nur geringe Schwankungen im $CO_2$-Gehalt einen großen Einfluß auf die mittlere Temperatur der ganzen Erde haben. Das ist ein faustdicker Effekt – das $CO_2$ ist der Joker.

Das $CO_2$ bildet einen Kreislauf, der in vielem dem Wasserkreislauf auf unserem Planeten vergleichbar ist. Durch den Vulkanismus der Erde wird es dauernd nachgeliefert, so daß die Erdatmosphäre sich eigentlich durch die Exhalation der Vulkan- und Lavamassen dauernd anreichern müßte. Dieses jungfräuliche Kohlendioxid aus dem Erdinnern jedoch wird zum größten Teil vom Meer aufgesaugt, da die Wassermassen der Ozeane Kohlendioxid, als Gas gelöst, aufnehmen. Insgesamt befindet sich im Weltmeer 50mal soviel Kohlendioxid wie in der Luft. Dabei freilich findet ein Austausch statt, wobei das Weltmeer mit seiner Aufnahmekapazität einen hervorragenden Puffer bietet. Diese Pufferwirkung hat freilich zwei Seiten: Das Meerwasser kann Kohlendioxid um so besser absorbieren, je kälter es ist. Umgekehrt: Erwärmt sich das Meerwasser, so wird das bereits gelöste $CO_2$ in steigendem Maße wieder abgedampft. Darin steckt für die Zukunft des Treibhauseffektes eine teuflische Verstärkerwirkung. Je wärmer die Erde wird, um so mehr wird auch das Meer in seiner Temperatur steigen und auch wiederum mehr $CO_2$ abdampfen. Dadurch wird der Treibhauseffekt zusätzlich verstärkt, und die Erde wird noch wärmer usw. . . . . Selbst wenn wir in den nächsten 20 Jahren mit der Verbrennung der fossilen Brennstoffe Kohle und Öl völlig Schluß machen könnten, würde der Treibhauseffekt nicht zum Halten kommen. Er würde sich von selbst laufend weiter verstärken. Es sieht leider so aus, als ob dieser Zug schon abgefahren sei. Die physikalischen Gesetze der Lösung von Gasen im Wasser wollen wir uns einmal näher ansehen.

Da Wasser dauernd mit der Luft in Kontakt ist, dringen Teile der Gase in das Wasser ein und vermischen sich unsichtbar mit der Flüssigkeit. In der Chemie spricht man von gelösten Gasen im Wasser. Auch unser Leitungswasser enthält entsprechende Anteile von Luft in gelöster Form. Das können wir daran sehen, daß sich an den Wänden eines mit Wasser gefüllten Gefäßes kleine Gasblasen bilden, wenn man das Gefäß auf eine Heizplatte stellt. Diese Gasblasen bilden sich auch, bevor das Wasser zu kochen beginnt – es sind also keine Dampfblasen. Diese bilden sich erst, wenn der Siedepunkt erreicht ist. Dann fängt das Wasser an zu sprudeln. Aber schon bei einer Erwärmung auf nur 40–50 Grad sehen wir überall an der Gefäßwand die kleinen Gasbläschen auftauchen. Dieses einfache Experiment, das wir täglich anstellen, wenn wir Kaffeewasser zubereiten, zeigt uns ein wichtiges physikalisches Gesetz der Löslichkeit von Gasen im Wasser. Die Fähigkeit des Wassers, Gase in gelöster Form zu enthalten, hängt sehr stark von der Temperatur des Wassers ab. Kaltes Wasser kann viel Gas in unsichtbarer, gelöster Form enthalten; bei steigender Temperatur nimmt diese Fähigkeit des Wassers ab, und die überschüssigen gelösten Gase werden ausgeschieden und erscheinen als winzige Bläschen an der Gefäßwand. Das ist der Grund, weshalb das Meerwasser imstande ist, Kohlendioxid als Gas gelöst aufzunehmen.

Die Geophysiker wissen das natürlich schon seit langer Zeit und haben auch die Ozeanographen bei der Lösung des Problems zu Rate gezogen. Kürzlich ist das deutsche Forschungsschiff »Meteor« von einer Expeditionsreise aus der eisigen Polarnacht 1988–89 zurückgekehrt, und der deutsche Meeresforscher Professor Dr. Jens Meincke hat über diese abenteuerliche Fahrt berichtet. Während der ganzen Reise zwischen Grönland, Spitzbergen und Norwegen hat die »Meteor« kein einziges Schiff getroffen und dabei Forschungen über das Absinken des Oberflächenwassers in die Tiefe angestellt, einen Vorgang, der sich in jeder Polarnacht im Nordatlantik ereignet. Das salzige Meerwasser hat dort eine Temperatur von 1,8 Grad unter Null, und in jeder Sekunde sinken 500 000 Kubikmeter dieses Wassers in eine Tiefe bis zu 3800 m. Durch seinen engen Kontakt mit der Atmosphäre hat das kalte Wasser sich mit $CO_2$ vollgesogen und dabei mächtig mitgeholfen, den industriellen Anstieg des Kohlendioxids in der Luft zu bremsen. Leider reicht es nicht aus, dem jährlichen Zuwachs Einhalt zu gebieten.

Doch zurück zum globalen Kreislauf des Kohlendioxids. Ein großer Teil des Kohlendioxids wird auch von der Erdkruste bei der Bildung von Kalksteinen aufgenommen, wobei auch das Leben fleißig mithilft. Gewaltige Mengen von Kohlendioxid, die den Vulkanen laufend entwichen sind, wurden auf dem Weg über Kalkschalen der Muscheln und Schnecken der Erde wieder zugeführt. Diese Vorgänge spielen sich auch heute noch ab.

Kohlendioxid wird auch erzeugt durch Verbrennungsprozesse. Den größten Anteil daran haben Wald- und Steppenbrände, die es schon immer gegeben hat. Sodann verbraucht die Fauna – einschließlich uns Menschen – laufend Luftsauerstoff. Menschen und Tiere atmen Sauerstoff ein und Kohlendioxid aus. Auch das gehört zum Kreislauf des Kohlenstoffs auf unserer Erde, obwohl dies im Gesamthaushalt unserer Atmosphäre nur ein winziger Beitrag ist.

Die Flora, die ihrer Masse nach der Fauna weit überlegen ist, verkraftet das. Die Photosynthese der Pflanzen weltweit – wobei die Meerespflanzen einen Anteil von bis zu 90 Prozent haben – sorgt dafür, daß der Sauerstoffgehalt der Luft bei rund 20 und der Kohlendioxidgehalt der Luft bei rund 0,035 Prozent fixiert bleibt. Wenn alle Pflanzen plötzlich sterben würden, so würde es nur etwa 3000 Jahre dauern, bis der gesamte Luftsauerstoff der Atmosphäre durch Ver-

Schematische Darstellung des Kohlenstoffkreislaufs in der Atmosphäre, wobei die verschiedenen Quellen und Deponate des atmosphärischen Kohlenstoffs symbolisiert sind.

Algen

Kohlenwasserstoffe

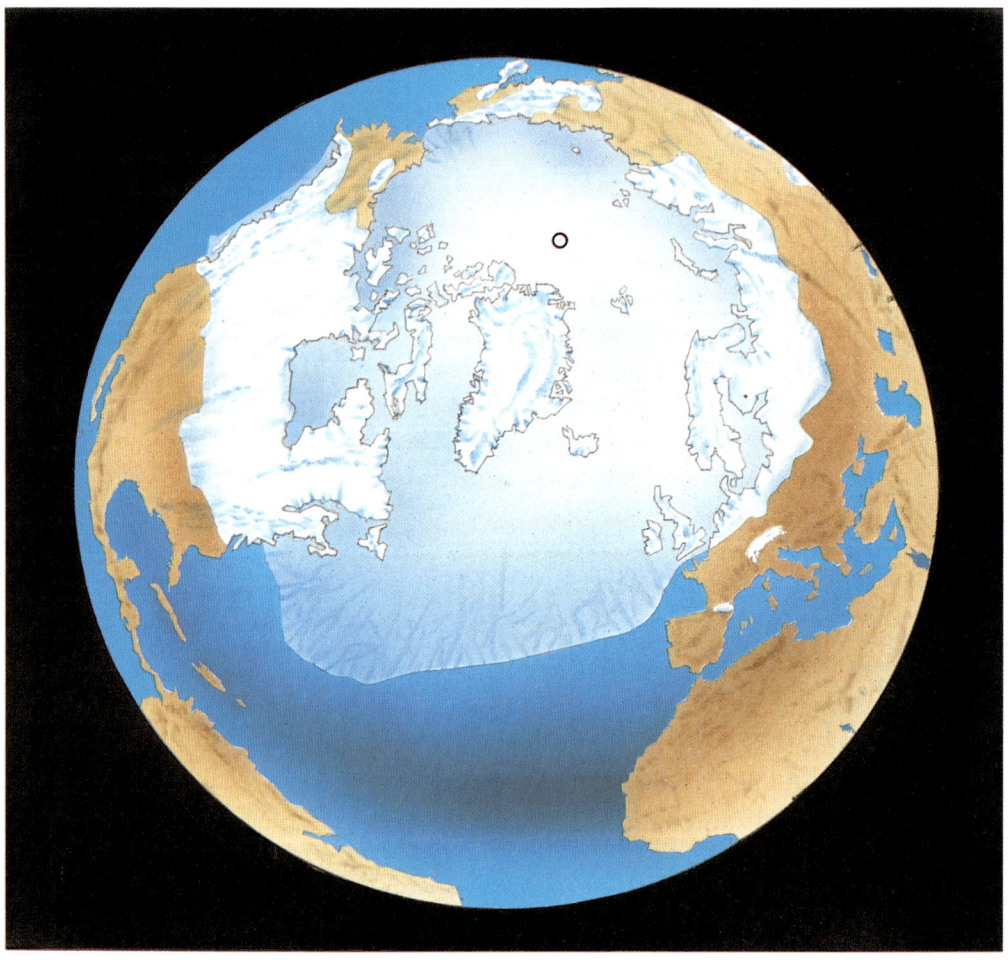

Darstellung der Erde zur Zeit der größten Eisbedeckung während der letzten Eiszeit vor 130 000 Jahren. Das gesamte Polargebiet und der nördliche Atlantik waren von Treibeis bedeckt, während die angrenzenden Kontinente bis in eine Breite von etwa 50 °N völlig vergletschert waren.

brennungsprozesse und Oxidation der Erdkruste verbraucht wäre. Das ist eigentlich ungeheuer, denn gerade die Pflanzen halten das Leben auf der Erde aufrecht. Das ist das goldene Gleichgewicht, von dem wir sprachen.

Wir wissen, daß unser Planet während der letzten Millionen Jahre seiner jüngsten Geschichte vier große Eiszeiten erlebt hat. Dabei waren große Teile der Nordhalbkugel bis zum 50. Breitengrad in Europa, Asien und Nordamerika von riesigen Gletschern bedeckt. Die Graphik auf Seite 212 gibt uns einen Eindruck über das Ausmaß der Vereisung der Nordhalbkugel unseres Planeten im Höhepunkt der letzten Eiszeit vor 130000 Jahren. Diese Eiszeiten haben im Schnitt mehrere hunderttausend Jahre gedauert, wobei sich die Erde dann wieder 100000 oder 200000 Jahre lang erwärmte und die eiszeitlichen Gletscher abschmolzen. Der Mensch hat in seiner Geschichte diese Eiszeiten erlebt. Die letzte ging erst vor 20000 Jahren zu Ende und ermöglichte mit der noch jetzt andauernden Zwischeneiszeit den Aufschwung der Kultur. Die Reste des Eises gibt es heute noch: das Packeis des Nördlichen Eismeeres, die Vergletscherung Grönlands und die kilometerdicke Eiskappe, unter der die Antarktis noch heute begraben liegt.

Die Erdwissenschaftler sind sich heute noch nicht ganz darüber einig, wieso diese Eiszeiten – jene riesigen Atemzüge im Lebensrhythmus unserer Erde – zustande kommen. Schon vor dem Zweiten Weltkrieg hat der jugoslawische Geologe Michailowics eine Theorie entwickelt, die so bestechend war, daß man glaubte, das Problem sei gelöst. Die mittlere Temperatur der Erde hängt ja sehr stark von der Sonnenbestrahlung ab. Nur wenige Prozent Abnahme der Sonnenstrahlung oder Änderung in ihrer zeitlichen Verteilung würden die Erdtemperatur stark beeinflussen. Nun bewegt sich ja die Erde um die Sonne in einer Bahn, die zwar eine Ellipse ist, sich aber mit dem bloßen Auge kaum von einem Kreis unterscheidet. Nach den Gesetzen der Himmelsmechanik steht die Sonne nicht im Mittelpunkt dieser Ellipse, sondern in einem ihrer Brennpunkte. Der Abstand der Erde von der Sonne ist also nicht immer gleich groß: Jeweils am 3. Januar eines jeden Jahres steht die Sonne 146,5 Millionen Kilometer nah, während der sonnenfernste Punkt am 3. Juli erreicht wird, mit einem Abstand von 152,5 Millionen Kilometer von der Erde. Es klingt zunächst verblüffend, daß die Erde just in der Mitte des Winters der Sonne am nächsten steht, während im Sommer der Abstand am größten ist. Das gilt natürlich nur für die Nordhalbkugel, denn auf der Südhalbkugel ist im Januar Sommer und im Juli Winter. Diese Überlegung allein zeigt uns schon, daß diese kleinen Abstandsänderungen, die vom Mittelwert nach oben und unten nur um je zwei Prozent abweichen, zu klein sind, um die Erdtemperatur wesentlich zu beeinflussen.

Die Überlegung von Michailowics bestand nun darin, daß vielleicht die Erdbahn in ihrer Form während des Ablaufs von Jahrmillionen mehr oder minder großen Schwankungen unterworfen ist. Diese Schwankungen können hervorgerufen werden durch die stets wirkende Anziehungskraft der beiden Riesenplaneten Jupiter und Saturn, die zusammen mehr als 400mal schwerer sind als die Erde. Michailowics hat nun erste Berechnungen angestellt und festgestellt, daß die Form der Erdbahn dadurch in der Tat rhythmischen Schwankungen unterworfen sein kann. Wenn die Erdbahn weit mehr als heute von der Kreisform abweicht, dann wachsen die Unterschiede des Sonnenabstandes während eines Jahres und können ein Maß erreichen, bei dem die Sonnenstrahlung in der

Tat weit mehr schwankt als bei der heutigen Form. Nach den Keplerschen Gesetzen der Planetenbewegung bewegt sich ein Planet bei seiner Bahn um die Sonne in dem sonnenentfernten Teil der Bahn merklich langsamer als in Sonnennähe. Dadurch würde die Erde sich zusätzlich auch in den sonnenentfernten Bereichen viel länger aufhalten als in den sonnennahen Bereichen. Das könnte den Durchschnittswert der Sonnenbestrahlung für die Erde genügend stark herabsetzen, um eine Eiszeit hervorzurufen.

Solche Berechnungen der Änderung der Erdbahn durch die Wirkung der Großplaneten sind sehr aufwendig und mühsam. Erst die moderne Computertechnik hat ergeben, daß die Eiszeittheorie von Michailowics doch wohl nicht stimmt. Das ist eigentlich schade – denn das Schöne an dieser Theorie war die Möglichkeit, den auffallend periodischen Charakter der Eiszeiten zu verstehen. Nun ist ja die Kunst der Computerberechnung immer weiter ausgereift; so erschien im Jahre 1988 ein Bericht, daß an der Theorie von Michailowics doch etwas dran sei. Das wird die Zukunft beweisen. Für die Geologen wäre das natürlich sehr schön, weil sie dann den Astronomen das Problem für die Verursachung der Eiszeiten überlassen könnten. Denn mit ihrer sprichwörtlichen Genauigkeit wären diese dann imstande, künftige Eiszeiten mit der Präzision vorauszuberechnen, wie sie es bei künftigen Eintritten von Sonnenfinsternissen so schön können. Zur Zeit sieht es leider so aus, als ob die Geologen auf diesem Problem sitzen blieben.

Unter den vielen Überlegungen, wie nun die Eiszeiten wirklich entstehen, kommt man immer wieder auf mehr oder minder periodische Änderungen der Vulkantätigkeit unseres Planeten zurück. Bei einem Vulkanausbruch werden gewaltige Massen von Dampf und Gasen in die Atmosphäre geblasen – darunter auch Schwefeldioxid und vor allen Dingen auch Kohlendioxid. Auf der anderen Seite erzeugt ein großer Vulkanausbruch Millionen Tonnen von Staub, der in die Atmosphäre geblasen wird, jahrelang dort verweilt und sich über die ganze Erdatmosphäre ausbreiten kann. Beim jüngsten Ausbruch des Mount St. Helens im Staate Washington im Nordwesten der USA am 18. Mai 1980 konnte man diese Staubwolke beobachten, die bereits nach vierzehn Tagen fast die ganze Erde in östlicher Richtung umkreist hatte. Noch schlimmer natürlich war es bei dem wohl größten Vulkanausbruch in der modernen Geschichte, beim Krakatau im Jahre 1883. Da explodierte die ganze Insel, Milliarden von Tonnen Gestein wurden als feinster Staub in die Atmosphäre geblasen. Noch jahrelang danach beobachtete man weltweit blutrote Sonnenuntergänge und einen deutlichen Einfluß auf das Weltklima. Leider war damals die Klimatologie noch in den Anfangsstadien als Wissenschaft, so daß es heute schwierig ist, die klimatischen Wirkungen eines gigantischen Vulkanausbruchs zu rekonstruieren.

Nun, bei einem Vulkanausbruch werden – wie wir gesehen haben – sowohl $CO_2$ als auch Staub abgeblasen. $CO_2$-Anreicherung würde die Erdtemperatur nach dem Treibhauseffekt steigern; Staubmassen würden die Sonneneinstrahlung behindern und die Temperaturen absinken lassen. Es sieht so aus, als ob die Abkühlungswirkung der Vulkantätigkeit die Erwärmung durch das zusätzliche Kohlendioxid entscheidend übertrifft. Eine Häufung von Vulkanausbrüchen würde demnach die Erde abkühlen. Dann hätten wir Eiskeller statt Treibhaus.

Diese Ansicht läßt sich durch eine Betrachtung der Klimaschwankungen während der letzten 400 Jahre belegen. Wir sprachen zuvor schon von den sogenannten säkularen Klimaschwankungen, die sich in der Vergangenheit ereignet haben. Etwa zur Zeitenwende, vor 2000 Jahren, hatten wir eine deutliche Erwärmung der Erde, die dazu führte, daß die Wälder der Mittelmeerländer stark zurückgingen und die dichten Nadelwälder in Mitteleuropa mehr durch Laubwälder ersetzt wurden. Zur Zeit Karls des Großen war diese säkulare Klimaschwankung in Richtung auf höhere Temperaturen auf ihrem Höhepunkt. Dann sackte die Temperatur im 16. Jahrhundert wieder ab, und diese kältere säkulare Klimaschwankung dauerte bis zum Ende des vorigen Jahrhunderts. Die Klimatologen sprachen geradezu von der »kleinen Eiszeit«. Und das war die Zeit, aus der unsere Märchen stammen, in denen von frierenden Kindern und verschneiten Wäldern vielfach die Rede ist. Auch die berühmten weißen Weihnachten stammen aus dieser Zeit – heute haben wir zu Weihnachten meist Tauwetter, worüber sich ja die Skiläufer alljährlich beklagen.

Es ist nun interessant, die Häufigkeit der Vulkanausbrüche seit dem Jahre 1500 ins Auge zu fassen. Geologen stellten in der Tat zwischen 1600 und 1900 eine starke Massierung von Vulkanausbrüchen fest, und die Häufigkeit von Vulkanausbrüchen läuft dem Auftreten der sogenannten kleinen Eiszeit zwischen 1600 und 1900 erstaunlich parallel.

Verblüffend für uns ist, daß just unser Jahrhundert besonders arm an großen Vulkanausbrüchen ist. Das würde man überhaupt nicht vermuten, denn unsere Zeitungen sind ja immer voll von Erdkatastrophen, wie Erdbeben und Vulkanausbrüche. Das liegt bestimmt daran, daß wir heute einen so hervorragenden, weltweiten Nachrichtendienst haben, so daß von einem auch vielleicht unbedeutenden kleinen Vulkanausbruch in Südamerika oder in Alaska prompt am gleichen Tage in der Tagesschau berichtet wird. Vor zwei- oder dreihundert Jahren wurde ein großer Vulkanausbruch in fernen Ländern erst Wochen später bekannt, wenn zufällig ein Schiff von einer großen Reise nach Hause kam. Das interessierte keinen Menschen, da man nicht davon betroffen war. Wenn auch die Journalisten mit ihrer Vorliebe für Katastrophenmeldungen es nicht wahrhaben wollen: In der Häufigkeit der Vulkanausbrüche ist gerade unser Jahrhundert gegenüber den vergangenen 300 Jahren besonders arm – glücklicherweise. Größere Vulkanausbrüche ereigneten sich: im Jahre 1904 der Mount Pelee auf der französischen Karibikinsel Saint Martinique; im Jahre 1926 explodierte der Vulkan Katmai in Alaska; im Jahre 1965 der Vulkan Agung auf Bali; 1980 der Mount St. Helens im Nordwesten der USA. An Wucht lassen sich die Vulkanausbrüche unseres Jahrhunderts bei weitem nicht mit den Vulkankatastrophen der letzten 300 Jahre davor vergleichen. Die Journalisten hätten es gerne, wenn es anders wäre, wie zum Beispiel Schlagzeilen bei dem letzten Ausbruch des Vulkans El Chichón in Mexiko im Jahre 1982: »Die Erde schlägt zurück«. Das ist eine völlige Übertreibung und Irreführung, denn gerade was den Vulkanismus angeht, ist unser jetziges Jahrhundert besonders friedlich.

Das gilt trotz San Francisco, China und Armenien auch für Erdbeben. Sie erscheinen uns nur größer und zerstörerischer, weil heute fünfmal so viel Menschen auf der Erde leben als noch vor 150 Jahren. Auch hier wieder gaukeln uns die perfekten Nachrichtenverbindungen unserer modernen Welt ein falsches Bild vor. So hat zum Beispiel das große Beben in Mittelkalifornien im Jahre 1853 an Stärke alle Beben unseres Jahrhunderts bei weitem übertroffen. Nur war es vor 140 Jahren in dem damals noch menschenleeren Gebiet keine so große Sensation, wie sie es heute wäre.

Die Lebensdauer der Menschheit ist zu kurz, um die Schwankungen der Vulkantätigkeiten unseres Planeten über die Jahrmillionen der Erdgeschichte hinweg abschätzen zu können. So bleibt die Vorstellung, daß vielleicht Vulkane mit der Häufigkeit ihrer Verstaubung irdischer Atmosphäre auch langfristige Eiszeiten verursachen können, eine Theorie. Wir wissen nur, daß es die Eiszeiten gegeben hat – eine stichhaltige Begründung für diese großen Schwankungen des Erdklimas können wir nicht anbieten.

Aus dem gleichen Grund können wir Eiszeiten nicht voraussagen. Gerade im Hinblick auf den drohenden Treibhauseffekt, denn bei der bevorstehenden Erwärmung der ganzen Erde wäre eine neue, wenn auch nur eine kleine Eiszeit, echt willkommen.

Da wir leider die Gründe für kleine säkulare Klimaschwankungen in Richtung auf kühlere Temperaturen noch nicht präzise angeben können, wäre eine Hoffnung auf ein Ausbleiben oder auch nur auf eine Verminderung des Treibhauseffektes während der nächsten 200 bis 300 Jahre verwegen. Alles deutet darauf hin, daß die Würfel zwischen »Eiskeller oder Treibhaus«, zumindest für unsere Enkel und Urenkel, zugunsten des Treibhauses gefallen sind. Darauf müssen wir uns einrichten.

Zuvor haben wir schon mehrfach darauf hingewiesen, daß die Klimatologen den Treibhauseffekt schon seit über 100 Jahren kennen und beobachtet haben.

Wir haben auch festgestellt, daß einige dieser Wissenschaftler schon frühzeitig davor gewarnt haben, jedoch die leichte Abkühlungsphase zwischen 1945 und 1980 hat diese Mahnungen als gegenstandslos erscheinen lassen. Im Jahre 1975 hat dann der Senior der deutschen Klimatologen, Professor Dr. Hermann Flohn von der Universität Bonn, in einem bedeutenden Grundsatzartikel das baldige Ende der kurzen Kältezeit vorausgesagt. Er hat ein durchdachtes Szenarium der Klimaentwicklung des kommenden Jahrhunderts entworfen. Er war einer der ersten Forscher, der darauf hinwies, daß die kurze Abkühlungsphase Ende der achtziger Jahre von den Wirkungen des Treibhauseffektes überrollt werden wird. Seine Voraussagen haben sich erfüllt.

Professor Flohn ist übrigens der deutsche Vertreter in einer internationalen Organisation für Klimaforschung, der »WMO« (World Meteorological Organisation), die in den letzten Jahren alle zwei Jahre auf verschiedenen Kontinenten eine bedeutende Tagung für Klimaforschung abhält. Auf diesen Tagungen ist der berüchtigte Treibhauseffekt stets das Hauptthema.

In dem erwähnten Artikel beschreibt Professor Flohn einige Alternativen in seinem Szenarium. Diese Alternativen beziehen sich auf das Überwiegen der menschlichen industriellen Tätigkeit über natürliche Wirkungen auf das Klima – das heißt Umschaltung auf eine Warmzeit. Dieser Alternative teilt er eine hohe Wahrscheinlichkeit und vermutlich eine rasche Entwicklung zu. Das bedeutet einen Zustand des klimatischen Systems, wie er in den letzten 200 000 Jahren niemals bestanden hat, ja wahrscheinlich in den letzten ein bis zwei Millionen Jahren nicht. Dieser alte Zustand ist gekennzeichnet von folgenden Symptomen: im Süden noch immer die hochvereiste Antarktis, im Norden die relativ kleine Eisinsel Grönland mit einer, noch im offenen Eismeer und mit schwimmendem Eis bedeckten Nordpolarkappe. Die vereiste Nordpolarkappe wird in den nächsten 50 bis 60 Jahren einen Anstieg der Wintertemperaturen um 15 bis 20 °C und der Sommertemperaturen um etwa 3 bis 5 °C zu erwarten haben.

Die Folge dieser Erwärmung wird dazu führen, daß sich die polare Eisgrenze der Nordhalbkugel mit wachsender Geschwindigkeit nach Norden zurückziehen wird. Um das Jahr 2050 wird das nördliche Polareis weggeschmolzen sein. Das Abschmelzen des Grönlandeises käme dann wohl auch bald in Gang, obwohl das noch mehrere tausend Jahre dauern würde. Nur der Eisklotz auf der Antarktis wird davor sicher sein. Dieser größte Süßwasservorrat der Erde in Eisform wird uns wohl noch lange erhalten bleiben.

Das geschmolzene Eis bereichert natürlich den Wasservorrat des Meeres, und der Meeresspiegel wird sich anheben. An dieser Stelle können wir gleich vorausschicken, daß das schwimmende Eis durch sein Abschmelzen das Volumen

217

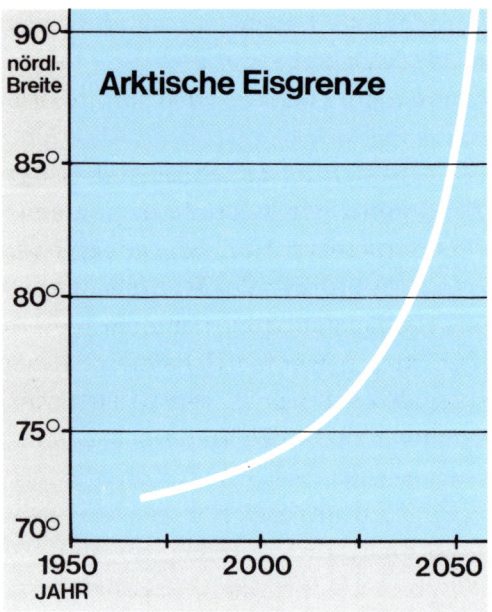

Arktische Eisgrenze

90° nördl. Breite
85°
80°
75°
70°

1950    2000    2050
JAHR

Nach einem Computer-Modell aus dem Jahre 1974 verlagert sich die polare Eisgrenze mit wachsender Geschwindigkeit nach Norden. Um das Jahr 2050 wird das nördliche Polareis verschwunden sein.

des Weltmeeres überhaupt nicht erhöht. Es gibt eine hübsche Scherzfrage aus der Physikstunde. Man gibt einen Eiswürfel in ein Glas und füllt es randvoll mit Wasser. Schaut man das Glas genau in der Höhe der Oberkante an, so erkennt man, daß eine kleine Ecke des Eiswürfels über die Kante hinausragt, da das Eis ja schwimmt. Die Frage lautet nun: Wird das Glas überlaufen, wenn das Eis schmilzt? Die überraschende Antwort lautet: Nein. Eis gehört nämlich zu den seltenen Stoffen in der Natur, bei denen die feste Phase auf der flüssigen Phase schwimmt, da sie leichter ist. Wenn Wasser zu Eis erstarrt, dehnt es sich aus. Der schwimmende Eiswürfel nimmt also ein größeres Volumen ein als das verdrängte Wasser in dem Glas. Schmilzt das Eis, dann schrumpft das Volumen genau um den Betrag, mit dem der Eiswürfel über den Glasrand hinausragt. Mit diesem Experiment kann man sich vorführen, daß das schwimmende Treibeis, das ja das ganze nördliche Eismeer bedeckt, beim Abschmelzen das Niveau des Meeresspiegels nicht erhöht.

Der Meeresspiegel kann nur steigen, wenn Festlandeis abschmilzt, also etwa die Gletscher, oder, in der Zukunft, das Grönlandeis. Das würde freilich nach der Schätzung von Professor Flohn noch mehrere tausend Jahre dauern – dann freilich verbunden mit einem weltweiten Anstieg des Meeresspiegels von etwa sechs Metern. Während der letzten 20000 Jahre, seit dem Ende der letzten Eiszeit, ist eine gewaltige Menge von Festlandeis abgeschmolzen und ins Meer geflossen. Werfen wir hierzu noch einmal einen Blick auf die Vereisung der

Erdkugel, die wir in der Graphik auf S. 212 abgebildet haben. Das ist der Grund, weshalb – beginnend mit dem Jahre 18000 vor der Zeitenwende – der Meeresspiegel um rund 100 Meter angestiegen ist, um dann im Jahre 5000 vor Christus das heutige Niveau zu erreichen.

Mit einem Anstieg des Meeresspiegels macht sich der Treibhauseffekt schon heute bemerkbar. Das zusätzliche Wasser kommt von Gletschern und einer abnehmenden mittleren Schneebedeckung der ganzen Erde. Ozeanographen beobachten schon seit 50 Jahren ein langsames Ansteigen des Weltmeeresspiegels, dessen Umfang sich allerdings zur Zeit noch in der Größe von Zentimetern bewegt (s. Graphik S. 219). Aber auch das wird anders werden. Schätzungen über den bevorstehenden Anstieg des Meeresspiegels klaffen noch weit auseinander; eines jedoch ist sicher – sollte der Anstieg auch nur wenige Meter betragen, so wird das für die flachen Küstenländer auf der ganzen Erde zu einer unabschätzbaren Katastrophe. Viele Großstädte unserer modernen Welt liegen am Meer, zum Teil nur wenige Meter über Normalnull. Städte wie Los Angeles, London und Hamburg sind dann äußerst gefährdet. Extreme Schätzungen gehen sogar so weit, daß die Nordsee sich bis in Teile des Ruhrgebiets und bis zur Lüneburger Heide ausdehnen könnte. Holland kämpft ja schon seit mehr als 1000 Jahren gegen die See, und ohne seine raffinierten Deiche wäre es schon überflutet. Auf Karten aus dem Mittelalter würde man zum Beispiel den großen Zuidersee, der

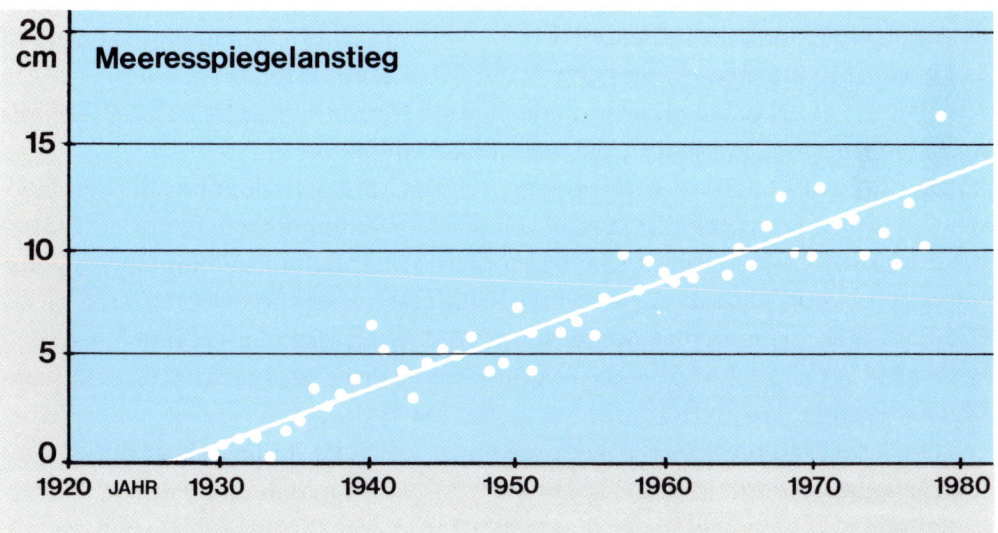

Anstieg des Meeresspiegels während der Jahre 1930 bis 1980. In dieser Periode beobachtete man ein gleichmäßiges Ansteigen des Meeresspiegels, das sich mit bis knapp über 15 cm bisher in Grenzen hielt. Beim Fortschreiten der Wirkungen des Treibhauseffektes wird das weitere Ansteigen sich beschleunigen. Über das zu erwartende Ausmaß im Ansteigen des Meeresspiegels gehen die Prognosen verschiedener Fachleute noch weit auseinander.

auf modernen Karten von Holland eine auffallende Bucht bildet, vergeblich suchen. Die Lage von Holland wird noch erschwert, weil die gesamte Landmasse in Nordwesteuropa geologisch gesehen noch immer langsam absinkt.

Leider sind gerade diese kritischen Fragen des zu erwartenden Anstiegs des Meeresspiegels unter den Fachleuten mit ihren Schätzungen noch sehr unterschiedlich. Eines jedoch steht fest: Der Meeresspiegel wird steigen. Gleichzeitig auch werden Sturmfluten, wie beispielsweise an der Elbemündung, häufiger und katastrophaler werden, wie wir in den letzten Jahrzehnten bereits bemerkt haben. In Hamburg macht man sich schon seit Jahren Gedanken, das Hafengebiet und das nördliche Elbufer mit einem völlig neuen System von Deichen zu bewehren. Auch unsere schöne Insel Sylt ist ein auffallendes Beispiel. Die Häufung der Sturmfluten und ihre zunehmende Heftigkeit hat zunächst freilich weniger mit dem noch mäßigen Anstieg des Meeresspiegels zu tun, als mit einer wohl typischen Änderung des Weltklimas als ganzem.

Damit freilich begeben wir uns in das Thema der allgemeinen Klimaprognose, deren wissenschaftliche Beherrschung leider noch in den Anfängen steht. Man hat jetzt aber zum Teil recht ausführliche Computerberechnungen angestellt, deren Ergebnisse man »Computer-Modelle« des zukünftigen Klimas nennt. Die Ergebnisse eines solchen typischen Computer-Modells aus dem oben erwähnten Artikel von Professor Flohn ist in der Graphik auf Seite 221 abgebildet. Diese bezieht sich auf die weltweiten Temperaturprognosen, die bei einem eisfreien, arktischen Ozean für die Nordhalbkugel typisch werden könnten. Das Computer-Modell zeigt die errechneten Abweichungen der Temperaturen bis in eine Höhe von zwölf Kilometern. Diese Modelle sind hinsichtlich der Details noch recht unvollkommen. Professor Flohn selbst schreibt hierzu: ». . . eine Extrapolation mit diesem empirisch gestützten Modell ergibt eine Nordverlagerung des Subtropenhochs im Winter um 300 bis 600 km, woraus sich die Verlagerung der übrigen Klimagürtel (einschließlich der innertropischen Konvergenzzone) abschätzen läßt. Selbstverständlich liefert dieses Modell nur eine grobe Näherung, die sich am ehesten noch auf den Sektor Atlantik – Afrika anwenden läßt, aber nicht auf die riesige Landmasse Asiens und den Indik mit dem Monsunsystem. Da im Sommer nur geringere Verlagerungen zu erwarten sind, erscheint als die bemerkenswerteste Konsequenz das weitgehende Verschwinden der subtropischen Winterregenzone mit katastrophalen Folgen für die Wasserversorgung von Kalifornien/Utah, das ganze Mittelmeergebiet, den Nahen Osten bis nach Pakistan und Russisch-Turkestan. Die Abschätzung der in diesem Fall zu erwartenden Klimaänderungen ist eine der wichtigsten Aufgaben.«

Das vielleicht bedeutendste Gebiet der bisher erstellten Computer-Modelle

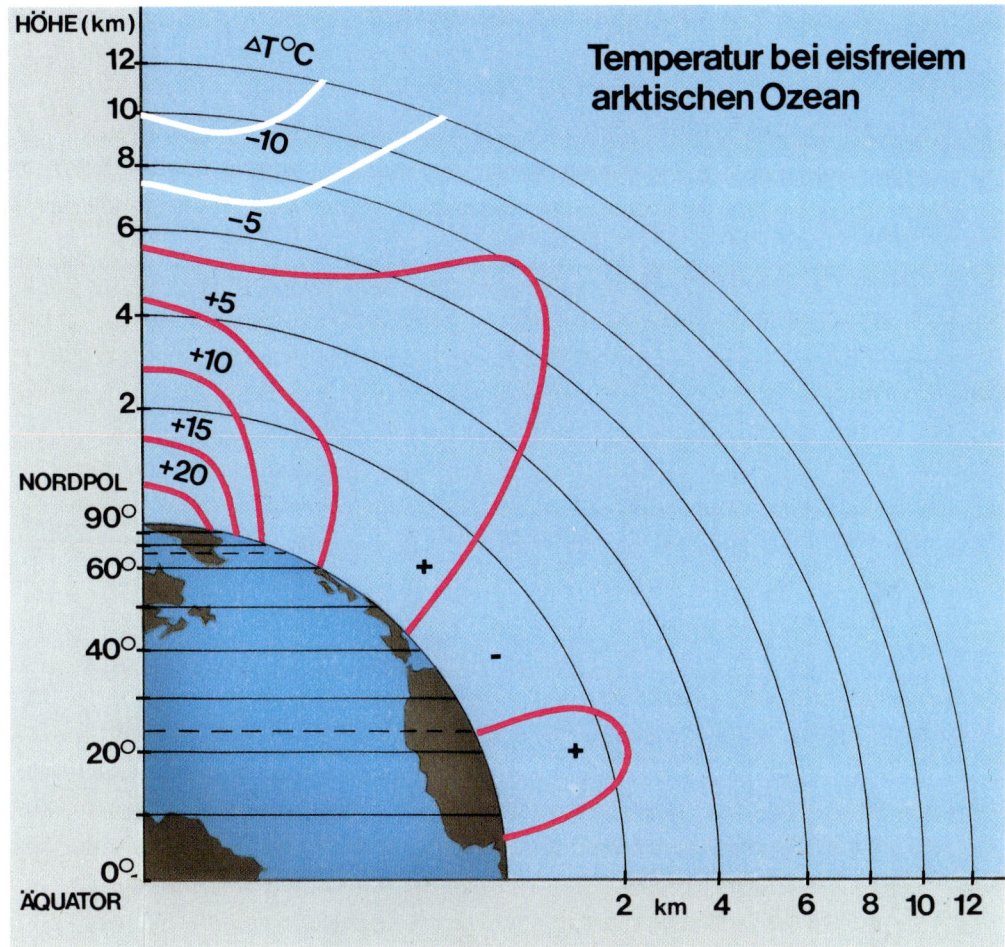

HÖHE (km)

ΔT°C

**Temperatur bei eisfreiem arktischen Ozean**

−10

−5

+5

+10

+15

+20

NORDPOL

ÄQUATOR

Würde der arktische Ozean eisfrei, so änderten sich die Temperaturen auf der gesamten Nordhalbkugel. Die Computer-Graphik aus dem Jahre 1973 zeigt die errechneten Abweichungen bis in 12 km Höhe.

über das Klima der Zukunft liegt in einer drohenden Verschiebung und Veränderung der klassischen vier Klimazonen unseres Planeten: die Tropenzone in Äquatornähe, die Subtropenzonen zwischen 15 und 30 Grad nördlicher und südlicher Breite, die gemäßigten Zonen zwischen 35 und 70 Grad Nord und Süd und die Polarzonen von 70 Grad bis zu den Polen. Aus der Computer-Graphik auf S. 221 sind die zu erwartenden Abkühlungen bzw. Steigerungen der mittleren Temperaturen an den Zeichen Plus (+) und Minus (−) abzulesen. Demnach wird es in der Tropenzone heißer, in der Subtropenzone kühler, dann aber in der gemäßigten Zone und vor allem an den Polen deutlich wärmer. Auf der Graphik S. 222 sind die Änderungen der mittleren Temperatur, die man in den letzten 20

221

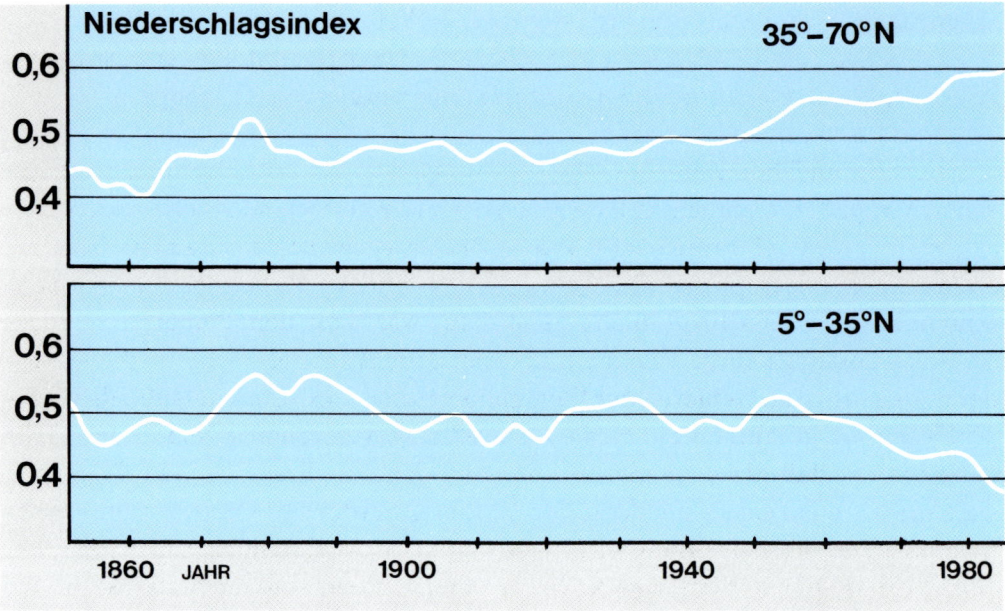

Verlauf der mittleren Temperatur in der gemäßigten Zone (oben) und der Subtropenzone (unten). Die zu erwartenden Verschiebungen der Klimazonen der Erde deuten sich seit 1955 bereits an: Die gemäßigte Zone wird wärmer, die Subtropenzone kühler.

Jahren beobachtet hat, für die Subtropen (unten) und die gemäßigte Zone (oben) eingezeichnet. Die Unterschiede bemessen sich freilich noch in zehntel Grad; die Abkühlung der Subtropen und die Erwärmung der gemäßigten Zone ist freilich schon deutlich erkennbar.

Aber selbst wenige Grade Unterschied haben einen gewaltigen Einfluß. Der Sommer des Jahres 1988 war im mittleren Westen der Vereinigten Staaten, also in den wichtigsten Anbaugebieten der Landwirtschaft, extrem trocken. Der abgeschätzte Schaden ging in die Milliarden. Amerikanische Meteorologen befürchten, daß solche extrem heißen Sommer in den nächsten Jahren mehr die Regel als die Ausnahme sein werden. Weltweit gesehen wird es dazu kommen, daß die typischen Klimaverhältnisse der Subtropen – wo ja auch zu beiden Seiten des Äquators die berühmten Wüstengürtel unseres Planeten liegen – sich ausdehnen werden. Weite Landstrecken unserer heutigen Zone des gemäßigten Klimas werden dann versteppen, mit entsprechend verheerenden Folgen für die Welternährung. Das wird auch große wirtschaftliche Umwälzungen zur Folge haben. Die Kanadier werden sich nicht darüber beklagen, wenn sich die großen Mais- und Weizenanbaugebiete der Vereinigten Staaten über ihre Grenzen hinweg in ihr Land verschieben. Auch die Sowjetunion wird dann ein etwas wärmeres und gastfreundlicheres Sibirien willkommen heißen. Freilich können wir die

222

vielfältigen Folgen einer wärmer werdenden Welt im einzelnen noch gar nicht überschauen. Besonders lassen sich lokale Änderungen auf kleineren Räumen überhaupt noch nicht voraussagen. Diese Dinge muß man allerdings in Zukunft streng im Auge behalten.

Bei diesem Thema spielt auch das traurige Kapitel der Abholzung der tropischen Wälder eine entscheidende Rolle. Im Jahre 1988 sind 230000 qkm tropischen Regenwaldes vernichtet worden. Das entspricht fast genau der Gesamtfläche der Bundesrepublik. Das ist ungeheuer, und wir Bewohner der Industrieländer können überhaupt nicht verstehen, wie man den Planeten so rücksichtslos plündern kann. Freilich muß man bedenken, daß fast alle Tropenländer zu den ärmsten Gebieten der Welt gehören, und von ihrer unglaublichen Verschuldung ist ja laufend die Rede. So muß man verstehen – wenn auch nicht gutheißen –, daß diese Länder die riesigen Schätze ihrer Tropenwälder auch nutzen. Sie roden sie ab, um die immer seltener werdenden Edelhölzer zu gewinnen und sie an uns zu verkaufen. Dabei hatten sie die Hoffnung, daß sie aus den gerodeten Wäldern fruchtbare Äcker machen könnten. Leider ist die Natur des Urwaldbodens durch seine Entwicklung auf die typische, einmalige Struktur eines Urwaldes angepaßt und eignet sich sehr wenig zum Anbau von Nutzpflanzen. Diese wenigen Hinweise zeigen deutlich, daß es sehr schwer sein wird, die Praktiken der letzten Jahrzehnte zu stoppen. Das wäre ein Eingriff in die Wirtschaftsform dieser armen Länder, die sich eh schon am Rande der Existenz befinden. Die Lage ist um so schlimmer, als just in diesen Gebieten mit Abstand die größte Zunahme der Bevölkerung anzutreffen ist.

Aber auch die gemäßigte Zone muß mit einer Häufung von Wetterkatastrophen rechnen. Bei der Erwärmung der gesamten Erde wird die Luft weltweit im Durchschnitt feuchter werden. Das hat zur Folge, daß es mehr regnen wird. Das haben wir bereits durch eine erstaunliche Häufung von Flutkatastrophen in den verschiedensten Teilen der Welt innerhalb der letzten Jahre zu spüren bekommen. Solche Flutkatastrophen in der gemäßigten Zone werden weiterhin an Heftigkeit und Häufigkeit zunehmen. Umgekehrt werden – wie das Beispiel Afrikas zeigt – in der Tropenzone Regenmangel, Trockenheit und Hungersnöte mehr und mehr die Folge sein. Das werden wohl die schlimmsten Auswirkungen des Treibhauseffektes sein, die mit der Verschiebung der Klimazonen zusammenhängen. Die Menschheit hat sich mit ihren Gewohnheiten, mit ihrer Ernährung und mit ihren Wirtschaftsformen eben auf die bisher herrschenden Strukturen der Klimazonen verlassen und sich weitgehend an sie angepaßt. Jede Änderung bedeutet eine empfindliche Störung aller Lebensformen.

Auch muß man damit rechnen, daß die tropischen Wirbelstürme – wie Hurrikane und Taifune – an Häufigkeit und Heftigkeit zunehmen werden. Der karibische Hurrikan »Gilbert« war im September 1988 ein klassisches Beispiel, obwohl schon im Jahre 1924 der bisher heftigste Hurrikan unseres Jahrhunderts tobte. Hurrikane und Taifune entstehen direkt durch die starke Erwärmung des Meereswassers an bevorzugter Stelle östlich der Kontinente. Über das Wesen dieser extremen Wetterkatastrophen hatten wir in einem früheren Kapitel schon gesprochen. Steigende Welttemperaturen können die Lage leider nur verschärfen.

Zu der Beeinträchtigung des goldenen Gleichgewichts in unserer Atmosphäre durch uns Menschen gehört auch unbedingt das berüchtigte Ozonloch. Leider ist dieses Schlagwort recht irreführend, da es sich nicht um ein echtes Loch handelt, sondern nur um eine Ausdünnung der Ozonschicht. Um dieses Problem in seinem Wesen zu begreifen, müssen wir freilich erst einmal wissen: Was ist überhaupt Ozon, wo kommt es vor, und wie häufig ist es als Bestandteil unserer Atmosphäre? Sodann besitzt das Ozon ausgefallene Fähigkeiten in der Absorption der unsichtbaren ultravioletten Strahlen, und in diesem Wellenlängenbereich ist dieses Gas ein wesentlicher Faktor des Strahlenklimas unseres Planeten.

Chemisch gesehen ist Ozon eine Abart vom Sauerstoff. Der normale Luftsauerstoff besteht bekanntlich aus zwei Sauerstoffatomen, die zu einem Sauerstoffmolekül verbunden sind. Seine chemische Formel lautet daher: $O_2$. Nun gibt es noch eine dritte Form des Sauerstoffs, bei dem in einem Molekül nicht zwei, sondern drei Atome verbunden sind – chemisch demnach naturgemäß $O_3$. In der Atmosphäre ist das Ozon ein sehr seltenes Gas, das sich hauptsächlich in der hohen Atmosphäre in einer Schicht von 20 bis 50 Kilometern befindet. Würde man die gesamte Menge des Ozons bis auf eine Atmosphäre Druck verdichten, so ergäbe sich eine dünne Schicht von nur drei Millimetern Dicke. Diese winzige Menge Ozon ist imstande, nur deshalb die riesigen Räume der hohen Atmosphäre merklich anzureichern, weil in diesen Höhenschichten der Atmosphärendruck nur einem Hundertstel und gar Tausendstel des Atmosphärendrucks am Erdboden entspricht. Daß es trotzdem so viel von sich Reden macht, ist seiner ausgefallenen Fähigkeit zu danken, die kurzwelligen, ultravioletten Anteile des Sonnenlichtes völlig zu blockieren. Die Absorptionsfähigkeit dieser winzigen Ozonmenge ist so groß, daß sie einer dünnen Metallplatte entspricht, die auch für sichtbares Licht völlig undurchlässig ist. Die Anteile des Sonnenlichtes, die das Ozon so wirkungsvoll absorbiert, sind für das menschliche Auge unsichtbar. Sie liegen jenseits des violetten Endes des Regenbogens, und daher nennt man diese kurzwelligen Strahlenarten auch »ultraviolett«. Nur die langwelligen Teile des UV werden von der Atmosphäre durchgelassen, und es sind diese unsichtbaren Strahlen, die unsere Haut bräunen und bei Überdosis den lästigen Sonnenbrand hervorrufen.

Die chemischen Vorgänge, die sich bei der Erzeugung und Zerstörung des Ozons in der oberen Atmosphäre abspielen, sind schon länger bekannt. Ein Sauerstoffmolekül besteht ja aus zwei Atomen Sauerstoff und umfaßt in dieser Form 20 Prozent der gesamten Masse unserer Atmosphäre. In großen Höhen, wo die ultravioletten Strahlen der Sonne noch ungefiltert und im Rohzustand die Atmosphäre treffen, werden einzelne Sauerstoffatome durch die Energie dieser Strahlen auseinandergesprengt, und es entstehen ungebundene Sauerstoffatome. Wenn in dem Gewirr der Gasteilchen dann ein solches freies Sauerstoffatom auf ein noch gebundenes Sauerstoffmolekül trifft, so kann dieses freie Atom sich in das Sauerstoffmolekül einbinden und es entsteht $O_3$ – ein Ozonmolekül. Damit das aber funktioniert, muß noch eine besondere Bedingung erfüllt sein. Das dritte Sauerstoffatom kann nicht einfach an die beiden Sauerstoffatome des Zweiermoleküls angebunden werden, da bei diesem Prozeß ein Energiebetrag frei wird, der das Ozonmolekül, das gerade entstehen will, wieder sprengt. Der Zusammenschluß gelingt nur, wenn sich am Ort des Zusammenstoßes noch ein drittes neutrales Atom oder Molekül befindet, das dann die überschüssige Energie als Bewegungsenergie aufnimmt und fortträgt. Der Fachmann spricht von einem sogenannten »Dreierstoß«. Sauerstoffatome und Sauerstoffmoleküle treffen unzählige Male aufeinander; es kommt aber nur selten vor, daß sich zufällig ein dritter Stoßpartner einfindet, damit ein Ozonmolekül entstehen kann. Das ist der Grund, weshalb Ozon so selten und so fein verteilt ist.

Die ultravioletten Strahlen produzieren Ozon, indem sie die notwendigen Einzelsauerstoffatome durch Sprengung der Sauerstoffmoleküle überhaupt erst erzeugen. Bei diesem Vorgang wird die ultraviolette Strahlung absorbiert und kann nicht zum Erdboden herunterreichen. Nur die längsten Wellen unter ihnen dringen durch, denn sonst bekämen wir ja keinen Sonnenbrand. Auf der anderen Seite haben noch kürzere Wellenlängen des ultravioletten Sonnenlichtes die Fähigkeit, Ozon auch zu zerstören, und zwar mit dem gleichen Prozeß, mit dem auch die Sauerstoffmoleküle gesprengt werden. Wir haben daher den grotesken Umstand, daß das ultraviolette Licht Ozon sowohl erzeugt als auch zerstört.

Es ist wiederum eines der Wunder der Natur, daß die Prozesse der Erzeugung und Zerstörung sich im Schnitt genau die Waage halten und auf ihre Weise auch wieder ein goldenes Gleichgewicht bilden. Im Normalzustand entstehen in einem Kubikkilometer Luft in der hohen Atmosphäre in jeder Sekunde genauso viele Ozonmoleküle wie zerstört werden. Aus diesen Prozessen folgt jedoch, daß die Ozondichte in Arktis und Antarktis im jeweiligen Polarwinter sich ändern muß, da in der Nacht die UV-Strahlung für Monate ausfällt. Sowie dann jedoch der lange Polartag anbricht, wird das alte Gleichgewicht wieder hergestellt. Diese jahreszeitlichen Schwankungen der Ozonschicht kennen die Geophysiker schon seit langem.

Seit etwa 20 Jahren jedoch sind wir Menschen dabei, just auch dieses Gleichgewicht zu zerstören. Mit bestimmten chemischen Substanzen, die sich bis in die oberste Atmosphäre ausgebreitet haben, greifen wir in dieses Gleichgewicht ein. Diese Substanzen zerstören nämlich in der oberen Atmosphäre das Ozon, ohne es – wie das UV-Licht – wieder zu ersetzen. Dadurch kam es seit ungefähr 20 Jahren zu einer langsamen Ausdünnung der Ozonschicht, für die dann der wohl etwas übertriebene Ausdruck »Ozonloch« in Umlauf kam.

Wie die Chemiker in mühsamer Arbeit herausgefunden haben, sind es technische Spurengase, die aus dem unteren Stockwerk der Atmosphäre hochsteigen und den Ozonabbau betreiben, ohne daß die Natur Ersatz schaffen kann. Zu Beginn dieses Ozonproblems kannte man nur das sogenannte »Di-Stickstoff-Oxid«, das zu der Familie der sogenannten »Stickoxide« gehört. Das $N_2O$ – auch Lachgas genannt – bildet sich am Erdboden durch bakterielle Prozesse im Boden, bei Waldbränden, aber auch als Resultat von Überdüngung und bei Verbrennung von Kohle und Öl. Im Jahre 1974 haben die Wissenschaftler F. Sherwood Rowland und Mario J. Molina von der Universität in Kalifornien herausgefunden, daß bestimmte Chlorfluorkohlenwasserstoffe ebenfalls die Ozonschicht entscheidend angreifen. Diese Moleküle haben noch die teuflische Eigenschaft, daß sie bei der Zerstörung eines Ozonmoleküls selbst intakt bleiben, und sie können daher ihr Zerstörungswerk beliebig oft fortsetzen und laufend weitere Ozonmoleküle sprengen. Dieses fortschreitende Zerstörungswerk wird nun seit 10 Jahren mit unseren vortrefflichen Wettersatelliten verfolgt. Diese liefern Bilder, auf denen die abnehmende Ozondichte über der Antarktis zonenmäßig aufgezeichnet wird. Die einzelnen Abstufungen in der Dichte werden durch computergesteuerte Färbungen kontrastreich und damit sichtbar gemacht. Beispiele für die Jahre 1979 bis 1984 sind auf Seite 227 abgebildet. In Wirklichkeit ist die Ozonschicht natürlich nicht bunt.

Die laufende Überwachung der Ozongefährdung hat gezeigt, daß der Ausdünnungsbereich über dem Südpol laufend größer wird und heute bereits eine Fläche von der Größe der Vereinigten Staaten umfaßt. An den dünnsten Stellen beträgt die Ausdünnung schon fast 50 Prozent.

Die Chlor-Fluor-Kohlenwasserstoffe werden – wie inzwischen jeder weiß – durch die berüchtigten Spraydosen laufend in die Atmosphäre geblasen. Für die technische Chemie haben diese Stoffe andererseits sehr dankenswerte Eigenschaften, da sie auch als Kühlmittel in Eisschränken und bei der Herstellung verschiedener Plastik-Sorten eine sehr praktische Anwendung finden. Bei diesen Verfahren kann man wenigstens verhindern, daß die Gase in die Atmosphäre

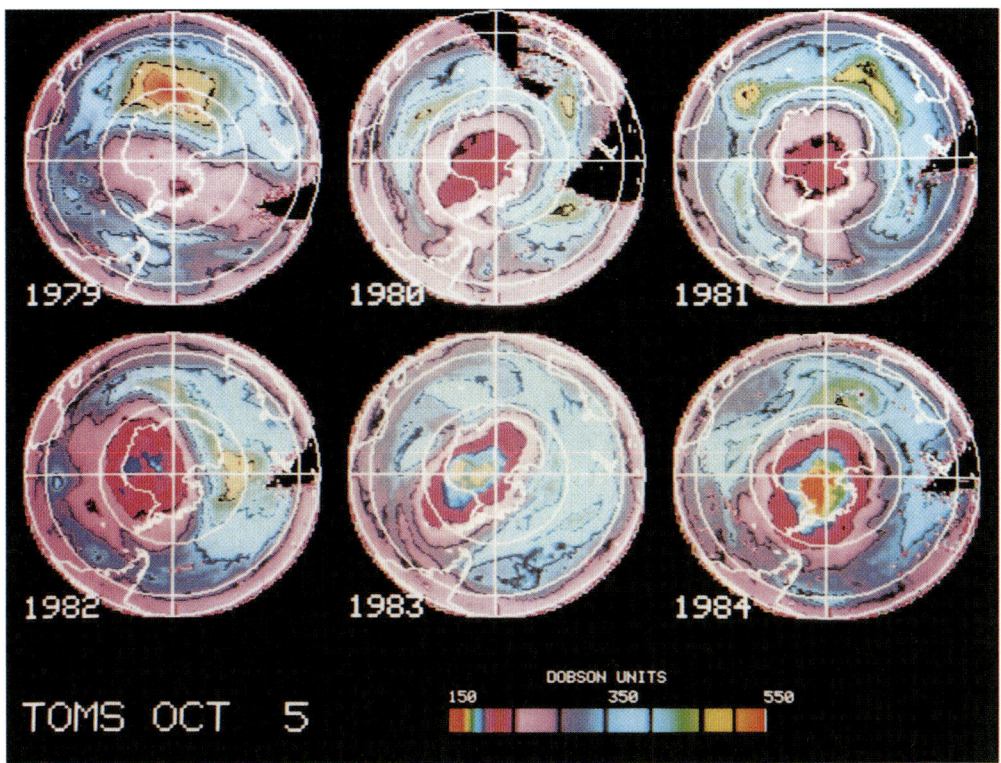

Satellitenbilder der Veränderungen in der Dichte-Verteilung der Ozonschicht über der Antarktis in den angegebenen Jahren. Die Farben sind mit einem Computer hineinkopiert worden und geben die Dichte in sogenannten Dobson-Einheiten wieder. 300 bis 400 Dobson-Einheiten entsprechen normaler Schichtdicke, und je weiter man nach links in der Dobson-Skala fährt, desto weniger Ozon ist vorhanden.

entweichen, was bei den Spraydosen natürlich nicht möglich ist. Deshalb führen die Industrienationen einen laufenden Kampf gegen die Anwendung von Spraydosen. Das ist möglich, da man inzwischen ungefährlichere Spraysubstanzen gefunden hat. Nur, die Umstellung kostet natürlich Geld, und die einzelnen Länder machen, je nach ihrer Einstellung zu dem Problem, mehr oder minder große Fortschritte.

Kürzlich hat ein Wissenschaftler vom Max-Planck-Institut für Chemie in Mainz Szenarien errechnet, wie die Ozonkatastrophe im Jahre 1960 aussah, wie sie heute aussieht und wie sie Mitte des nächsten Jahrhunderts aussehen wird. Dieses Szenarium ist auf S. 228/229 schematisch dargestellt, wobei die beiden Zukunftsmöglichkeiten sich durch die Zuwachsrate der Chlor-Fluor-Kohlenwasserstoffe in der Zukunft unterscheiden. Die beiden Szenarien zeigen deutlich, daß wir durch harte Disziplin im Verbrauch und in der Behandlung von indu-

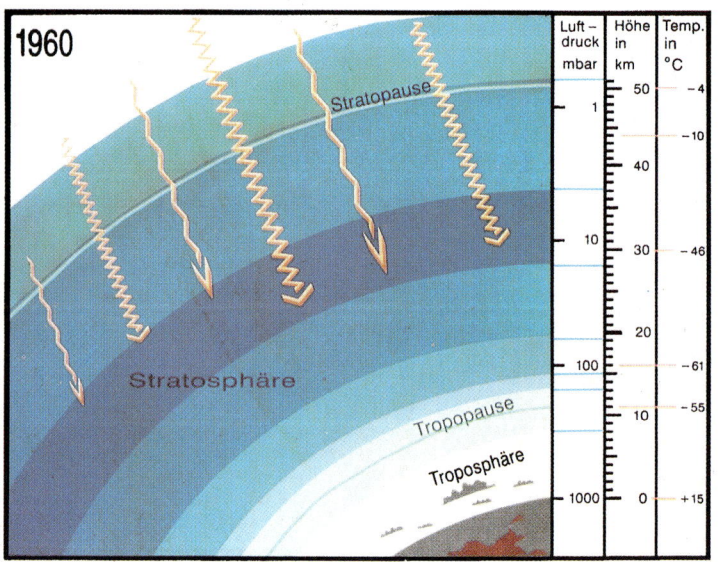

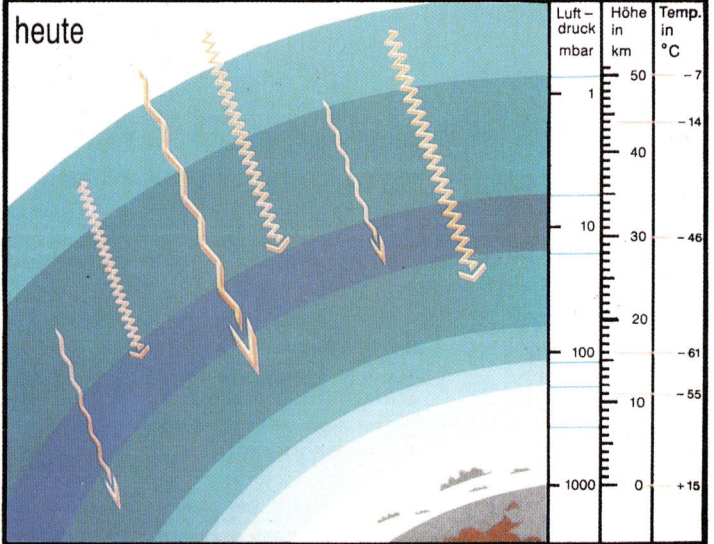

Diese Computer-Szenarien zeigen Aufbau und Dicke unseres Ozon-Schutzschirms gegen die »harte« UV-Strahlung von der Sonne, ferner die Temperaturen an markanten Punkten im Höhenprofil. Der Temperaturverlauf zwischen den Meßpunkten ist annähernd linear. Christoph Brühl am Max-Planck-Institut für Chemie in Mainz hat die Szenarien errechnet. Links oben der Zustand von 1960, links unten der Ist-Zustand. Rechts sind zwei Szenarien für den Zustand der Ozonschicht im Jahre 2050 zu sehen. Gemeinsam sind diesen beiden Szenarien die heutigen Zuwachsraten an Kohlendioxid-, Methan-, Lachgas-, Kohlenoxid- und Stickoxid-Emissionen. Unterschiedlich in den beiden Szenarien für 2050 ist die Zuwachsrate für Chlor-Fluor-Kohlenwasserstoffe, die ozonabbauenden industriellen Kühl- und Treibgase: Im Szenarium rechts oben ging Brühl von einer konstanten Emission auf dem Niveau von 1983 aus, im Szenarium rechts unten von einer jährlichen Zuwachsrate von

striellen Kühl- und Treibgasen unsere Zukunft entscheidend beeinflussen können. Selbst im schlimmsten Falle würden die folgenden Generationen gegenüber den ultravioletten Strahlen nicht völlig ohne Hemd dastehen, da nur die längerwelligen unter ihnen auch im schlimmsten Fall den Erdboden erreichen. Hautärzte befürchten allerdings, daß wir uns dann sorgfältiger vor Sonnenbrand schützen müssen, um eine Zunahme von Schädigungen, wie etwa Hautkrebs, zu vermeiden.

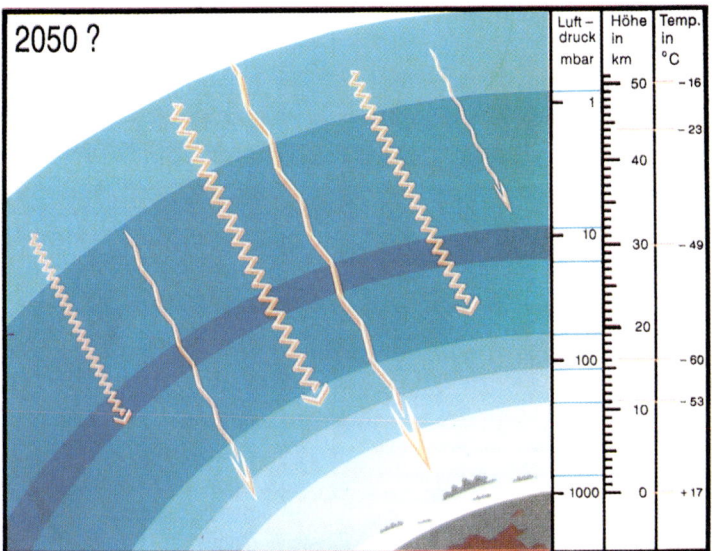

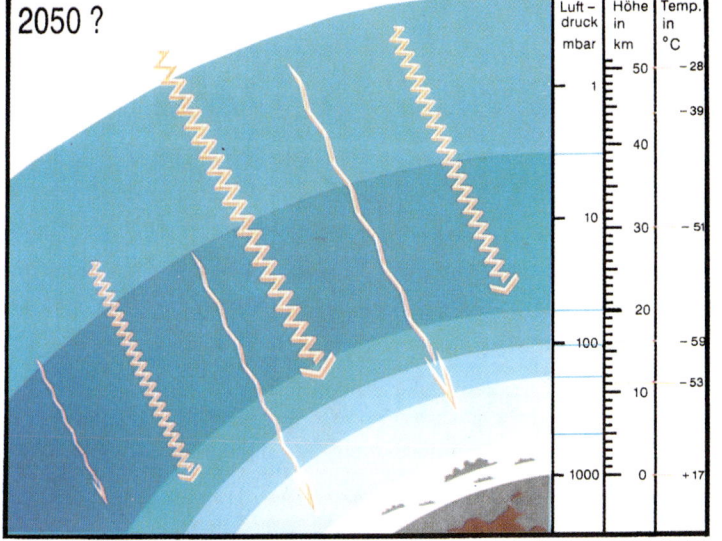

4%. Der dramatische Ozon-Abbau in der Stratosphäre oberhalb von 20 km Höhe ist jetzt direkt nachvollziehbar. Das 4%-Szenarium, rechts unten, kündigt eine Katastrophe an: Die dichteste Ozonschichtung (dunkelster Blauton) ist völlig verschwunden, die zweitdichteste von 51 km Höhe (1960) auf 39 km heruntergerutscht. Ein Hagel von harter UV-Strahlung dürfte dann bis in die Bodenschichten unserer Atmosphäre einbrechen. Oberhalb von 20 km Höhe kühlt sich die Stratosphäre ab, am Erdboden wird der Treibhauseffekt wirksam. Ist das »milde« 0%- oder das schreckliche 4%-Szenarium realistischer? Die gegenwärtigen Schätzungen weisen übereinstimmend eine 3%-Chlor-Fluor-Kohlenwasserstoff-Zunahme als wahrscheinlichsten Fall aus.

Maß für den Ozon-Anteil

mehr als 8 ppmv Ozon

zwischen 8 und 2 ppmv

zwischen 2 und 0,5 ppmv

zwischen 0,5 und 0,1 ppmv

zwischen 0,1 und 0,05 ppmv

Wie wir gesehen haben, hängt die Ozonschicht mit ihrer Dichte und Verteilung sehr stark von dem ultravioletten Anteil des Sonnenlichtes ab. Und es ist just dieser ultraviolette Bereich der Sonnenstrahlung, der periodische Schwankungen aufweist, obwohl im sichtbaren Teil des Sonnenlichtes eine auffallende Gleichmäßigkeit vorherrscht. Dieser Unterschied im Verhalten der beiden Strahlenbereiche des Sonnenlichtes erklärt sich daraus, daß die Sonne selbst einen elfjährigen Rhythmus in ihrem Oberflächenzustand aufweist. Am auffallendsten macht sich diese Periode der Sonnenaktivität in der Anzahl der Sonnenflecke bemerkbar. Die Sonnenfleckenperiode beobachten die Astronomen schon seit 300 Jahren, und die Kurve dieser Tätigkeit ist schon so alt. Im elfjährigen Rhythmus steigt die Anzahl der Flecke, um dann wieder ein Minimum zu erreichen. Das letzte Sonnenfleckenminimum war im Jahre 1985/86; das war der Winter der Wiederkehr des Halleyschen Kometen, auf den nach 74 Jahren die ganze Welt gespannt war. Diese Wiederkehr wurde eine große Enttäuschung, da es schließlich die Teilchenströme und ultravioletten Strahlen der Sonne sind, die ihn aufheizen, zum Leuchten bringen und seinen Schweif erzeugen. In dem damaligen Sonnenfleckenminimum – übrigens ein Rekordminimum seit mehr als 200 Jahren – hatte die Sonne auf Sparflamme geschaltet, und den Kometen konnte man mit den bloßen Augen fast nicht ausmachen. In gleichem Maße war auch in diesem Jahr die UV-Strahlung der Sonne abgeschwächt, mit entsprechenden Einflüssen auf die Ozonschicht. Just in den Jahren dieses extremen Minimums wurde das Ozonproblem akut.

Jetzt ist die Sonne wieder im Kommen und wird 1991/92 ihr nächstes Tätigkeitsmaximum durchlaufen. Eine Reihe von amerikanischen Sonnenforschern sind der Hoffnung, daß dann vielleicht auch das Ozonproblem in einem anderen Lichte erscheinen wird. Das wird die Zukunft zeigen.

Anfang März 1989 konnten die Klimatologen mit dem Problem des Treibhauseffektes – zumindest was die Gefährdung der Ozonschicht betrifft – eine erfreuliche Nachricht entgegennehmen. Die englische Ministerpräsidentin Frau Thatcher hat 120 Nationen aufgerufen, an einer Weltkonferenz über das Ozonproblem teilzunehmen. 600 Delegierte haben sich zur Diskussion dieses weltwichtigen Problems zusammengefunden. Zum Auftakt dieser dreitägigen internationalen Konferenz betonten die Regierungschefin, ihre Minister und Experten: »Nur eine weltweite Zusammenarbeit von Politik, Wissenschaft und Industrie kann die bereits erheblich beschädigte Ozonschicht über der Erde retten.«

Auf der Konferenz ging es darum, zu erreichen, daß die Herstellung von Fluorchlorkohlenwasserstoffen (FCKW) ausläuft. Frau Thatcher sagte, ein FCKW-Verbot gehe jedes Land an und sei Sache von Abermillionen von Menschen, die ihre Gewohnheiten ändern müßten. Selbst wenn alle ozonschädigenden Chemikalien sofort verboten würden, werde der Ozon-Abbau ein weiteres Jahrzehnt anhalten. Erst in 100 Jahren werde sich die Ozonschicht regeneriert haben.

Prinz Charles hatte diese Forderung unterstützt und sich für ein FCKW-Verbot ausgesprochen. Er forderte außerdem die Verbraucher zu einem Boykott aller FCKW-Produkte auf.

Gegen ein völliges Verbot von FCKW hat sich die UdSSR ausgesprochen. Zuerst müßten wissenschaftliche Beweise vorgelegt werden, daß FCKW tatsächlich die Ozonschicht zerstöre.

Diese einseitige Reaktion der sowjetrussischen Vertretung bei dieser Konferenz wirft ein Schlaglicht auf die bittere Problematik des Treibhauseffektes. Die Begründung für die russische Ablehnung, daß zuerst »wissenschaftliche Beweise vorgelegt werden müßten«, ist ein Schlag in das Gesicht der Klimatologen in der ganzen Welt. Man kann wohl verstehen, daß Rußland vermutlich die tiefgreifenden Eingriffe in seine Wirtschaft, die ein baldiger und völliger Verzicht auf diese Stoffe bedeuten würden, scheut. Dafür aber »mangelnde wissenschaftliche Beweise« anzuführen, ist eine glatte, durchsichtige Ausrede. Das Ergebnis der Konferenz hat eine sehr betrübliche Bilanz: Die Regierungen dieser Welt scheinen grundsätzlich nicht imstande zu sein, durch sofortige, unbedingt erforderliche Maßnahmen das Problem des Treibhauseffektes ernsthaft und wirksam anzupacken. Unsere Kinder und Enkel werden dafür büßen müssen.

Zuvor sprachen wir von dem Grundsatzartikel des Bonner Professors Hermann Flohn. Er hatte ihm einen sehr schönen und zugleich bezeichnenden Untertitel gegeben: »Regieanweisungen eines Wissenschaftlers«. Er brachte am Ende des Artikels den Mut auf, den Politkern und Wirtschaftlern der Welt die Meinung zu sagen. Er verlangte große Entscheidungen von ihnen und schrieb: »Noch ist es Zeit, vielleicht zehn oder 20 Jahre: Politische Entscheidungen dieser Größenordnung können nur – ohne Rücksichtnahme auf die Zeiteinheit der Wahlperiode – in internationaler Zusammenarbeit bewältigt werden. Solche Entscheidungen benötigen eine weitschauende und doch realistische Sicht, benötigen den Mut zur Unpopularität. Politiker wie Kissinger, McNamara, Palme haben diesen Weitblick schon unter Beweis gestellt; die Vernachlässigung langfristiger Perspektiven ist ein schwerwiegender Vorwurf. Höchst unfreiwillig übernimmt hier der Klimatologe die undankbare Rolle einer Kassandra vor dem Fall Trojas: Hätte man ihr geglaubt, dann wäre Troja zu retten gewesen. Unsere Generation trägt die Verantwortung für ein Weltproblem unserer Enkel – sehen wir zu, daß wir dieser Verantwortung gewachsen sind.«

Wenn eine Situation besonders schlimm ist, pflegt man oft zu sagen: »Es ist fünf Minuten vor zwölf«. Eine Abhandlung des Treibhauseffektes wäre jedoch absolut unvollständig, wenn bei dieser Betrachtung der Zukunft das Problem der stets wachsenden Überbevölkerung außer acht bliebe. Wie das letzte Kapitel dieser Schrift zeigen soll, ist es eigentlich schon »Fünf Minuten nach zwölf«.

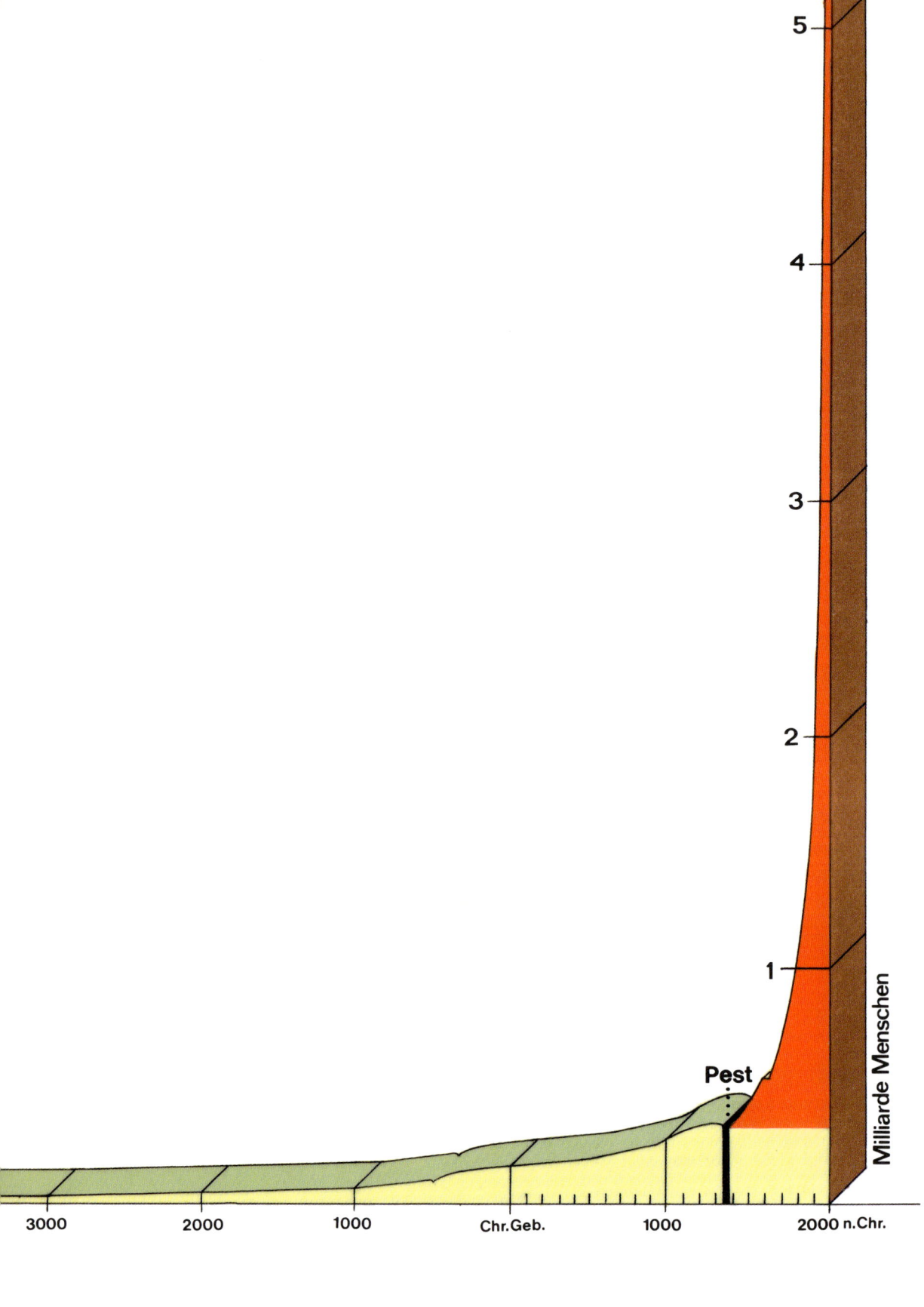

5

4

3

2

1

Pest

3000     2000     1000     Chr.Geb.     1000     2000 n.Chr.

Milliarde Menschen

# FÜNF MINUTEN NACH ZWÖLF

Eine Abschätzung der zu erwartenden Folgen des Treibhauseffektes ist unrealistisch, wenn man den erschreckend steilen Zuwachs der Weltbevölkerung selbst in der näheren Zukunft außer acht ließe. Da der Treibhauseffekt Folgen menschlichen Tuns widerspiegelt, kann er im Hinblick auf die stets wachsende Zahl der Besatzung auf dem Raumschiff Erde nur schlimmer werden.

Der erschreckende Anstieg der Weltbevölkerung in Milliarden während der letzten 2000 Jahre läßt sich in ihrer Wucht nur graphisch versinnbildlichen. Der unglaublich steile Anstieg in unserem Jahrhundert läuft auf eine Katastrophe hin. In der Kurve sehen wir lediglich die Wirkung der mittelalterlichen Pestepidemie; die Verluste unserer modernen Kriege tauchen im Maßstab dieser Kurve überhaupt nicht auf. Im Gegensatz zu den vorangegangenen Kapiteln gibt es kein Photo, welches diese Bedrohung unserer Zukunft angemessen symbolisiert.

Bei der Abfassung dieses letzten Kapitels habe ich mich zu einem Stilbruch entschlossen. In den vorangegangenen Kapiteln wurden die Kräfte unseres rastlosen Luftmeeres in einem wissenschaftlichen, gelegentlich auch erzählerischen Stil geschildert. Diese Form möchte ich nun durchbrechen, da das nun folgende Thema einen mehr naturphilosophischen Charakter hat und auch vielfach persönliche Meinungen und Ansichten wiedergibt. Die nun folgenden Gedanken sind daher stellenweise subjektiv gefärbt, obwohl die vorgetragenen Ideen von vielen meiner Kollegen geteilt werden und auch schon oft an anderen Orten von ihnen geäußert worden sind. Für die Darstellung der nun folgenden Ideen erscheint mir daher die Ich-Form besser geeignet zu sein.

Ich gehöre zu der Zunft der Astronomen, Weltraum- und Erdwissenschaftler. Als solcher werde ich oft gefragt, welche Zukunftsgefahren für die Menschheit mir wohl am schlimmsten erscheinen. Als Antwort nenne ich zwei Bedrohungen: Sehr schlimm scheint mir der Treibhauseffekt zu sein, dem ja das Hauptthema dieser Schrift galt. An erster Stelle jedoch rangiert bei mir als größte Zukunftsbedrohung die Überbevölkerung der Erde. Wir alle wissen ja, daß die Zahl der Menschen auf dem »bemannten Raumschiff« Erde heute schon viel zu groß ist. Wir sitzen heute schon auf einer Weltbevölkerung von mehr als fünf Milliarden Menschen. Alle Prognosen für die zukünftige Entwicklung sind katastrophal: Wir können geradezu von einer menschlichen Zeitbombe sprechen.

Eine brechende Welle am Strand unserer Weltmeere scheint mir ein passendes Symbol für dieses Thema zu sein. Das offene Weltmeer ist nur selten ganz still. Sowie jedoch ein größeres Sturmtief vorbeizieht, entsteht eine ausgeprägte Dünung. Die besteht aus einzelnen, riesigen Wogen, bis über 20 Meter hoch. Eine solche Woge im offenen Weltmeer nähert sich nach stundenlanger Reise dem Land. Die gewaltige Bewegungsenergie, die sie enthält, wird nur langsam abgebaut, da eine typische Dünung eine Bewegungsform des Wassers darstellt, bei der nur wenig Reibung auftritt. Im offenen, tiefen Weltmeer haben wir es bei einer Dünung mit einer walzenförmigen, rhythmischen Drehung zu tun. Das Bild ändert sich jedoch entscheidend, wenn die Welle sich der Küste nähert. Dann rollt eine große Welle an die Strände von Südkalifornien, Australien und Hawaii, wo sich die Surfer tummeln. Nicht umsonst sind die Bewohner des Pazifiks die Erfinder dieses schönen Sports, da die riesige Größe gerade des Pazifiks für eine verläßliche Brandung an seinen Stränden sorgt. Jetzt nähert sich die Welle der Küste; sie faßt plötzlich Grund an, da die Meerestiefe jetzt weniger als zehn Meter beträgt. Langsam beginnt die kilometerlange Welle sich zu erheben, und die Reibung am Meeresboden hemmt ihren Fortschritt. Sie beginnt sich aufzutürmen, ihr Kamm wird steiler und spitzer. Wenn das Wasser immer flacher wird, stolpert schließlich die Welle – sie bricht sich. Hunderttausende von

Tonnen Wasser stürzen in einem gewaltigen Kreisbogen nach vorne, und der Donner der brechenden Welle ist kilometerweit zu hören. Nach einer langen, relativ friedlichen Existenz der Welle können wir geradezu von einem katastrophalen Ende reden. Die drohende Katastrophe der Überbevölkerung gleicht einer brechenden Welle.

Vor rund 30 Jahren gehörte ich zur Fakultät der Universität von Kalifornien in Los Angeles, und einer meiner Kollegen war der berühmte, geistreiche Schriftsteller und Forscher Aldous Huxley, der Autor des berühmten Zukunftsromans »Tapfere neue Welt«, den er 1931 schrieb. Im Jahre 1958 – wir kannten uns damals gut, und er erzählte mir von seinen Plänen – griff er das Thema »Zukunft der Menschheit« in einem neuen Buche auf. Er sagte mir, daß sein Zukunftsroman aus dem Jahre 1931 aus der damaligen Sicht viel zu optimistisch war, und er hätte die großen Probleme und eine mögliche Lösung der Überbevölkerung in eine ferne Zukunft von mehreren Jahrtausenden verlegt. Unter dem Druck der sich in den fünfziger Jahren schon auftürmenden Problematik entschloß er sich, das Thema noch einmal aufzugreifen, und zwar in der Form eines Sachbuches und nicht etwa eines Romans wie das Vorbild aus dem Jahre 1931. Als Titel dieses neuen Buches wählte er: »Brave New World Revisited« (Wiederbesuch bei der tapferen neuen Welt). Darin steht auf Seite sieben ein einziger, kurzer Satz, der mein Denken in den letzten 30 Jahren ganz entscheidend geprägt hat: »Ungelöst wird dieses Problem alle unsere anderen Probleme unlösbar machen.« Um uns die Wucht dieses Problems vor Augen zu führen, wollen wir uns einmal die Entwicklung der Erdbevölkerung im Verlauf der Menschheitsgeschichte in Zahlen ansehen.

Zur Zeit vor Christi Geburt lebten etwa 250 Millionen Menschen auf der Welt. Es hat fast zwei Millionen Jahre gedauert, bis diese Bevölkerungsdichte erreicht war. Am Anfang ist die Menschheit der Anzahl nach nur sehr langsam vorangekommen, da die Zahl der Geburten der Zahl der Todesfälle praktisch fast immer die Waage hielt. Dann hat es ungefähr 1650 Jahre gedauert, das heißt bis zum Jahr 1650, bis sich die Weltbevölkerung auf 500 Millionen verdoppelt hatte. Schon zu Christi Geburt gab es recht viele Menschen auf der Erde, und damals kam alle vier Sekunden ein neues Kind zur Welt. Das läßt sich leicht berechnen, wenn man bedenkt, daß die Geburtenzahl etwa drei Prozent der Bevölkerung ausmachte. Allerdings war damals die Sterblichkeitsrate, besonders die Kindersterblichkeit, noch sehr hoch, so daß im Schnitt etwa auch alle vier Sekunden ein Mensch starb. Der Zeitunterschied zwischen Geburten und Todesfällen war so klein, daß es etwa sechs Minuten gedauert hat, bis die ganze Menschheit um eine Person zugenommen hatte. Man kann abschätzen, daß sich damals die Menschheit etwa um hunderttausend Individuen pro Jahr vermehrte. Diese Zahl ist dann im Lauf der Jahrhunderte etwas angestiegen, so daß es schließlich im Jahr 1650 etwa 500 Millionen Menschen auf der Welt gab. Im Jahr 1830 waren es jedoch schon eine Milliarde Menschen, die gleichzeitig auf der Erde lebten. Die Verdoppelungszeit hat sich also von 1650 bis 1830 auf 180 Jahre verkürzt. Bereits hundert Jahre später, das heißt im Jahr 1930, waren es zwei Milliarden. Ich erinnere mich noch gut – ich war damals in der Unterprima –, als die Zwei-Milliarden-Grenze der Weltbevölkerung überschritten wurde. Bereits 45 Jahre später, im Jahre 1975, wurde das viermilliardste Kind geboren. Das ist ungeheuerlich – Verdoppelung bereits während meiner Lebenszeit!

Heute werden im Schnitt in jeder Sekunde drei Menschen geboren, und nur einer stirbt, das heißt, daß sich die Menschheit in jeder Sekunde etwa um zwei Personen vermehrt. Da ein Jahr 31,5 Millionen Sekunden lang ist, bedeutet das, daß die Menschheit zur Zeit pro Jahr um über 70 Millionen wächst. Das entspricht etwa der Bevölkerung der Bundesrepublik. Außerdem heißt das, daß sich die Menschheit alle drei Jahre um die gesamte Bevölkerung der Vereinigten Staaten von Amerika vermehrt. Und mit diesen erschreckenden Zahlen stehen wir, was die nächsten Jahrzehnte angeht, nur am Anfang. Seit Christi Geburt hat sich die Verdoppelungszeit der Menschheit laufend verkürzt: von 1650 über 180 und dann 100 schließlich auf 45 Jahre.

Das Teuflische an dieser Statistik besteht darin, daß sich die Verdoppelungszeit der Weltbevölkerung dauernd verkürzt. Aus der Verdoppelungszeit von 45 Jahren in der Mitte unseres Jahrhunderts wird bald eine Verdoppelungszeit von 40 oder gar noch weniger Jahren werden. So muß man erwarten, daß die Weltbevölkerung im Jahre 2000 rund 6,2 Milliarden betragen und in der ersten Hälfte des nächsten Jahrhunderts auf 15 oder sogar 20 Milliarden anwachsen wird. Es liegt auf der Hand, daß bei einer derartigen Bevölkerungsexplosion die Gattung homo sapiens sehr bald unter unvorstellbaren katastrophalen Umständen gegen eine Mauer rennen muß. Die Welle bricht sich.

Wollen wir einmal diese Bevölkerungsstatistik bis zu einem ganz grotesken Ergebnis hochrechnen. Während der ersten anderthalb Jahrtausende lebten auf der Erde fast 50 Generationen, bis sich die Menschenzahl verdoppelte. Im letzten Jahrhundert allerdings verdoppelte sie sich bereits innerhalb von drei Generationen, ja sogar noch etwas schneller. Setzen wir unsere Hochrechnung einmal für die nächsten 900 Jahre an – und dabei sind 900 Jahre doch keine so lange Zeit! Karl der Große hat ja schon vor mehr als 900 Jahren gelebt. Im Jahre 2800 wird es demnach 100 Menschen auf dem Quadratmeter geben. Wir würden dann, wie Sardinen dicht gepackt, die gesamte Oberfläche der Kontinente der Erde bis zu einer Höhe von 40 Metern hoch bedecken. Diese groteske Hochrechnung soll uns zeigen, daß sich lange vor dem Jahre 2800 die Rate der Bevölkerungszunahme wohl ändern muß. Die Berechnung des makabren Zustandes im Jahre 2800 mit einer auf der Gesamtfläche der Erde 40 Meter hoch gestapelten Menschheit ist freilich eine mathematische Fiktion und mit ihrem Ergebnis ein kompletter Unsinn. Ich konnte mir jedoch nicht verkneifen, diesen Alptraum zu berechnen, um zu zeigen, daß es mit der Fortpflanzung der Menschheit nicht so weitergehen kann – nein, viel einfacher noch: daß es nicht so weitergehen wird. Das Problem, das uns heute, zum Ende des zweiten Jahrtausends unserer Zeitrechnung, ins Gesicht starrt, ist mit Abstand die größte Krise, die die Menschheit seit ihrem Ursprung je erlebt hat. Alle anderen geschichtlichen Ereignisse verblassen gegenüber diesem Problem zur historischen Bedeutungslosigkeit. Dazu gehört auch die lebensbedrohende Umweltverschmutzung durch unsere moderne Industriegesellschaft. Das kann sich alles nur noch verschlimmern. Die Bevölkerungszahl der Menschen auf dem Planeten Erde ist aus dem natürlichen Gleichgewicht geraten. Nicht jene Katastrophenmeldungen, die wir laufend für die nächsten 20 oder 30 Jahre in der Zeitung entgegennehmen müssen, haben das Hauptgewicht, nein, die stets wachsende Zahl der Menschen auf unserer Erde.

Jeder nachdenkliche Mensch heute ist erstaunt darüber, daß dieses wichtigste Problem der Menschheit immer wieder unter den Teppich gekehrt wird. Gegenüber Umweltverschmutzung, Strahlenverseuchung, Klimaänderungen und zunehmender Verwüstung unseres Planeten nimmt das Faktum der Überbevölkerung im Bewußtein der Öffentlichkeit und unserer Politiker erst den dritten, vierten oder fünften Platz ein. Kann man überhaupt verstehen, daß dieses wichtigste Problem für unsere Zukunft einen so niedrigen Rang einnimmt?

Gewiß, nicht alle Politiker, Soziologen und Philosophen haben dieses Problem aus dem Auge gelassen. Es wurden Mittel und Wege gesucht, der ungehemmten Zunahme der Weltbevölkerung vielleicht heute schon Einhalt zu gebieten. Die klassischen Mittel, auf die man Vertrauen gesetzt hat, haben jedoch versagt.

In den Gebieten mit der größten relativen Bevölkerungszunahme – Indien, Afrika und Südamerika – hat die Pille überhaupt nicht funktioniert. Der Grund dafür ist natürlich, daß die Frauen dieser Länder den Rhythmus der Pille einfach nicht verstehen, und Unfruchtbarkeit gilt dort für eine Frau immer noch als Schande. So steigt die Kurve der Weltbevölkerung immer weiter und weiter an. Die uralte Überzeugung der Menschheit, daß Kinder ein Segen sind, ist immer noch voll wirksam. In den armen Ländern kann ja schon ein dreijähriges Kind durch Betteln zum Erhalt der Familie beitragen. Ja, es wurde sogar von erschütternden Fällen berichtet, daß Eltern ihre Kinder vorsätzlich verstümmelt haben. Sie sollten damit beim Spender Mitleid erregen, um den Bettelertrag zu steigern. Hinzu kommt die Vorstellung, daß ein echter Mann sich durch die Zeugung eines männlichen Nachkommens erst richtig beweist. Wenn eine Mutter das Pech hat, vier Töchter hintereinander zu haben, erblickt sie ihre unausweichliche Pflicht darin, nun endlich einen Sohn zur Welt zu bringen, um den Stolz und die Eitelkeit ihres Mannes nicht zu verletzen. Und die Philosophie der klassischen Religionen tut bei diesem Problem das ihrige.

In unserer engeren Heimat jedoch spüren wir kaum den Bevölkerungsdruck. Die jüngste Volkszählung in Deutschland hat gezeigt, daß sich bei uns speziell die Bevölkerungszunahme durchweg in erträglichen Grenzen hält. Das freilich gilt nur für die wenigen hochentwickelten Industriestaaten, die weniger als ein Viertel der Weltbevölkerung ausmachen.

Schon vor mehr als 20 Jahren hat der deutsche Physiker Professor Wilhelm Fucks in einer geistreichen Schrift geltend gemacht, daß nur der materielle Wohlstand eine wirkungsvolle Geburtenbremse darstellt. Wenn nämlich der Umstieg von einem Volkswagen auf einen Mercedes für ein reiferes Ehepaar wichtiger ist als ein drittes Kind, dann wird dieses Kind auch nicht geboren. Hinzu kommt, daß in den Industrieländern die finanzielle Belastung und Abhängigkeit eines Kindes immer teurer wird. So stellen wir fest, daß der Geburtenüberschuß in den hochentwickelten Ländern schon so weit abgesunken ist, daß – wie etwa in der Bundesrepublik – die Bevölkerungszahl abnimmt. Professor Fucks hat daraus den Schluß gezogen, daß diese einzige bewährte Geburtenbremse bei den Entwicklungsländern angewendet werden müsse. Dieser Zug jedoch ist abgefahren.

Angesichts dieser erschütternden Prognosen müssen wir uns als Ökologen die Frage stellen, wieviel Menschen die Erde wohl tragen kann. Zur Beantwortung dieser Frage kann man natürlich eine große Zahl von Argumenten anführen, die aus der Energiewirtschaft, der Welternährung, den noch vorhandenen Bodenschätzen und aus sonstigen, überlappenden Problemen der Ökologie abgeleitet werden können. Ein etwas ausgefallener Gedankengang kann uns ein Ergebnis liefern – Überlegungen, die auf einem fundamentalen Gesetz des Lebens überhaupt beruhen. Wir wissen ja, daß wir Menschen, zusammen mit den Tieren, unsere Existenz den Pflanzen verdanken. Die Fauna genießt nur ein sekundäres Lebensrecht auf unserem blauen Planeten. Die Pflanzen nämlich, und nur sie allein, sind imstande, den Energiestrom der Sonne zu nutzen, um daraus biologische Substanzen aufzubauen. Der Prozeß der Photosynthese ist demnach die Urformel des Lebens. Alle Mitglieder der Fauna, einschließlich der Menschen, machen von dieser zauberhaften Fähigkeit der Pflanzen Gebrauch, Sonnenenergie einzufangen und in energiegeladenen, organischen Substanzen zu speichern. Selbst ein Raubtier, das nur Fleisch frißt, lebt letzten Endes von der

Pflanze, da auch seine Beutetiere – entlang einer mehr oder minder komplexen Ernährungskette – der Pflanze ihr Leben verdanken. Wenn man so will, sind alle Tiere und Menschen auf unserer Erde Parasiten der Pflanzenwelt. Wir benutzen den Sonnenschein lediglich dazu, um uns aufzuwärmen oder um uns zu bräunen. Diese bescheidenen Fähigkeiten der Fauna, die Energie der Sonne zu nutzen, würden uns allerdings überhaupt nicht zum Leben genügen. Diese Überlegungen nun geben uns die Möglichkeit, die Toleranzgrenze unseres blauen Planeten für eine sinnvolle Größe der Menschenzahl auf der Erde zu berechnen.

In der Ökologie, soweit es die Umweltverschmutzung betrifft, gilt eine Faustregel: Der Verschmutzungsgrad der Umwelt – Boden, Wasser und Luft – sollte das Verhältnis 1 Gramm pro Tonne nicht überschreiten. Bei der Abhängigkeit der Fauna von der Flora können auch wir Menschen uns als eine Art Verschmutzung des irdischen Lebens ansehen, und diese Faustregel der Ökologie wollen wir einmal auf die Menschheit anwenden. Da wir Parasiten der Pflanzenwelt sind, dürfen wir mit unserer Masse das Gewicht der Pflanzenwelt nur höchstens bis zu einem Millionstel erreichen, sonst überschreiten wir die kritische Grenze. Diese Überlegungen geben uns eine Handhabe zur Berechnung, wie viele Menschen es auf der Erde eigentlich überhaupt geben darf.

Es gibt, wenn auch nur roh geschätzt, Berechnungen über das Gesamtgewicht der Pflanzenwelt, die ja als einzige Photosynthese betreibt. Es gibt auf der Erde eine riesige Masse von Algen, Gräsern, Farnen, Sträuchern und Bäumen, die eine ungeheure Masse pflanzlichen Körpermaterials darstellen. Ihre Gesamtmasse wurde auf 20 Billionen Tonnen geschätzt. Wenn wir die Faustregel des erlaubten Verschmutzungsgrades anwenden, so dürfen nach dieser Regel nur 20 Millionen Tonnen Menschen existieren, damit diese Toleranzgrenze nicht überschritten wird. Das Durchschnittsgewicht des Menschen können wir mit 25 Kilogramm ansetzen, da ja ein gutes Drittel der Menschheit aus Kindern besteht. Eine einfache Rechnung zeigt sodann, daß die natürliche Toleranzgrenze unseres blauen Planeten – die Zahl der jeweils lebenden Menschen – etwa 500 Millionen beträgt. Das etwa war die Bevölkerung der Menschheit in der Renaissance, und damals war ja auch von Überbevölkerung überhaupt noch nicht die Rede. Damals hat man auch von einem Druck der Menschenzahl auf unseren Planeten noch überhaupt nichts gehört. Heute haben wir diese Toleranzgrenze bereits um mehr als das Achtfache überschritten.

Wie soll das nun weitergehen? Was ist für das Jahr 2000 zu erwarten, das ja schon vor der Haustüre steht? Heute sitzen wir schon auf über fünf Milliarden Menschen – bis zum Jahre 2000 wird bei einem jährlichen Zuwachs von fast 100 Millionen Menschen eine Weltbevölkerung von sechs bis 6,5 Milliarden unausweichlich sein. Es gibt Prognosen für das Jahr 2020 von 15 bis 20 Milliarden.

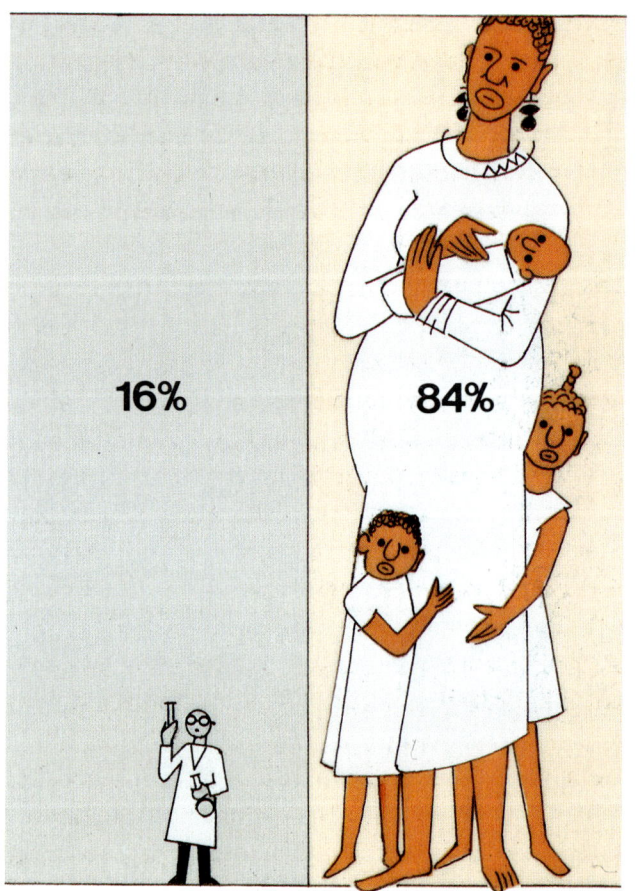

Verteilung der Erdbevölkerung auf Industrieländer und Entwicklungsländer etwa um das Jahr 2020.

16%   84%

Kürzlich erschien eine interessante Schrift über die mußmaßliche Zunahme der Bevölkerungszahl in den Großstädten der Erde (siehe hierzu Graphik S. 241). Bis zum Jahre 2025 wird sich eine deutliche Umschichtung in der Verteilung der Großstädte ereignen. Bei dem Wort Großstadt denkt man an New York und Los Angeles. In der nächsten Generation wird die Einwohnerzahl dieser Städte etwa auf 10 bis 15 Millionen anwachsen. Sie werden jedoch weit überholt von den rapid wachsenden Großstädten der Dritten Welt. An erster Stelle wird Mexiko City mit über 30 Millionen Einwohnern stehen, ihr folgen mit Bevölkerungszahlen zwischen 20 und 30 Millionen die Städte Sao Paulo, Kairo, Lahore, Bombay, Delhi, Kalkutta, Dacca, Djarkarta (Indonesien) und Shanghai. Die Zustände in diesen Städten sind dann unvorstellbar. Eine Ahnung bekommt man heute schon in Kalkutta und in Mexiko City; in einem kürzlichen Bericht wurden diese beiden Städte mit ihrer heutigen Einwohnerzahl von mehr als 10 Millionen

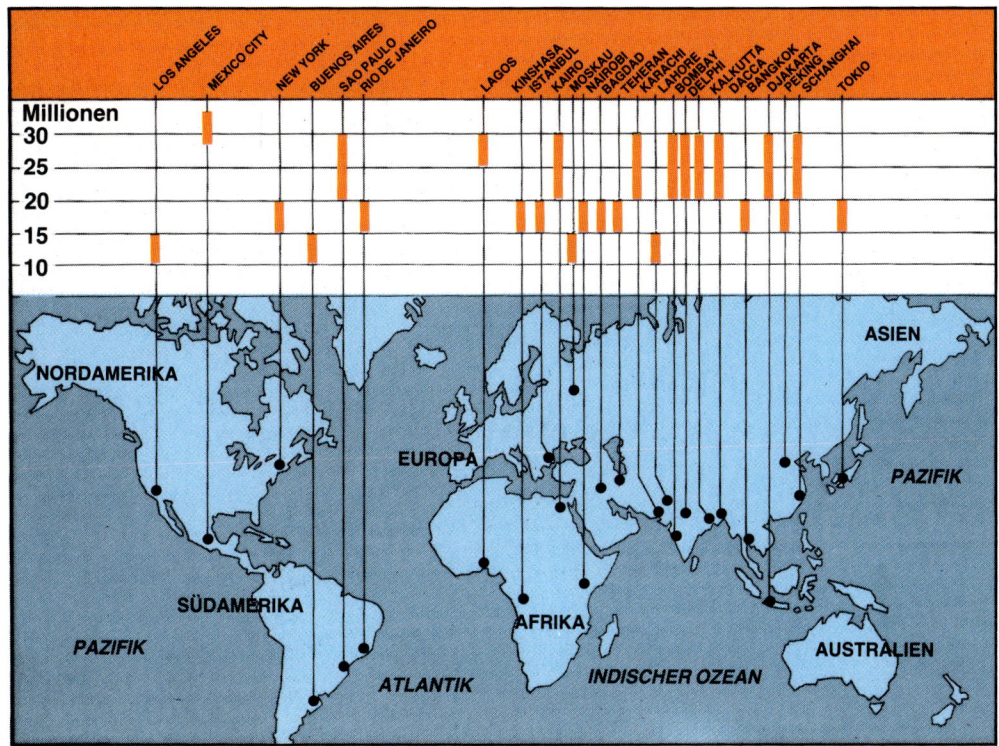

Zu erwartende Bevölkerungszahlen der Großstädte der Welt während der nächsten 20 bis 30 Jahre. Auffallend ist, daß die klassischen Super-Großstädte wie New York, Los Angeles und Tokio in ihrer Bevölkerungszahl in Grenzen bleiben werden, im Gegensatz zu den Großstädten der Entwicklungsländer. Mexiko City ist heute schon die volkreichste Großstadt der Welt und wird diesen Spitzenplatz auch in Zukunft behalten. Zehn andere Großstädte in den Entwicklungsländern werden mit 20 bis 30 Millionen Einwohnern nur wenig hintanstehen.

schon als unregierbar bezeichnet, da sich die urbanen Probleme schon heute nicht mehr lösen lassen. Mexiko City erstickt im Smog mit einem gewaltigen Anstieg von Krankheiten der Atemwege, und in Kalkutta leben Millionen von Menschen buchstäblich in der Gosse.

Die Gefahren des Treibhauseffektes und die wachsende Gefahr einer fortschreitenden Erwärmung unseres Planeten laufen natürlich mit der Zunahme der Weltbevölkerung parallel. Je mehr Menschen auf der Erde leben, um so höher werden die Ansprüche an Energie, um so mehr fossile Brennstoffe werden verbrannt, und eine noch schneller zunehmende Steigerung des $CO_2$ wird die Folge sein. In einem vorangegangenen Kapitel habe ich das schon angedeutet. Auf S. 22 haben wir den Anstieg der Erdtemperatur während der nächsten rund 200 Jahre graphisch dargestellt und dabei drei Kurven abgebildet. Sie entsprachen einem Zuwachs der $CO_2$-Produktion durch weitere Energieerzeugung in

Höhe von vier, drei und zwei Prozent. Der zu erwartende Treibhauseffekt nimmt mit größerer Energieerzeugung erschreckend schnell zu. Es ist sinnlos, den Gefährdungsgrad durch den Treibhauseffekt abschätzen zu wollen, wenn man die Zunahme der Weltbevölkerung außer acht läßt. Wenn wir den Treibhauseffekt möglichst bald bremsen wollen, ist es oberstes Gebot, von der Verbrennung fossiler Energiequellen wie Kohle, Öl und Erdgas Abstand zu nehmen. Die steigende Bevölkerungszahl erfordert dringend eine Umstellung auf Energiequellen, welche unsere Atmosphäre nicht weiter mit wärmehemmenden Abgasen verseuchen. Wir haben doch die Atomenergie, welche die Atmosphäre überhaupt nicht angreift. Und wir müssen uns überlegen, weshalb gerade diese Energieform so verteufelt wird. Das hängt natürlich damit zusammen, daß uns die Strahlengefahr so unheimlich und unverständlich erscheint. Auch bei der Nutzung klassischer Energiequellen hat es immer schon Unfälle gegeben, die in Kohlebergwerken, bei Bränden auf Ölfeldern, Explosionen und Tankerhavarien Tausende von Menschenleben gefordert haben.

Alle diese Gefahren, auch wenn sie bei Unglücksfällen tödlich enden, sind uns, wenn auch nicht bis zur letzten Konsequenz, irgendwie vertraut und dadurch vorstellbar. Natürliche, das heißt mit unseren Sinnesorganen faßliche Gefahren, erscheinen uns eben als natürlich. Demgegenüber ist die Strahlengefahr unheimlich, weil sie sinnlich nicht faßbar ist. Die Natur hielt es nicht für nötig, bei der überaus geringen radioaktiven Wirkung der Erdkruste und der Höhenstrahlung, uns mit Sinnesorganen auszustatten, die uns diese Strahlenarten wahrnehmen lassen. Radioaktive Verstrahlung tut nicht weh, man sieht sie nicht, man hört sie nicht. Man hat nur vor ihrer Anwesenheit Angst, weil für ihre Wirkung jeder Maßstab fehlt. Was die Gefahr von radioaktiver Belastung angeht, so sind wir Menschen nicht imstande, ein brennendes Streichholz von einem Hotelbrand zu unterscheiden. Für Hitze und Verbrennungen haben wir die eindringliche Warnung des Verbrennungsschmerzes. Da uns jede Sinnesempfindung für radioaktive Strahlungsgefahr fehlt, ist sie uns so unheimlich, und deshalb wird ihr auch alles mögliche angelastet.

Unternehmen wir einmal ein teuflisches Gedankenexperiment. Wir führen einen Menschen in eine Klinik und setzen ihn vor eine Röntgenmaschine, die zur Diagnose von Krankheiten schon seit langem verwendet wird. Wir wollen aber nicht etwa seinen Brustkorb mit einer Belichtungszeit von einer hundertstel Sekunde durchleuchten, sondern wir lassen ihn fünf Minuten vor dem vollen Rohr sitzen. Das Opfer dieses Gedankenexperiments merkt dabei überhaupt nicht, daß es gerade umgebracht wird. Es kann dabei ungestört die Zeitung lesen. Erst eine Woche später stirbt es nach dieser massiven Strahlenüberbelastung den Strahlentod. Kein Sinnesorgan hat es davor gewarnt.

Kohle, Öl, Gas und Wasserkraft haben stets ihren nicht unbeträchtlichen Tribut an Menschenleben pro Kilowattstunde gefordert. Dem Gemüt des Menschen erscheint das jedoch nicht ganz so schlimm und eher verzeihlich, da es sich ja um »natürliche« Energiequellen handelt. Wir sind eben gewohnt, mit der Handhabung »natürlicher« Energiequellen umzugehen und nehmen damit verbundene Opfer schlechthin in Kauf. Ein Opfer der Kerntechnik jedoch ist unnatürlich und wird demnach sehr viel härter beurteilt und bewertet. Man muß sich darüber im klaren sein, daß die Öffentlichkeit mit ihrem naturphilosophischen Instinkt das so sieht. Und damit hat sie auch recht. Um so größer ist die Verantwortung von Wissenschaftlern und Kerntechnikern, die phantastische Kernenergie mit äußerster Verantwortung und Sorgfalt wirklich zu der sichersten Energiequelle zu machen, die sie sein kann und bisher auch war.

Dabei müssen wir die Kernenergie als potentiell sauberste Energieform nur richtig hüten und verwalten. Es sind immer nur menschliches Versagen und menschliche Unzulänglichkeit gewesen, welche die bisher noch durchaus in Grenzen gebliebenen Unsauberkeiten der friedlichen Anwendung von Kernenergie in Frage stellten – die Software also und nicht die Hardware. Die Gegner der Kernenergie haben offenbar sehr wenig Vertrauen in die Lernfähigkeit des Menschen.

Vielleicht haben sie damit sogar recht. Man könnte tatsächlich – wie soeben wieder der jüngste Atomskandal in der Bundesrepublik nahelegte – an der Vernunft der Menschen zweifeln. Aber was brächte das ein? Ich jedenfalls bin nicht bereit, die Dummheit und Lernunfähigkeit der Menschen als vorgegebenes Schicksal zu akzeptieren. Und deshalb bin ich noch lange nicht so weit wie die Kernkraftgegner, die die Flinte jetzt schon ins Korn werfen und auf den potentiellen Segen der friedlichen Nutzung der Kernenergie voller Kleinmut verzichten wollen, das heißt gegen die Interessen der Gesellschaft handeln. Denn was bleibt uns angesichts des katastrophalen Anstiegs der Weltbevölkerung denn anderes übrig, als auf die Kernenergie zu setzen? Sollen wir weiter Kohle und Öl verbrennen, um damit die Umwelt noch nachhaltiger zu verderben und unseren Enkeln einen überhitzten und völlig geplünderten Planeten zu vererben? Emotionale, wenn auch psychologisch absolut verständliche Forderungen der Öffentlichkeit sind keine Leitlinien zur Bewältigung von zukünftigen Energieproblemen der Menschheit.

Die Atomenergie hat den unschätzbaren Vorteil, daß sie mit ihren unvermeidlichen Abfällen die Atmosphäre überhaupt nicht angreift. Auf der anderen Seite kann man die Atomenergie und sogar eine wohl notwendige Steigerung ihrer Nutzung nicht befürworten, wenn nicht das Problem des Atommülls sinnvoll gelöst wird. Das ist ein schweres Problem, und Wackersdorf ist ein klassi-

Profil des antarktischen Kontinents. Fast der ganze Kontinent ist von einer Eisschicht von verschiedener Dicke bis zu einem Maximum von drei Kilometern bedeckt (Höhen übermaßstäblich überzeichnet).

sches Beispiel. Die Atomtechniker, sich ihrer Verantwortung voll bewußt, stehen vor der Frage: Wohin mit dem gefährlichen Atommüll?

So hat man schon seit längerer Zeit Pläne erwogen, diesen Atommüll mit Hilfe von Raketen zur Sonne zu schießen. Das Material würde dann in der Sonne verdampfen und in ihrem riesigen Leib spurlos verschwinden. Eine ideale Lösung – wenn nur der Transport nicht so unsicher wäre. Die Weltraumtechnik ist zwar schon sehr ausgereift, aber eine Reihe von spektakulären Startunfällen hat gezeigt, daß gerade diese Operationen nicht hundertprozentig funktionieren. Würde eine mit radioaktivem Müll beladene Rakete auf dem Weg zur Sonne bereits in der Erdatmosphäre explodieren, würden weite Landstriche verseucht werden. Das gerade wollen wir aber verhindern.

So habe ich schon vor mehr als 20 Jahren den Vorschlag gemacht, alle atomaren Nationen sollten sich zusammenfinden und darauf einigen, ihre radioaktiven Abfälle an dem hierfür besonders geeigneten Ort der Erde zu deponieren: Dieser Ort ist der sechste Kontinent, die Antarktis (s. Graphik auf S. 244).

Die Antarktis hat gegenüber allen anderen Lagerungsorten eine Reihe von einzigartigen Vorzügen. Sie ist immerhin um 25 Prozent größer als Europa. Es gibt auf diesem Kontinent keine permanente Siedlung des Menschen. Vor allem geologisch wäre die Antarktis dafür besonders gut geeignet, weil sie schon seit langer Zeit der stabilste Kontinent unter allen anderen ist. Die Kontinente schwimmen wie beladene Schiffe auf dem plastischen Untergrund des Erdmantels. Im Laufe der Jahrmillionen brechen sie zum Teil auseinander, entfernen sich voneinander oder stoßen miteinander zusammen.

In diesem unerhört langsamen Tanz der Kontinente auf der Erdhalbkugel nimmt die Antarktis eine Sonderstellung ein. Nachdem sie sich vor Millionen von Jahren am Südpol eingefunden hat, ist sie zur Ruhe gekommen. Auch gibt es auf diesem Kontinent keine Erdbeben, und die Antarktis hat nur einen recht müde tätigen Vulkan, den Mt. Erebus. Er liegt auf der Insel im Rossmeer. Die Antarktis ist zu 90 Prozent mit einer gewaltigen Eisschicht bedeckt. Man hat diese Eisdecke an verschiedenen Stellen bis zum Fels herunter durchbohrt und ganz altes Eis aus den Tiefen hervorgeholt. Die Altersbestimmungen dieses Eises ergaben einen mittleren Wert von 170000 Jahren. Nun haben Naturschützer immer wieder geltend gemacht, daß tiefe Bergwerke, Salzstöcke oder andere stabile geologische Formationen für die Aufbewahrung des Atommülls vielleicht doch nicht so sicher wären. Plutonium hat eine Halbwertzeit von rund 28000 Jahren, so daß die Ansprüche an die geologische Dauerhaftigkeit einer Deponie in die Hunderttausende von Jahren gehen. Die Antarktis aber bietet uns diese Garantie. Selbst das Eis auf ihr ist schon so alt. Das Felsgestein darunter ist noch viel älter, und als Kontinentalscholle nimmt die Antarktis nicht mehr an der Kontinentenverschiebung teil.

Einem solchen Plan jedoch, die Antarktis als Deponie für den Atommüll zu wählen, stehen zwei bedeutende Hindernisse entgegen: Im »Antarktischen Vertrag« heißt es: Auf der Antarktis dürfen keine Atombombenversuche unternommen und keine Atommüll-Deponien angelegt werden. Der Vertrag wurde 1961 ratifiziert und für 30 Jahre abgeschlossen. Im Dezember 1991 läuft er aus. Das erste Hindernis – das Verbot, Atommüll abzulagern – würde demnach bereits 1991 nicht mehr bestehen. Das zweite Hindernis ist, daß die Anliegernationen der Antarktis – Argentinien, Chile, Australien, Neuseeland – schon in den Startlöchern liegen, um sich die Antarktis aufzuteilen. Auch die anderen Signatarmächte des Antarktis-Vertrages – darunter die USA, England, Norwegen und die Sowjetunion – melden Ansprüche an.

Wie andere Versuche, internationale Einigungen zu erzielen, bisher zeigen, ist so etwas sehr schwierig. Dennoch sollten die Atomwirtschaftsmächte, die sämtlich an einer Lösung des Atommüll-Problems interessiert sind, und da sie ja bereits erhebliche Schwierigkeiten damit haben, ernsthaft eine Einigung anstreben. An diesem geologisch sicheren Ort unseren gesamten Atommüll unterzubringen, hat im Hinblick auf die Zukunft noch einen anderen großen Vorteil. Wir wissen nämlich gar nicht, welche ungeahnten Fortschritte in der Wissenschaft von unseren Kindern und Enkeln noch zustande gebracht werden. Unsere Nachkommen werden vielleicht in dem »Atommüll« einen sehr wertvollen Schatz erblicken, mit dem sie sinnvolle wissenschaftliche Projekte durchführen können, von denen wir heute noch gar keine Ahnung haben. In der Antarktis wären diese Schätze hervorragend aufbewahrt.

Wohlmeinende Umweltschützer haben diese Idee scharf kritisiert und mir vorgeworfen, ich wolle auch noch den letzten unberührten Kontinent verderben. Das Gegenteil ist der Fall. Nach menschlichem Ermessen ist der Atommüll im stabilen Fels in der Antarktis besser aufgehoben als in Hunderten, über die ganze Welt verstreuten, weit weniger sicheren Deponien.

Ohne Kernkraft werden wir keine Aussichten haben, den Treibhauseffekt zu bannen. Was die uns bisher zugängliche Kernenergie in der Form von industrieller Kernkraft angeht, so liegt es wohl an uns Menschen selbst, sie sinnvoll zu nutzen. Es liegt an der Überwindung unserer Eigensucht und unserer politischen Vorurteile, die »unnatürliche« Atomenergie zu dem zu machen, was sie sein kann und zum Wohl unserer Nachkommen unbedingt werden muß: die sauberste, sicherste Energieform, die der Mensch je erfunden hat.

Bei dieser Betrachtung gehört noch ein kurzes Wort zu den berühmten »Alternativquellen«, wie Sonnenkraft, Wind und Erdwärme. Gewiß, diese Energiequellen kosten nichts, aber das Einsammeln ist unglaublich teuer. Auch sehr optimistische Schätzungen sagen aus, daß ohne eine völlig revolutionäre Umstellung der gesamten Weltwirtschaft bis zur Jahrtausendwende mit diesen gerühmten Alternativquellen maximal nur zehn Prozent des steil ansteigenden Energiebedarfs der Menschheit gedeckt werden können, vor allem im Hinblick auf die bevorstehende Bevölkerungsexplosion.

Unsere Zukunftsaussichten als Menschheit sind düster, ja sogar erschrekkend und erschütternd. Im Hinblick auf diese grausamen Tatsachen, die uns, unseren Kindern und Enkelkindern ins Gesicht starren, habe ich mir schon vor 15 Jahren in meinem Buch »Stirbt unser blauer Planet« überlegt, welche Möglichkeiten überhaupt bestehen, den Bevölkerungszuwachs der Erde zu stoppen und vielleicht sogar die Anzahl der Menschen auf unserem Planeten zu reduzieren. Was nun folgt, klingt unmenschlich – indessen habe ich als Vorbilder Beispiele aus der Geschichte und jene oft grausamen Mittel herangezogen, welche die Natur immer schon angewendet hat, um überschäumende Gattungen mit ihrer Überbevölkerung in die Schranken zu weisen.

An dieser Stelle erinnere ich mich der vor 15 Jahren zusammengestellten Möglichkeiten, wie die Überbevölkerung denn je ihr Ende finden kann und wohl auch unausweichlich finden muß. Alle denkbaren Lösungen des Problems der Überbevölkerung habe ich dann nochmals Anfang 1987 in einem Artikel zusammengestellt und ihn einer führenden deutschen Tageszeitung zur Veröffentlichung angeboten. Das Blatt lehnte die Veröffentlichung ab, mit einem bedauernden Schreiben des Feuilleton-Redakteurs, aus dem ich die Begründung zitieren möchte: ». . . vielen Dank für Ihren Aufsatz, den ich Ihnen aber leider zurückgeben muß. Ich selbst stimme ihm in fast allen Punkten zu, aber der Konsens hier in der Redaktion läuft darauf hinaus, daß wir uns einen solchen Aufsatz ›einfach nicht leisten‹ könnten. Man würde uns ›Zynismus‹ vorwerfen.«

Auch hier scheue ich mich, die nun folgenden Schlüsse und Prognosen hinzuschreiben, weil auch meine Leser mir Zynismus vorwerfen könnten. Hoffentlich wissen einige Leser andere, hoffnungsvollere Lösungen des Überbevölkerungsproblems. Ich wäre sehr dankbar, diese zu erfahren, um mich von den drückenden Zukunftssorgen zu befreien. Denn von den Prophezeihungen, die ich Ihnen jetzt vortragen muß, ist eine erschreckender als die andere . . .

Wir bekämpfen uns dauernd selbst. Allerdings müssen wir feststellen, daß die bisherigen altmodischen Kriege nach dem Rezept des Erfinders des Schießpulvers bei weitem nicht imstande sind, dem Zuwachs der Menschenzahl auf der Erde Einhalt zu gebieten. Während der sechs Jahre von 1939 bis 1945 – während des Zweiten Weltkrieges – sind 50 Millionen Menschen vorzeitig umgekommen. In der gleichen Zeit jedoch betrug die Zuwachsrate der Weltbevölkerung pro Jahr etwa 50 Millionen. Wie wir sehen, ist dieser schreckliche Verlust der Kriegsopfer in der Weltbevölkerung glatt wieder wettgemacht worden. Am Ende des Zweiten Weltkrieges war die Weltbevölkerung nämlich um etwa 300 Millionen größer als zu Beginn des Krieges. In einer Kurve der Weltbevölkerungszunahme ist das überhaupt nicht darstellbar. Mit einem weltweiten Atomkrieg allerdings könnte ein Drittel, die Hälfte, ja sogar 90 Prozent der Menschheit ihr Ende finden.

Auch das nächste Thema betrifft wiederum eine sehr erschreckende Aussicht. Trotz aller medizinischen Fortschritte und der überaus wirksamen und tüchtigen Wachsamkeit der Weltgesundheitsbehörde könnte eine Seuche ausbrechen. Vielleicht sogar eine völlig neue Seuche, die wir eben wegen ihrer ausgefallenen Mutation nicht schnell genug beherrschen können. Eine Superpest, der heutigen Superpopulation angemessen, könnte vielleicht 50, 60, 80 oder vielleicht sogar auch 90 Prozent der Menschheit innerhalb weniger Monate dahinraffen.

Als Vorbilder haben wir in der Geschichte nur klassische Epidemien wie die Pest und die Cholera, die innerhalb von Wochen und Monaten echt epidemisch werden können, das heißt wirklich katastrophal. Die moderne Biochemie hat uns in den letzten Jahrzehnten überaus wertvolle Einsichten in das Wesen und die Funktion von Bakterien und Viren beschert. Um die möglichen Gefahren einer Superpest sinnvoll abschätzen zu können, muß ich an dieser Stelle etwas ausholen. Vor allem denke ich hier an AIDS. Das AIDS-Virus arbeitet mit der typischen Raffinesse der Viren, die mit ihren zahlreichen Mutationen dauernd neue Erfindungen machen. Das AIDS-Virus ist wirklich eine Neuerfindung, mit der Viren höhere Lebewesen angreifen. AIDS hat uns gelehrt, welche völlig neuen Tricks sich die Viren mit ihren Mutationen noch einfallen lassen können. Dazu gehört die neue Langzeitwirkung von Jahren und Jahrzehnten, während die Wirkungsweise der klassischen Epidemien so beschaffen war, daß die befallenen Menschen binnen Wochen dahingerafft wurden. Das AIDS-Virus befällt einen Menschen, er wird dadurch – wie es heißt – »AIDS-positiv«, aber es ist noch gar nicht sicher, daß der Betroffene nun die volle Wirksamkeit dieser Infektion erleiden muß. Was heißt eigentlich AIDS?

»AIDS« ist die Abkürzung der englischen Bezeichnung »Acquired Immunity Deficiency Syndrom«, auf deutsch heißt das »Erworbene Immunitätsschwäche«. Keiner von uns würde überleben, wenn in seinem Körper nicht ein System vorhanden sein würde, das alle Infektionen automatisch bekämpft. Das ist der Grund, weshalb wir nicht an jedem Schnupfen oder an einer kleinen Lungenentzündung sterben müssen.

Ein AIDS-positiver Mensch muß nicht notwendigerweise auch die Immunitätsschwäche entwickeln. Eine Mehrheit von Forschern ist allerdings der Ansicht, daß mindestens 70 Prozent der AIDS-Träger auch AIDS-Patienten werden. Und AIDS tötet unerbittlich.

Man kann bei den AIDS-Viren von einer wirklich neuen Erfindung sprechen, welche den Viren mit ihren unglaublichen Wandlungsfähigkeiten gelungen ist. Sie wirken nicht, wie die klassischen Epidemien Pest und Cholera, innerhalb weniger Wochen, sondern sie lassen sich Jahre Zeit, um einen Befallenen schließlich umzubringen. Und dann haben sich diese Viren mit ihrem Übertragungsmechanismus just in jenem biologischen Prozeß angesiedelt, den wir Menschen grundsätzlich nie vermeiden können: den Geschlechtsverkehr.

Wenn die Natur eine neue Gattung schafft, möchte sie auch dafür sorgen, daß das neue Modell erfolgreich ist: Es muß sich vermehren, das heißt, es muß zur Paarung und Befruchtung kommen. Der Paarungsvorgang liegt nun nicht einfach so auf der Hand, und sein Vollzug muß sichergestellt werden. Deshalb hat die Natur den Lebewesen den Paarungsvorgang so reizvoll wie möglich gestaltet, und seinen Vollzug mit dem Wollustgefühl belohnt. Diese Belohnung ist für jedes Individuum ein so ungeheuer positives Erlebnis, daß die Paarung immer wieder gesucht und vollzogen wird. Wenn also die AIDS-Viren ihrerseits erfolgreich sein wollen, dann haben sie größte Aussicht auf Erfolg, wenn sie sich just im Sexualbereich ansiedeln. Alle bisherigen Versuche der Mediziner und Virologen haben noch keine Gegenmittel gegen AIDS gefunden. So schrieben jüngst die Professoren Elke Brigitte Heim und Wolfgang Stille von der Frankfurter Universitätsklinik warnend: »In großer Sorge möchten wir auf die schnelle Ausbreitung der Infektionen in unserer Bevölkerung hinweisen. Wir sind als Ärzte und Wissenschaftler zutiefst erschüttert über den dramatischen, offenbar nicht zu stoppenden Anstieg der AIDS-Fälle.«

Nun will ich die Tüchtigkeit und die Forschungskräfte unserer Mediziner, Biologen und Virologen nicht unterschätzen. Ich traue ihnen durchaus noch zu, daß es ihnen in den nächsten Jahren oder Jahrzehnten gelingen wird, dieser Jahrhundertseuche Herr zu werden und ein Gegenmittel zu finden. Vielleicht sogar auch einen Impfstoff, wie gegen Pest, Cholera und spinale Kinderlähmung. Erschwert wird diese Aufgabe freilich durch die Tatsache, daß die raffinierten AIDS-Viren schon mehrere Typen entwickelt haben, wobei ein wirksamer Impfstoff gegenüber dem ersten Typus bei dem zweiten Typus überhaupt nicht anschlägt. Es ist dies ohne Zweifel die wohl größte Aufgabe der medizinischen und biologischen Wissenschaft, die sich in unserem Jahrhundert gestellt hat.

Ganz anders steht es jedoch mit anderen Möglichkeiten, welche den Viren in der Zukunft noch zur Verfügung stehen. Dabei denke ich schon seit langer Zeit darüber nach, daß wir in unserer modernen Gen-Technologie immer tiefer in die geheimnisvollen Lebensvorgänge experimentell eingreifen. Ein Virus ist eine merkwürdige Schöpfung der Natur, die zwischen der belebten und der unbelebten Natur steht. Ein Virus besteht aus einer Außenhaut, welche die Fähigkeit hat, Kristalle zu bilden. Das ist eine typische Eigenschaft der unbelebten Materie, wie etwa Steinsalz, Quarz oder Diamant. Im Innern dieser Kristallinstrukturen jedoch beherbergt ein Virus das klassische Fadenmolekül des Lebens – die DNS, die Erbsubstanz. Viren können sich nicht von selbst vermehren. Sie müssen eine Wirtszelle befallen, um diese biologisch umzufunktionieren, so daß neue Viren entstehen. Viren sind also die gemeinsten Parasiten, die man sich denken kann.

Man kann sich nun leicht vorstellen, daß die Biologen und Biochemiker sich auf diese primitivsten Lebensformen gestürzt haben. Gerade weil sie so relativ einfach gebaut sind und weil sie an der Grenze zwischen der unbelebten und der belebten Schöpfung stehen, bieten sie die beste Aussicht, dem Wesen des Lebendigen auf die Spur zu kommen. So ist es einem amerikanischen Virologen gelungen, die Eingeweide eines Virus von seiner Außenhaut zu trennen. Er hat dann zwei leblose Stücke in der Hand gehabt, genauso als ob ein Schlachter ein Schwein ausgeweidet hätte. Keine Kunst der Welt jedoch würde es dem Schlachter ermöglichen, ein ausgeweidetes Schwein wieder so zusammenzubauen, daß es hinterher quicklebendig von der Schlachtbank hüpfen könnte. Anders so bei dem Virus. Als der kalifornische Forscher das Fadenmolekül wieder in die Hülle hineinstopfte, wurde das Virus sofort wieder lebendig, als ob nichts mit ihm geschehen wäre. Mit diesem sensationellen Versuch ist der Mensch dicht an jene Grenze gedrungen, an der er selbst künstliches Leben in der Retorte herstellen könnte.

Wer soll denn sagen, daß in irgendeinem Labor auf der Welt einmal künstlich ein Virus hergestellt wird, der wirklich im klassischen Sinne »virulent« ist? Das Virus, künstlich hergestellt und aus dem Labor entwichen, könnte ähnlich wie die Pest und die Cholera die Menschen innerhalb von wenigen Wochen wie ein Lauffeuer befallen und in Milliardenzahl dahinraffen. Wir wissen es nicht. Die erfindungsreichen Viren brauchen jedoch nicht darauf zu warten, bis sie vielleicht mal einem Labor entwischen können. Es ist durchaus möglich, daß irgendwann einmal ein neues Virus auftaucht, das wirklich wie eine Superpest wirkt. Es klingt besonders sarkastisch und zynisch, wenn man sagen muß, daß das AIDS-Virus wohl nicht geeignet ist, die menschliche Zeitbombe zu entschärfen. Dazu müßten schon Viren entstehen, bei denen der Krankheitsverlauf so schnell erfolgt, daß den Biochemikern keine Zeit bleibt zur Erfindung eines Gegenmittels und dessen weltweiter Massenproduktion als Impfstoff.

Es ist nun sehr wahrscheinlich, daß die Natur schließlich zu einem Mittel greifen wird, um Gattungen von Lebensformen, die in ihrer Bevölkerung überschäumen, in die Schranken zu weisen. Dieses bewährte Mittel besteht darin, daß die überschüssigen Nachkommen verhungern. Dafür gibt es zahlreiche Beispiele.

Die bitterböse Situation der drohenden Überbevölkerung unseres blauen Planeten ist dadurch entstanden, daß wir als Gattung eine so unerhört erfolgreiche Schöpfung der Natur sind. Die Entwicklungsgeschichte des Lebens auf der Erde ist gekennzeichnet durch Erfolg und Versagen verschiedenster Gattungen, die einander dauernd bekämpfen, einander besiegen, ablösen und mit der Weiterentwicklung die globale Umwelt beherrschen. In diesem Lebenskampf der Arten untereinander ist die Geschichte der Gattung homo sapiens eine echte Erfolgsstory. In den letzten tausend Jahren, ja eigentlich erst im letzten Jahrhundert, haben wir uns so richtig durchgesetzt. Einige Konkurrenten um die endgültige Herrschaft dieses Planeten haben wir allerdings noch: Es sind dies andere Gattungen, die gleich uns hervorragende Vermehrungs- und Überlebenskünstler sind. Dazu gehören die Mikroben und die Algen, die Küchenschaben und die Löwenzähne, Ameisen und Schimmelpilze, Ratten und vor allem die Heuschrecken. Nicht umsonst bildeten die Heuschrecken ja eine der berühmten biblischen Plagen. Das Rennen zwischen dieser gewiß nicht ganz vollständigen Sammlung von Gattungen und uns ist noch nicht gelaufen, obwohl wir seit einigen Jahrzehnten deutlich an Vorsprung gewonnen haben. Die Aufzählung unserer Konkurrenten – die man vielleicht noch einmal durchlesen sollte – besteht aus Gattungen von Tieren und Pflanzen, die uns nicht sonderlich sympathisch sind. Das darf uns auch überhaupt nicht verwundern, denn wir fühlen eben eine deutliche Konkurrenz. Es sind genau jene Gattungen, welche sich in ihrer Zählebigkeit mit der unseren vergleichen lassen. Dadurch machen sie uns die Herrschaft über unseren blauen Planeten streitig.

Die Gefahren einer weltweiten Hungersnot, welche die Menschheit heute schon bitter empfindet, können nur noch schlimmer werden. Wir haben ja zuvor schon darauf hingewiesen, daß der Treibhauseffekt eine Verschiebung der Klimazonen verursachen wird, und zwar mit verheerenden Folgen für die zukünftige Welternährung. Das ist vielleicht der teuflische Zusammenhang zwischen Treibhauseffekt und Überbevölkerung – jenen beiden schlimmsten Zukunftssorgen für die Menschheit, von denen ich zuvor schon gesprochen habe.

Nun gibt es eine Reihe von blauäugigen Träumern, die immer wieder eine Lösung des Überbevölkerungsproblems vorschlagen, indem sie auf die Geschichte hinweisen. Noch vor 400 Jahren standen den Europäern die menschenleeren Kontinente der beiden Amerikas und Australiens als Auswanderungsgebiete zur Verfügung. Könnten wir heute die Geschichte nicht mit der Eroberung der anderen Planeten wiederholen und unseren Geburtenüberschuß auf dem Mond und auf den Planeten Venus und Mars ansiedeln? In einem vorangegangenen Kapitel hatten wir ja schon die unwirtliche Natur der Schwesterplaneten in unserem Sonnensystem besprochen. Dort können keine Menschen leben. Sodann muß man bedenken, daß wir zur Zeit noch Milliarden ausgeben, um pro Jahr vielleicht sechs oder zehn Astronauten in das Weltall zu befördern. Wie soll es dann möglich sein, auch in ferner Zukunft, jedes Jahr an die 100 Millionen Menschen auf andere Planeten zu befördern? Dieser schöne, friedliche Ausweg ist eine blanke Utopie.

Zuvor erwähnte ich das bedeutende Buch von Aldous Huxley. Der Hauptteil dieses großartigen Werkes besteht darin, die Bedrohungen der Freiheit des einzelnen Menschen zu schildern, die aus der zunehmenden Bevölkerungsdichte erwachsen. Er befürchtet, daß die drückenden Umstände, die uns durch die Bevölkerungsdichte unweigerlich ins Haus stehen werden, die menschlichen Gesellschaftsformen mit steigendem Verlust der persönlichen Freiheit verändern werden. Wachsende Bevölkerungsdichte ist nach seiner Meinung der Nährboden für Diktaturen. Selbst in unseren Demokratien fühlen wir uns durch notwendige Anordnungen der Behörden, wie etwa im Straßenverkehr, immer mehr eingeengt. Der fundamentale Urtrieb der natürlichen Fortpflanzung läßt sich wohl nur durch harte Eingriffe in die persönlichen Freiheiten der einzelnen Menschen bewerkstelligen. Das Beispiel des modernen Chinas zeigt, wie recht Aldous Huxley schon seit 30 Jahren hatte.

In China wird schon seit Jahren eine ganz massive Bevölkerungspolitik betrieben, obwohl die Details dieser revolutionären Familienpolitik noch nie so richtig bekannt geworden sind. So hört man, daß junge Chinesen erst mit 25 Jahren heiraten dürfen, und daß nach dem ersten Kind das zweite Kind mit staatlichen Maßnahmen – wie etwa die Entziehung der Unterstützung – verhindert werden soll. Bei dem traditionell ausgeprägten Familiensinn der Chinesen sind das sehr brutale Eingriffe.

Bisher konnte ich meinen Lesern nur sehr wenig Tröstliches sagen – jedoch möchte ich sie nicht ohne jede Hoffnung lassen. Vielleicht sehen wir eine Hoffnung, die in der Natur des Menschen selbst liegt. Die Geschichte hat uns gelehrt, daß wir Menschen nur unter großem Druck zur Besinnung kommen. Die Atombombe ist dafür vielleicht ein gutes Beispiel. Die Folgen eines weltweiten Atomkrieges wären so furchtbar und sind deshalb heute Allgemeingut im Bewußtsein der Menschen. Moderne Historiker haben schon vielfach die Meinung geäußert, daß uns just die Atombombe vor einem dritten Weltkrieg bewahrt hat. Diese historische Tatsache des gesunden Menschenverstandes ist der einzige Lichtblick und die einzige Hoffnung in der heutigen Situation mit den schrecklichen Zukunftsaussichten der Überbevölkerung.

Zum Schluß allerdings wollen und müssen wir noch einen Schritt weitergehen. Der große schwedische Naturforscher Karl von Linné (1707–1778) hat den Biologen einen Hinweis gegeben, wie sie in der unübersehbaren Fülle der Lebensformen von Fauna und Flora eine Übersicht gewinnen können. Er gab jeder Art und Gattung der Lebewesen einen lateinischen Doppelnamen, der ganz knapp die wesentlichen und charakteristischen Eigenschaften aller Geschöpfe kennzeichnen soll. Dem Menschen gab er den Namen »homo sapiens«. Mir will scheinen, daß Linné uns voreilig einen zu schmeichelhaften Namen gegeben hat, denn eine andere Bezeichnung wäre für uns Menschen viel treffender: »homo bellicosus« – das heißt: der kriegführende Mensch. Von allen anderen Geschöpfen unterscheidet uns offenbar weniger unsere Klugheit, sondern vielmehr unser unbezwinglicher Hang, uns unaufhörlich gegenseitig zu bekämpfen. Die Lösung unserer schweren Zukunftsprobleme kann nur darin liegen, daß wir uns der voreiligen Bezeichnung von Linné wirklich würdig erweisen.

Die Natur wird so oder so das goldene Gleichgewicht wieder herstellen, das wir zu zerstören begonnen haben. Die Mittel der Natur gegen die Katastrophe der Überbevölkerung und auch des Treibhauseffektes mit seinen Wirkungen sind ebenfalls, wie wir gesehen haben, alle katastrophal. Wir müssen als Menschheit weltweit zur Besinnung kommen.

Jüngste Berichte aus der Medizin vermelden, daß es gelungen ist, für Männer und Frauen eine Unfruchtbarkeitsspritze zu entwickeln, die ohne jeden Eingriff in die Gesundheit und das Wohlbefinden für ein Jahr lang unfruchtbar machen. Freilich müssen wir dazu kommen, daß die Menschheit sich eines solchen Mittels freiwillig bedient, und daß es nicht, wie nach dem chinesischen Vorbild, unter einem weltweiten Zwang erfolgen müßte. Spätestens in der nächsten Generation – nein, lieber früher noch – muß die Menschheit sich zu solchen Eingriffen freiwillig entschließen. Vielleicht kommt es dann dazu, daß die Menschheit sich dazu durchringt, freiwillig auf das dritte Kind zu verzichten. Wenn jedes Elternpaar nur zwei Kinder bekommt, pflanzt es sich in der Zahl nur selbst fort, und die Weltbevölkerung würde endlich stagnieren. Ja, es ist sogar so, daß durch die unvermeidliche, wenn auch geringer werdende Kindersterblichkeit die Zahl der Menschen langsam abnähme, und das muß auch das Ziel sein.

Wir müssen uns von dem biblischen Wort lossagen: »Seid fruchtbar und mehret Euch.« Dieses Gebot haben wir längst übererfüllt. Denken wir stattdessen lieber an das Wort aus der Bergpredigt: »Liebe Deinen Nächsten wie dich selbst«. An dieser göttlichen Weisung gibt es noch viel zu erfüllen.

Mir will scheinen, daß die einzige Zukunftshoffnung darin besteht, daß wir weltweit die Moral ändern. Die Geschichte zeigt uns, daß der Mensch auf Gebote und Verbote vielfach nur trotzig reagiert und vielfach doch so handelt, wie er will. Etwas anderes ist es, wenn er mit seinem Ansehen und seiner Ehre in der Gesellschaft bestehen will. Dann kann der Mensch plötzlich sehr diszipliniert sein.

Es muß in naher Zukunft dazu kommen, daß das dritte Kind als ein Verbrechen an der Menschheit angesehen wird. Es muß eine Schande für jedes Elternpaar sein, mehr als zwei Kinder zu haben. Die Menschheit hat bisher einen vergeblichen Traum geträumt, der dann vielleicht auch endlich Wirklichkeit werden kann: der weltweite Frieden.

Bildnachweis:
Albinger: Seite 48–51 / Artreference: 85 (oben); Novak 84; Stasny 184 /
Bilderberg: Horacek 134 / DVA: 12, 27, 142, 204 (oben), 204 (unten), 206, 227, 228 / 229 /
Focus: 35; Craig Aurness 160; Galli 162; Werth 54 / Gruner + Jahr: Seeliger 182 /
Haber: 99, 107, 123, 163, 180 / Helga Lade Fotoagentur: Hengst 110 / Lensing: 112 /
NASA: 197, 227 / Okapia: Reinhard 58 / Pictor: 153 / Porck 2, 32, 116, 150 / Riester: 60 /
Schapowalow: 140 / Sternwarte Bochum: 80, 85 (unten), 120, 130, 190 / Visum: Pflaum 155 /
ZEFA: A.P.L. 127; Christopher 178; Damm 94, 202; Goebel 77; Photri 168; Voigt 41 /
Bernhard Ziegler: 20, 22, 24, 212, 218, 219, 221, 222, 232, 240, 241, 244.
Computer-Grafiken: Computer Grafic Design (von Kannen):
16, 38 / 39, 45, 56, 64, 66, 68, 70, 72 / 73, 75, 88, 91, 97, 102 / 103, 106, 118, 124 / 125, 137, 144 / 145,
146 / 147, 158, 166, 171, 174 / 175, 186 / 187, 194, 200, 210 / 211

Unser blauer Planet war immer schon das
Lieblingsthema von Heinz Haber. Er zeigt in diesem
erzählerisch-lesbaren Buch, daß unsere Erde nicht
umsonst »Mutter Erde« genannt wird, daß sie das
Leben seit je hegt und pflegt. Nur manchmal zürnt sie
und schlägt mit Vulkanausbrüchen, Erdbeben und
Wirbelstürmen zu.

**Die Zeit**

*Geheimnis des Lebens*

Heinz Haber

Langen Müller

Das Kernproblem unseres Lebens, der Faktor Zeit,
wurde noch nie so eindringlich und leicht faßbar
dargestellt. Mit vielen Aspekten der Naturgeschichte,
der Philosophie und eigenen Überlegungen bringt
uns Heinz Haber die Zeitläufe der Evolution
in die richtige Perspektive. Damit hat er auch ein
Fundament geschaffen, auf dem er sinnvolle
Spekulationen anstellen kann, wie wohl die Zukunft
des irdischen Lebens aussehen mag.